AF383542

EDIT
DU ROY,

PORTANT CREATION DES OFFICES d'Infpecteurs aux Boucheries dans la Ville & Faux-bourgs de Paris, & dans toutes les autres Villes & Bourgs fermez du Royaume.

E T réünion defdits Offices aux Corps & Communautez defdites Villes & Bourgs.

Donné à Verfailles au mois de Janvier 1704.

Regiftré en Parlement.

A LYON,

Chez FRANÇOIS BARBIER, Impr. & Libraire ord du Roy, ruë Confort, prés la Place des Jacobins, au Chef S. Jean.

M. DCCIV.

.EDIT DU ROY,

PORTANT création des Offices d'Inspecteurs aux Boucheries dans la Ville & Faubourgs de Paris, & dans toutes les Villes & Bourgs fermez du Royaume. Et réünion desdits Offices aux Corps & Communautez desdites Villes & Bourgs.

Donné à Versailles au mois de Fevrier 1704.

OUIS PAR LA GRACE DE DIEU, ROY DE FRANCE ET DE NAVARRE: A tous presens & à venir, SALUT. Les Rois nos predecesseurs ont fait en differens temps plusieurs Reglemens de Police sur le fait des Boucheries, & créé plusieurs Offices pour veiller à la qualité des Viandes qui sont exposées en vente pour la consommation de nos Sujets ; mais l'execution de ces Reglemens a esté tellement negligée depuis la réünion qui a esté faite à nos Fermes des droits attribuez à ces Offices, que Nous avons resolu, pour remedier aux abus qui s'introduisent journellement dans le debit des Viandes, d'établir tant dans nostre bonne Ville de Paris que dans toutes les Villes & Bourgs fermez de nostre Royaume, des Offices d'Inspecteurs

A ij

aux Boucheries, pour tenir la main à l'execution des Reglemens
faits sur cette matiere. Et afin que les fonctions en soient
faites avec plus d'exactitude, Nous avons en mesme temps jugé
à propos de les réünir & incorporer aux Corps desdites Villes & Bourgs, pour en estre l'exercice fait par ceux qui seront
commis à cet effet par les Maires, Echevins, Consuls, &
autres Officiers municipaux desdites Villes & Bourgs; ce qui
d'une part nous produira un secours considerable par la finance que nous tirerons desdites Villes & Bourgs pour la finance
desdits Offices, & d'autre part procurera un avantage encore
plus considerable ausdites Villes & Bourgs; lesquels au moyen
du revenu annuel qui proviendra des droits attribuez ausdits
Offices, pourront s'acquitter en peu d'années des dettes qu'elles ont contractées, soit pour le bien de nostre service ou pour
leurs affaires particulieres, ou l'employer au payement de
leurs Tailles & autres Impositions ordinaires, ainsi qu'il sera
estimé plus à propos pour leur soulagement. A CES
CAUSES & autres à ce Nous mouvans, de nostre certaine science, pleine puissance & autorité Royale, Nous avons
par le present Edit perpetuel & irrevocable créé & érigé,
créons & érigeons en titre d'Offices formez & hereditaires
des Inspecteurs aux Boucheries tant de nostre bonne Ville
& Faubourgs de Paris, que des autres Villes & Bourgs fermez de nostre Royaume, Terres & Seigneuries de nostre
obeïssance, en tel nombre qu'il sera jugé necessaire, & reglé
par les Rolles que Nous ferons arrester en nostre Conseil,
pour veiller à la qualité des Viandes qui y sont debitées par les
Bouchers, & tenir la main à l'execution des Reglemens de
Police faits sur cette matiere.

A l'effet de quoy les Bouchers établis dans lesdites Villes
& Bourgs seront tenus de faire leurs déclarations aux Bureaux qui seront pour ce établis aux Entrées desdites Villes
& Bourgs de tous les Boeufs, Vaches, Veaux, Genisses,
Moutons, Brebis & Chevres qu'ils ameneront ou qui leur
seront amenez par les Forains, & d'en payer les droits qui
seront cy-aprés reglez, le tout à peine de trois cens livres
d'amende pour chacune contravention, & de confiscation
des Bestiaux qui n'auront point esté declarez; auquel effet

permettons aufdits Infpecteurs d'en faire la verification ainfi que bon leur femblera.

Défendons à toutes Perfonnes autres que les Bouchers de Profeffion de vendre de la Viande en détail, & aufdits Bouchers de tuer leurs Viandes ailleurs qu'aux Tuéries & Lieux à ce deftinez, ni d'en faire le debit ailleurs qu'aux Etaux & Lieux publics, à peine de confifcation & de trois cens livres d'amende.

Enjoignons à tous Juges à qui la connoiffance de la Police des Boucheries appartient, de condamner les contrevenans aux peines portées par le prefent Edit, fans aucune remife ni moderation, & ce fur les Procés verbaux defdits Infpecteurs, leurs Commis & Prépofez, aufquels fera ajoûté foy jufqu'à l'infcription de faux.

Avons attribué & attribuons aufdits Infpecteurs trois livres par chaque Bœuf & Vache, douze fols par chaque Veau & Geniffe, & quatre fols par chaque Mouton, Brebis & Chevres qui entreront & fe confommeront tant en noftre bonne Ville & Fauxbourgs de Paris, que dans celles de Lyon, Rouën, Caën, Bordeaux, Montauban, Touloufe, Montpellier, Marfeille, Aix, Grenoble, Dijon, Metz, Befançon, Nantes, Rennes, Tours, Angers, le Mans, Poitou, la Rochelle, Orleans, Châlons, Reims, Troyes, Amiens, Soiffons, Moulins, Riom, Clermont, Limoges. Et quant aux autres Villes & Bourgs fermez de noftre Royaume, quarante fols feulement par Bœuf & Vache, & pareils droits que deffus par Veaux, Geniffes, Moutons, Brebis & Chevres. Voulons que lefdits droits leur foient payez comptant ou à leurs Commis & Prépofez dans les Bureaux qui feront établis à cet effet aux Entrées defdites Villes & Bourgs.

N'entendons neanmoins que les Viandes pour la nourriture des Pauvres renfermez dans les Hôpitaux & Hôtels-Dieu de noftre Royaume foient fujettes au payement defdits droits, dont Nous les déchargeons expreffément jufqu'à concurrence de leur jufte confommation, ainfi qu'elle fera par Nous reglée.

N'entendons pareillement affujettir aufdits droits les Viandes qui feront fallées pour fervir aux armemens de Mer,

Et afin d'affûrer aux Villes & Bourgs de noftre Royaume
dans lefquelles nous voulons que lefdits Offices foient établis,
les avantages que nous nous fommes propofez de leur procurer par cet établiffement, Nous avons de la même autorité
que deffus réüni & réüniffons lefdits Offices d'Infpecteurs des
Boucheries créez par le prefent Edit, enfemble les fonctions
& droits y attribuez aux Corps & Communautez defdites
Villes & Bourgs, pour en joüir & difpofer comme de leurs
autres biens & revenus patrimoniaux, à la charge de Nous
payer les fommes aufquelles la finance en fera reglée par les
Rolles que Nous ferons arrefter en noftre Confeil en quatre
termes & payemens égaux de fix mois en fix mois, le premier
comptant.

Auquel effet voulons que par les Sieurs Intendans & Commiffaires départis dans nos Provinces & Generalitez, ou ceux
qui feront par eux fubdéleguez à cet effet, il foit procedé avec
les formalitez ordinaires & aprés les publications réquifes à
l'adjudication des droits attribuez aufdits Offices, à commencer du premier Avril prochain, au profit de ceux qui fe char-
geront du payement de ladite finance, & deux fols pour livre
dans les termes cy-deffus moyennant une joüiffance de moins
de durée, & feront la condition defdites Villes & Bourgs
meilleure.

Aprés quoy voulons que le revenu defdits droits foit baillé
à ferme au profit defdites Villes & Bourgs, pour en eftre le
produit employé à l'acquittement de leurs Charges, & au
payement de leurs dettes ou autres emplois qui feront jugez
les plus utiles pour leur avantage.

SI DONNONS EN MANDEMENT à nos amez
& feaux Confeillers les Gens tenans noftre Cour de Parlement, Chambre de nos Comptes & Cour des Aides à Paris, que noftre prefent Edit ils ayent à faire lire, publier &
regiftrer, & le contenu en iceluy faire executer felon fa forme
& teneur, fans permettre qu'il y foit contrevenu en quelque
maniere que ce foit, nonobftant tous Edits, Declarations,
Reglemens & autres chofes à ce contraires, aufquelles Nous
avons dérogé & dérogeons par le prefent Edit : CAR TEL
EST NOSTRE PLAISIR. Et afin que ce foit chofe

DECLARATION
DU ROY.

Qui fait défenses aux Bouchers qui se sont retirez à la Campagne depuis l'Edit du mois de Fevrier 1704. de vendre aucune Viande de Boucherie, qu'en payant les droits attribuez aux Inspecteurs des Boucheries.

Donnée à Versailles le 4. Fevrier 1710.

LOUIS par la grace de Dieu, Roy de France & Navarre : A tous ceux qui ces presentes Lettres verront, Salut. Par nôtre Edit du mois de Juin 1709. Nous avons ordonné que la perception des droits de sol pour livre pesant de suif, attribué aux Offices de Contrôlleurs - Visiteurs créez par nostre Edit du mois de Decembre precedent, seroit & demeureroit commuée en un droit sur les bœufs vaches, veaux, moutons, brebis & chevres, qui seroit & demeureroit reduit & moderé pour estre payé sur le même pied de celuy des Inspecteurs des Boucheries créez par Edit du mois de Fevrier 1704. & de percevoir dans les mêmes lieux pendant huit années seulement, au lieu que le

fol pour livre pefant de fuif devoit eftre établi à perpetuité,
lefquelles huit années commenceroient du premier Octobre
1709. fuivant les adjudications qui feroient faites defdits
droits pardevant les Sieurs Intendans & Commiffaires départis dans toutes les Provinces & Generalitez de nôtre
Royaume, au profit de ceux qui feroient la condition la
plus avantageufe. Depuis Nous avons efté informez qu'il
a efté fait toutes les diligences neceffaires pour mettre cet
Edit à execution & en confequence établi des Bureaux dans
toutes les Villes, Bourgs & lieux où le droit des Infpecteurs
des Boucheries fe perçoit en execution de l'Edit du mois
de Fevrier 1704. mais qu'auffi toft que ledit l'Edit du mois
de Juin 1709. a efté rendu public, la plufpart des Bouchers établis dans lefdites Villes & Bourgs, leurs enfans
ou compagnons, même plufieurs particuliers fans titre ny
qualité, pour fe difpenfer de payer lefdits droits, fe font
avifez de quitter leur domicile ordinaire dans lefdites Villes
& lieux, & fe font allez établir dans les Paroiffes circon-
voifines où lefdits droits ne font point établis, & où ils debitent publiquement des viandes fans payer aucuns droits,
& fouvent defectueufes & de mauvaife qualité, ce qui non
feulement fe trouve contraire au public, & pourroit eftre
par la fuite prejudiciable au commerce des Marchands
Bouchers, mais encore fait un tort confiderable au droit du
pied fourché, tarifs & octrois des Villes, & empêche
qu'il ne fe prefente des adjudicataires pour la perception
defdits droits, à quoy defirant pourvoir. A CES CAUSES
& autres à ce Nous mouvans, de noftre certaine fcience,
pleine puiffance & autorité Royale, Nous avons par ces
Prefentes fignées de noftre main, dit, declaré & ordonné,
difons, declarons & ordonnons, Voulons & Nous plaift,
que tous les Bouchers, leurs enfans & compagnons, les
Cabaretiers, Aubergiftes & autres particuliers qui fe font
avifez de quitter depuis noftre Edit du mois de Fevrier
1704. leurs domiciles dans les Villes, Bourgs & lieux où
lefdits droits des Infpecteurs des Boucheries ont efté ou du

eftre établis, pour aller à la Campagne & dans les Villages voifins, n'y pourront tuer ny vendre aucune viande de Boucherie, foit bœufs, vache, veau, mouton, brebis ou chevre, finon en payant les droits portez par lefdits Edits des mois de Fevrier 1704. Decembre 1708. & Juin 1709. Leur enjoignons de faire leurs declarations au plus prochain Bureau de leur demeure, de la quantité & qualité des beftes qu'ils voudront tuer, & d'en payer les droits, le tout à peine de confifcation des beftes qu'ils auront tuées en contravention das Prefentes, de cent livres d'amende pour la premiere, & de punition en cas recidive. Voulons & Nous plaift que tous lefdits droits foient perçûs dans les mêmes Villes, Bourgs & lieux où ils ont efté reglez & établis en execution de noftre Edit du mois de Fevrier 1704. & fuivant les procés verbaux faits pour l'adjudication defdits droits par les Sieurs Commiffaires départis pour l'execution des nos ordres, & en confequence de noftredite Edit, fans qu'aucuns s'en puiffent excepter fous quelque pretexte que ce foit. Voulons auffi que la viande qui fera aportée morte dans lefdits Bourgs, Villes & lieux, paye lefdits droits aux entrées, à peine de confifcation en cas de contravention, & de payer en outre le double defdits droits, laquelle confifcation & amende appartiendra à l'Hôpital le plus prochain des lieux, & luy fera la viande apportée morte dans lefdites Villes, Bourgs & lieux & prife en contravention, envoyée auffi toft qu'elle fera trouvée faifie, pour eftre employée à la fubfiftance des pauvres. Si DONNONS EN MANDEMENT à nos amez & feaux Confeillers, les Gens tenans nos Cours de Parlement, Chambre des Comptes & Cour des Aydes à Paris, que ces Prefentes ils ayent à faire lire, publier & regiftrer, & le contenu en icelles faire executer felon leur forme & teneur, nonobftant tous Edits, Declarations, Arrefts, Réglemens & autres chofes à ce contraires, aufquels Nous avons dérogé & dérogeons par ces Prefentes, aux copies defquelles collationnées par l'un de nos amez & feaux Confeillers-Secretaires, Voulons que foy foit ajoûtée comme à l'original: CAR tel eſt noſtre plaiſir; en témoin de quoy, Nous avons fait mettre noſtre Scel à ceſdites Preſentes. DONNE' à Verſailles le quatriéme jour de Fevrier, l'an de grace mil ſept cens dix, & de noſtre Regne le ſoixante-ſeptiéme. Signé, LOUIS; Et plus bas, Par le Roy, PHELYPEVUX. Vû au Conſeil, DESMARETZ. Et ſcellée du grand Sceau de cire jaune.

Oüy, & ce requerant le Procureur du Roy, la Declaration du Roy cy-deſſus a été lûë & publiée à l'Audience de la Sénéchauſſée & Siege Preſidial de Clermont, ſiegeans Mrs. Dufour, Lieutenant General, Defretat, André, Augier, Mogues, Vachier, & de Fredefond, Conſeillers; de laquelle lecture & publication a été donné Acte & ordonné qu'il ſera enregiſtré dans le Regiſtre de conſequence pour y avoir recours quand beſoin ſera, & que Copies collationnées ſeront envoyées dans les Bailliages, Châtelenies & autres Juſtices de ce Reſſort, pour y être pareillement lûë, publiée, & enregiſtrée à la diligence des Subſtituts du Procureur du Roy, qui ſeront tenus d'en certifier la Cour dans la quinzaine. Fait à l'Audience tenuë le vingt-quatriéme May mil ſept cens dix. Signé, PAYE.

A CLERMONT,

Chez PIERRE BOUTAUDON, Imprimeur ordinaire du Roy, de Monſeigneur l'Evêque & du Clergé.

M DCC X.

ARREST
DU CONSEIL D'ESTAT
DU ROY,

QVI fait Deffenses à aucuns Bouchers & autres de tuer, vendre ny débiter aucunes Viandes dans les environs de Paris.

Du 15. Novembre 1712.

EXTRAIT DES REGISTRES
du Conseil d'Estat.

E U au Conseil d'Etat du Roy, les Requestes, Memoires & Pieces de l'Instance d'entre les nommés Pechard, Denoyers, Radou, Guide, Aulan, Claude & Aignan Coupil, Bouchers demeurans à la Courtille, Mezard Boucher au grand Charonne, Croslet & Gregoire Bouchers aux Porcherons, Dair, la Marche, Hudelin, Hubert & Richon Bouchers à Charonne, Jacquelin Boucher à Belleville, la Veuve Hubert, Bouchere à Charronne, & la Veuve le Sueur Bouchere au Roulle, d'une

A

part , les Marchauds Bouchers de la Ville & Faux-bourgs
de Paris d'autre , & Charles Yfembert C'argé de la
Régie des Fermes encore d'autre ; Sçavoir , l'Arreſt du
Conſeil du premier Avril 1704. Par lequel ſur ce qui
auroit été repreſenté que l'abus & les Fraudes contre
les Droits de la Ferme du Pied-fourché augmentoient
de jour en jour , par la liberté que pluſieurs perſonnes
s'étoient donné de vendre & débiter de la Viande non-
feulement dans les Paroiſſes proche de Paris , mais encore
dans pluſieurs petits endroits écarts & Maiſons détachées
des Villages proche les Barrieres ; en quoy le Public ſe
trouvoit même intereſſé , en ce que la plus part du
temps on vendoit dans ces lieux écarts de mauvaiſe
viande indigne d'entrer dans le Corps humain : Sa Majeſté auroit fait deffenſes à toutes perſonnes de tuer ,
vendre & débiter de la viande dans tous les lieux écarts
& détachés des Paroiſſes qui ſe trouvent hors les Barrieres ; Sçavoir le petit Briolet proche le Throſne , le
petit Charonne , proche la Barriere de la Croix-Faubin ,
la Courtille ou le grand Briolet au-delà de la Barriere
du Temple , & autres lieux dénommés audit Arreſt , &
par une ſeconde diſpoſition , il auroit été ordonné que
dans chaque Paroiſſe de Paſſy , Gentilly , Arceüil ,
Ville-Juif , & autres les plus voiſines des Barrieres &
Faux-bourgs , il ne poura y avoir que deux Bouchers
ou tel autre nombre qu'il ſera réglé par Sa Majeſté leſquels ſeront Habitans & Taillables dans leſd. Paroiſſes.
Ledit Arreſt Portant en outre qu'outre les ſix deniers qui
ſe payent à l'entrée par chaque livre de viande , il ſeroit
levé deux deniers d'augmentation. Autre Arreſt du 27
Decembre 1707. Par lequel Sa Majeſté informée de l'inexe-
cution du precedent , aprés avoir fait diſcuter l'affaire
pardevant le Sieur Dargenſon Lieutenant General de
Police , elle auroit ordonné que ledit Arreſt du premier
Avril 1704. feroit executé dans toutes les diſpoſitions y
contenuës ; les Requeſtes preſentées par leſdits Pichard ,
Deſnoyers , Radou & Conſors , Bouchers établis hors

les Barrieres aux environs de Paris signifiées les 15.
Mars 26. Juin 1708. 18. May & 17. Juin 1709. Tendantes
à cequ'il plût à Sa Majesté les recevoir opofans ausd.
Arreits des premier Avril 1704. & 27. Decembre 1707.
faifant droit fur leur opofition les maintenir dans la liberté de tuer, vendre & débiter de la viande dans les
lieux où ils font établis, pour foutenir lefquelles conclufions, ils auroient entr'autres chofes réprefenté, que
dans la forme leur opofition ne fouffroit aucune difficulté, les Arrefts ayant été rendus fur des Requeftes
ou Memoires qui ne leur ont point été communiqués ;
qu'au fond ils font contraires à la liberté publique :
que s'ils eftoient executés, cela entraineroit la ruine
d'une infinité de Familles. Que les Bouchers opofans ne
font point gens fans aveu comme on l'a fupofé, puifqu'ils payent tous la Taille & les autres impofitions
dans les Paroiffes où ils demeurent, ou defquelles ils
dependent. Que l'article des Arrefts qui réduit à deux
le nombre des Bouchers dans les Paroiffes voifines, ne
pouroit être executé fans beaucoup d'inconvenient, fur
tout dans les groffes Paroiffes. Que ces deux Bouchers
deviendroient les Maîtres de metre à la viande le prix
qu'ils voudroient, au lieu que quand il y en a plufieurs
ils font obligés de fe relacher: Que d'un autre cofté
les Bouchers de Paris ne manqueroient pas de vendre
leur viande encore plus cher des le moment qu'on auroit fuprimé tous ceux qui font établis proche les Barrieres. Qu'à l'égard des Droits des Fermes, bien loin
d'augmenter ils diminueroient infailliblement par cette
fupreffion, puifque c'eft une chofe de fait que la viande
qu'on fait entrer par morceaux, paye deux fois plus
de Droits que lorfqu'on la fait entrer en vie ; qu'au furplus s'il arrive quelques abus, ils ne doivent point être
imputés aux Bouchers qui fe font établis & font leur
commerce de bonne foy, mais à la négligence des
Commis ou à l'avidité des Fraudeurs: Qu'enfin tout le
Réglement a faire, doit fe réduire a ordonner que les.

Bouchers qui s'etabliront hors les Barrieres feront gens
Commis Taillables & domiciliés ; à quoy les Marchands
bouchers de la Ville & Faux-bourgs de Paris, & Charles
Ylembert Fermier general, auroit répondu par leurs
Requeltes figniffiées les 11. May 1708. & 30. Avril 1709.
Que tant qu'il y aura des Boucheries établies proche
les Barrieres, ce fera une occafion aux Fraudeurs d'en
aller querir & de la faire entrer en fraude ; Que tous
les jours il arrive fur cela des rébellions, des querelles
& même des meurtres, qu'on fera à couvert de ces dé-
fordres, lorfqu'il n'y aura plus de Bouchers que dans les
Paroiffes, fur tout lorfque le nombre en fera réduit :
Que par là les Bouchers de Paris fe trouveront en état
de connoiftre la veritable confommation, & fe pour-
voiront de viande à proportion de cequ'ils en débiteront,
& les Droits de la Ferme en augmenteront confidera-
blement. Qu'à l'égard de l'inconvenient dont les opofans
fe voudroient faire un moyen, fi dans toutes les Paroiffes
voifines de Paris, le nombre des Bouchers eftoit réduit à
deux, il trouve fa refponfe dans la difpofition de l'Arreft,
même puifque Sa Majefté fi eft refervé d'en établir un
plus grand nombre fi elle jugeoit à propos, au moyen
dequoy lefdits Bouchers de Paris, & ledit Ylembert
auroient conclu, à cequ'il pluft à Sa Majefté, fans
s'arrefter à l'oppofition, ordonner que lefdits Arrefts des
premier Avril 1704. & 17. Decembre 1707. feront
executés felon leur forme & teneur. OUY le Raport
du Sieur DESMARESTZ, Confeiller ordinaire au
Confeil Royal Controlleur general des Finances. LE
ROY EN SON CONSEIL, fans s'arrefter à l'oppofition formée aux Arrefts des premier Avril 1704. & 27.
Decembre 1707. par les Bouchers des environs de Paris,
dont Sa Majefté les a deboutés, a Ordonné & Ordonne,
que lefdits Arrefts feront executés felon leur forme & teneur, & conformément à iceux Fait Sa Majefté iteratives
& tres expreffes deffenfes à toutes perfonnes de quelque
condition qu'elles foient de tuer, étaler, vendre & de-

biter quelque forte de viande que ce puiſſe eſtre dans les
lieux qui enſuivent ; Sçavoir ; audela de la Barriere du
Throſne à main gauche où il y a quelques Maiſons nouvellement baſties appellées le petit Briolet , au-delà de la
Barriere de la Croix-Faubin au lieu appellé le petit Charonne , au-delà de la Barriere du Temple au lieu appellé
la Courtille ou le grand Briolet , au-delà des Barrieres
de la porte ſaint Martin prés la foſſe de la Voyrie , audela des Barrieres des Porcherons , au-delà des Barrieres
de la porte ſaint Honoré , à la Villeveſque & au Roulle ,
au-delà des Barrieres des Chartreux aprés la Croix , au
lieu appellé ſaint Michel ſur le chemin de Châtillon , audela de la Barriere de la porte ſaint Jacques prés le lieu
appellé la Santé ou l'Hôpital ſaint Anne , au lieu appellé
le petit Gentilly , au-delà de la Barriere des Gobelins ,
au Moulin appellé Coullebarde , n'y en aucuns autres
lieux ou endroits que ce puiſſe être détachés du corps
des Paroiſſes exemptes des droits d'Entrées , au-delà
& aux environs des dernieres Barrieres de ladite Ville de
Paris , & ce à peine de confiſcation , tant des beſtes &
viandes que des meubles & uſtanciles ſervant à la boucherie & audit commerce ; Et en outre de trois Cens
livres d'amande & même d'Empriſonnement : Et neant-
moins accorde Sa Majeſté un nouveau terme & délay
de trois mois , à compter du jour de la ſignification du
du preſent Arreſt aux Bouchers qui peuvent eſtre établis dans les endroits & lieux cy-devant déſignez pour ſe
retirer & ſe mettre en état d'executer le preſent Arreſt ,
aprés lequel tems ils ſeront condamnés aux peines cy-
deſſus exprimées. Ordonne en outre Sa Majeſté que dans
chacune des Paroiſſes de Paſſy , Auteüil , Gentilly , Arceüil , Ville-Juif & autres les plus voiſines des Barrieres
de ladite Ville & Faux-bougs de Paris , il ne poura y a-
voir que deux Bouchers ou tel autre nombre qui ſera
reglé par Sa Majeſté , ſur l'avis du ſieur Dargenſon Conſeiller d'Etat , Lieutenant General de Police , aprés a-
voir entendu s'il eſt neceſſaire les Syndics , Marguilliers

& principaux Habitans defdites Paroiffes, dont lefdits Bouchers feront Habitans & Taillables, fans qu'ils puiffent s'établir dans les Hameaux & Maifons écartées. Réitere pareillement Sa Majefté les deffenfes faites par lefdits Arrefts a toutes perfonnes de quelque qualité & condition qu'elles foient, autres que lefdits Bouchers Taillables & Habitans defdites Paroiffes, de s'y établir, tuer, étaler, vendre & débiter aucune forte de viande ; Comme auffi à toutes perfonnes qui ont des jardins à l'extremité defdits Faux-bourgs d'avoir aucunes ouvertures fur la Campagne. Permet Sa Majefté aux Commis des Fermes aprés le délay de trois mois, à compter du jour de la figniffication du prefent Arreft qui fera faite aux Syndics defdits Villages & Paroiffes, de faire leurs vifites dans lefdits Hameaux écarts & maifons qui en font détachées, & en cas qu'ils y trouvent des beftiaux & viandes tuées de les faifir avec les meubles & uftanciles fervants à la Boucherie, pour en eftre la confifcation pourfuivie & prononcée avec l'Amande de Trois cens livres portée par le prefent Arreft. Enjoint Sa Majefté audit fieur Dargenfon, auquel elle a pour cet effet attribué toute Cour, Jurifdiction & connoiffance de tenir la main à l'execution du prefent Arreft, qui fera leu, publié, & affiché, tant dans ladite Ville & Faux-bourgs de Paris, que dans les Paroiffes des environs, & executé nonobftant toutes oppofitions, appellations ou autres empéchemens quelconques, pour lefquels ne fera differé, & dont fi aucuns interviennent ; Sa Majefté s'eft refervé la connoiffance & à icelle interdite à toutes les Cours & autres Juges, & feront pour l'execution du prefent Arreft toutes Lettres neceffaires expediées. FAIT au Confeil d'Etat du Roy, tenu à Marly le quinziéme jour de Novembre mil fept cens douze. Collationné. Signé, DE LAISTRE.

LOUIS PAR LA GRACE DE DIEU, ROY DE FRANCE ET DE NAVARRE:

A nôtre amé & feal Confeiller d'Etat, le fieur Dargenfon

Lieutenant General de Police de la Prévosté & Vicomté de noftre bonne Ville de Paris. S A L U T , fuivant l'Arreſt dont l'extrait eſt cy attaché fous le contre-ſçel de noftre Chancellerie, ce jourd'huy donné en noftre Conſeil d'Eſtat pour les cauſes y contenuës , Nous vous mandons & enjoignons de proceder & tenir la main à l'execution d'iceluy , vous en attribuant à cet effet toute Cour , Jurifdiction & connoiſſance : Commandons au premier nôtre Huiſſier ou Sergent fur ce requis de fignifier led. Arreſt à tous qu'il appartiendra à ce qu'aucun n'en n'ignore , & de faire pour fon entiere execution , à la Requeſte de Charles Yſembert chargé de la Regie de nos Fermes , tous Commandemens , Sommations , Defenſes & tous autres Actes & Exploits neceſſaires fans autre Permiſſion. Voulons que ledit Arreſt foit lû , publié & affiché , tant dans ladite Ville & Faux-bourgs de Paris , que dans les Paroiſſes des environs , & qu'il foit executé nonobſtant toutes oppoſitions , appellations ou autres empêchemens quelconques pour leſquels ne fera differé , & dont fi aucuns interviennent Nous nous en fommes réſervé la connoiſſance , & avons icelle interdite à toutes nos Cours & autres Juges : C A R tel eſt noſtre plaiſir. D O N N E' à Marly le quinziéme jour de Novembre l'an de grace mil fept cens douze, & de noſtre Regne le foixante-dixiéme, *au bas eſt écrit*, Par le Roy en fon Conſeil. Signé , DE LAISTRE. *Et à cofté eſt écrit*. Sçellé le quatriéme Decembre mil fept cens douze. A V E C paraphe.

Collationné à l'Original par Nous Conſeiller-
Secretaire du Roy, Maiſon, Couronne
de France & de ſes Finances.

ARREST
DU CONSEIL D'ESTAT
DU ROY,

Qui permet aux Bouchers, Rotisseurs, Hosteliers de la Ville de Paris, de tuer & d'exposer en vente des Agneaux achetez dans les Marchez publics de ladite Ville ; Et aux Fermiers, Laboureurs & autres, d'en apporter.

Du 4. May 1726.

Extrait des Registres du Conseil d'Estat.

LE ROY s'estant fait representer en son Conseil l'Arrest rendu en iceluy le 15. Janvier 1726. par lequel Sa Majesté auroit ordonné que les Arrests de son Conseil des 14. May 1709. 24. Fevrier 1714. 19. Janvier 1715. & 4. Avril 1720. ensemble la Declaration

A

du 16. Fevrier 1712. portant deffenfes de tuer des
Agneaux, feroient executez felon leur forme & teneur,
à commencer du 6. Mars dernier; Et en confequence
auroit fait très-expreffes inhibitions & deffenfes à tous
Fermiers, Laboureurs, Menagers & autres perfonnes dans
toute l'étenduë du Royaume, de tuer aucuns Agneaux,
ni d'en vendre aux Bouchers, Rotiffeurs, Hofteliers, Cabaretiers, Traiteurs, pour eftre debitez & confommez :
auroit pareillement deffendu à tous Bouchers, Rotiffeurs
& autres, même à ceux de la Ville de Paris, d'en acheter, tuer, apprefter, vendre ni expofer en vente, fous
quelque pretexte & en quelqu'endroit que ce foit, pendant le cours de deux ans, à peine de trois cens livres
d'amende contre chacun des contrevenans, & de prifon
contre les Bouchers, Rotiffeurs & autres debitans, fans
que cette peine pût eftre reputée comminatoire, remife
ni moderée pour quelque caufe & fous quelque pretexte
que ce pût eftre : Auroit en outre Sa Majefté revoqué
par l'Arreft dudit jour 15. Janvier dernier, toutes per-
miffions particulieres accordées en faveur de la Ville de
Paris, tant par les precedens Arrefts, que par la Declaration du 16. Fevrier 1712. & par tous autres Reglemens à ce contraires. Et Sa Majefté ayant depuis jugé
à propos de lever les deffenfes portées par l'Arreft dudit
jour 15. Janvier 1726. pour la Ville de Paris feulement :
Oüy le rapport du Sieur Dodun Confeiller ordinaire au
Confeil Royal, Controlleur general des Finances. LE
ROY ESTANT EN SON CONSEIL, a levé & levé
pour la Ville de Paris feulement, les deffenfes portées

par l'Arreſt dudit jour 15. Janvier dernier, de tuer aucuns Agneaux, ni d'en vendre aux Bouchers, Rotiſſeurs,
Hoſteliers, Cabaretiers, Traiteurs & autres; en conſequence Sa Majeſté a permis & permet aux Bouchers,
Rotiſſeurs, Hoſteliers de ladite Ville de Paris, de tuer
& d'expoſer en vente les Agneaux qu'ils auront achetéz
dans les Marchez publics de ladite Ville, des Fermiers,
Laboureurs & autres, auſquels Sa Majeſté a auſſi permis
d'en apporter auſdits Marchez ; voùlant au ſurplus que
leſdits Arreſts, & notamment celuy du 15. Janvier dernier, en ce qui n'eſt point contraire aux diſpoſitions du
preſent Arreſt, ſoient executez ſuivant leur forme & teneur. FAIT au Conſeil d'Eſtat du Roy, Sa Majeſté y
eſtant, tenu à Verſailles le quatriéme jour du mois de
May mil ſept cens vingt-ſix. *Signé* PHELYPEAUX.

A PARIS,

DE L'IMPRIMERIE ROYALE.

———————————

M. DCCXXVI.

DE PAR LE ROI,

ET MONSIEUR

LE LIEUTENANT GENERAL

DE POLICE,

Commiſſaire député du Conſeil en cette partie.

JUGEMENT

Au profit de DOMINIQUE GUERIN, Fermier des droits des Marchés de Sceaux & de Poiſſy.

Qui déclare la ſaiſie faite à ſa requête ſur François Lardenois &
Gabriel Sagot marchands bouchers à Paris, de quatre bœufs,
bonne & valable : Ordonne que leſdits quatre bœufs ſeront &
demeureront acquis & confiſqués à ſon profit ; en conféquence,
leſdits Lardenois & Sagot tenus de les repréſenter, ſinon & à
faute de ce faire, condamnés ſolidairement & par corps à lui
payer la ſomme de huit cens quatre-vingts livres pour la valeur

A

d'iceux : Fait défenses auxdits Lardenois & Sagot, & à tous autres marchands bouchers, de faire la déclaration des bestiaux qu'ils acheteront dans les marchés de Sceaux & de Poissy, par d'autres que par eux, & d'en diminuer le prix d'achat dans leurs déclarations, même de les faire sortir desdits marchés sans s'être préalablement munis d'un laissez sortir ; le tout à peine de cinq cens livres d'amende : Condamne lesdits Lardenois & Sagot en cent livres d'amende & aux dépens.

Du 5 Juin 1753.

NICOLAS-RENÉ BERRYER, *Chevalier, Conseiller d'État, Lieutenant général de Police de la ville, prevôté & viconté de Paris.*

VÛ le procès verbal dressé le 16 novembre 1752 par les Commis de Dominique Guerin, fermier des droits qui se perçoivent sur les bestiaux dans les marchés de Sceaux & de Poissy, portant saisie de quatre bœufs sur les nommés Lardenois & Sagot marchands bouchers à Paris, & le nommé Bordeaux Delamarre se prétendant commissionnaire du sieur Francourt marchand forain de bestiaux ; affirmé véritable par-devant nous le 24 dudit mois de novembre : La sommation faite lo même jour par François Monnier huissier à cheval au Châtelet de Paris, à la requête desdits Bordeaux Delamarre & Sagot audit Guerin, portant assignation à comparoir par-devant nous en notre hôtel à la Commission, le lendemain dix heures du matin, pour se voir condamner, & par corps, à payer audit Bordeaux Delamarre la somme de huit cens quatre-vingts livres pour le prix de quatre bœufs par lui vendus à Sagot, avec dommages-intérêts & dépens : Notre jugement du 17 novembre dernier, par lequel, après avoir entendu M.e Grandpierre procureur desdits Bordeaux Delamarre & Sagot, & M.e Regnard procureur dudit Guerin, nous avons au principal renvoyé les parties au premier jour d'audience ; & cependant par provision, sans préjudicier aux droits dudit Guerin résultans de la déclaration de Lardenois, ni reconnoître celles de Bordeaux & Sagot portées par leur sommation, avons donné lettres audit Guérin de ses offres de payer audit Bordeaux le prix des quatre bœufs dont est question, lesquelles nous avons déclarées bonnes & valables ; en conséquence, avons condamné ledit Guérin, suivant ses offres, à payer audit Bordeaux la somme de huit cens quatre-vingts livres, à quoi se monte le prix desdits bœufs, en donnant par ledit Bordeaux caution solvable dudit prix pour sûreté de la saisie, & en fournissant par ledit Sagot ses billets, tous dépens, dommages-intérêts réservés : La signification qui en a été faite à Me Regnard procureur dudit Guérin le 18 : la requête verbale dudit Guérin, signifiée à Me Grandpierre procureur desdits Bordeaux Delamarre & Sagot, le 28 dudit mois de novembre, tendante à ce qu'en procédant & allant avant sur le renvoi à l'audience porté par notre jugement du 17, il fût dit & ordonné que les édits, déclarations du Roi, arrêts du Conseil, ordonnances & règlemens de police concernant la vente des bestiaux dans les marchés de Sceaux & de Poissy, seroient exécutés selon leur forme & teneur ; en conséquence, que la saisie faite sur lesdits Bordeaux Delamarre, Sagot & Lardenois, par procès verbal du 16 novembre, seroit déclarée bonne & valable, ce faisant, que les quatre bœufs saisis demeureroient acquis & confisqués au profit dudit Guérin, à la représentation d'iceux, ou au payement de la somme de huit cens quatre-vingts livres pour leur valeur, ledit Sagot contraint par corps ; que défenses seront faites à tous marchands bouchers d'être infidèles dans leurs déclarations, & de frauder les droits du fermier par des suppositions de personnes & d'achat, & de faire sortir leurs bestiaux desdits marchés sur des *laissez sortir* empruntés, & avant qu'eux & les marchands forains en aient fait leur déclaration & acquitté les droits ; & pour leurs contraventions, qu'ils seront condamnés solidairement chacun en neuf cens livres d'amende envers ledit Guérin & aux dépens, & que le jugement qui interviendroit seroit imprimé, lû, publié & affiché par-tout où besoin seroit à leurs frais, & notamment dans les marchés de Sceaux & de Poissy : L'assignation donnée le 2 décembre suivant par Jean

A ij

Sauvé huiſſier à verge au Châtelet de Paris, à la requête de Dominique Guerin, à François Lardenois marchand boucher à Paris, à comparoir au premier jour d'audience par devant nous en notre hôtel, pour voir déclarer bonne & valable la ſaiſie faite ſur lui & les nommés Bordeaux Delamarre & Sagot, par procès verbal du 16 novembre ; ordonner que les quatre bœufs ſaiſis ſeroient confiſqués au profit dudit Guerin, & être condamné ſolidairement avec ledit Sagot, & par corps, à les repréſenter, ſinon à payer la ſomme de huit cens quatre-vingts livres pour leur valeur ; & que pour la contravention par lui commiſe il ſeroit condamné en cinq cens livres d'amende & aux dépens ; que défenſes lui ſeroient faites de faire à l'avenir de fauſſes déclarations, & que le jugement qui interviendroit ſeroit imprimé, lû, publié & affiché à ſes frais par-tout où beſoin ſeroit, & notamment dans les marchés de Sceaux & de Poiſſy : L'acte ſignifié à M.ᵉ Regnard procureur dudit Guerin, le 10 décembre, par lequel M.ᵉ Longueſtre ſe conſtitue procureur pour Lardenois : les défenſes des nommés Bordeaux Delamarre & Sagot, ſignifiées audit M.ᵉ Regnard le 17 janvier 1753, par leſquelles ils ſoûtiennent que le procès verbal du 16 novembre précédent doit être déclaré nul, ou en tout cas que ſans avoir égard aux concluſions dudit Guerin, il y a lieu d'ordonner que notre jugement du 17 dudit mois de novembre ſera définitif, condamner ledit Guerin en tels dommages-intérêts qu'il nous plairoit arbitrer, & aux dépens : celles du nommé Lardenois, ſignifiées le 19, par leſquelles il demande la nuilité du procès verbal du 16 novembre, ou en tout cas que Dominique Guerin doit être débouté de ſes demandes, en affirmant par ledit Lardenois qu'il n'a point fait les déclarations portées en ce procès verbal, & ledit Guerin condamné en trois cens livres de dommages-intérêts, & en tous les dépens : Les réponſes dudit Guerin, ſignifiées à M.ᵉˢ Grandpierre & Longueſtre le 5 février : les repliques dudit Lardenois, ſignifiées le 13 : celles deſdits Bordeaux Delamarre & Sagot, ſignifiées le même jour : les écritures dudit Guerin, ſignifiées le 19 à M.ᵉ Grandpierre procureur deſdits Bordeaux Delamarre & Sagot : autres écritures ſignifiées le même jour de la part dudit Guerin à M.ᵉ Longueſtre procureur dudit Lardenois : les réponſes deſdits Bordeaux Delamarre & Sagot, ſignifiées à M.ᵉ Regnard procureur dudit Guerin le 26 : celles dudit Lardenois, ſignifiées audit M.ᵉ Regnard le même jour : le jugement par nous rendu le 13 mars dernier, par lequel après avoir entendu M.ᵉ Regnard procureur de Dominique Guerin, M.ᵉ Grandpierre procureur de Pierre Bordeaux Delamarre & de Gabriel Sagot marchand boucher à Paris, & M.ᵉ Longueſtre procureur de François Lardenois marchand boucher à Paris, nous avons ordonné que les pièces & doſſiers des parties ſeroient remis en nos mains pour en être délibéré : Enſemble l'arrêt du Conſeil du 10 juin 1747 portant notre commiſſion.

Nous Commiſſaire ſuſdit, en vertu du pouvoir à nous donné par Sa Majeſté par ledit arrêt du Conſeil, après qu'il en a été délibéré ſur les pièces & mémoires remis en nos mains par les parties, avons la ſaiſie de quatre bœufs faite à la requête de Dominique Guerin au marché de Poiſſy, tant ſur les nommés Lardenois & Sagot marchands bouchers, que ſur le nommé Bordeaux Delamarre, le 16 novembre dernier, déclaré bonne & valable : Diſons que leſdits quatre bœufs ſeront & demeureront acquis & confiſqués au profit dudit Guerin ; les nommés Sagot & Lardenois tenus de les repréſenter, ſinon & à faute de ce faire les condamnons ſolidairement & par corps à payer audit Guerin la ſomme de huit cens quatre-vingts livres pour la valeur d'iceux. Faiſons défenſes auxdits Lardenois & Sagot, & à tous autres marchands bouchers, de faire la déclaration des beſtiaux qu'ils acheteront dans les marchés de Sceaux & de Poiſſy pour d'autres que pour eux, & d'en diminuer le prix d'achat dans leurs déclarations, même de les faire ſortir deſdits marchés ſans s'être préalablement munis d'un *laiſſez ſortir* ; le tout à peine de cinq cens livres d'amende : Et pour la contravention commiſe par leſdits Sagot & Lardenois, les condamnons auſſi ſolidairement en cent livres d'amende envers ledit Guerin, & aux dépens que nous avons liquidés à la ſomme de quatre-vingt-une livres ſept ſols, y compris la ſignification de notre préfent jugement. Et en ce qui touche les demandes dudit Guerin contre le nommé Bordeaux Delamarre, & les autres demandes & conclufions des parties, les avons mifes hors de cour, dépens compenfés entre ledit Guerin & ledit Bordeaux Delamarre. Et fera notre préfent jugement imprimé, lû, publié & affiché en cette ville & fauxbourgs, aux marchés de Sceaux & de Poiffy, & par-tout ailleurs où befoin fera, aux frais defdits Sagot & Lardenois. FAIT à Paris, en notre hôtel, le cinq juin mil fept cent cinquante-trois. Collationné. *Signé* LEBLOND.

A PARIS,
DE L'IMPRIMERIE ROYALE.

M. DCCLIV.

DÉCLARATION
DU ROI,

Qui ordonne que l'établissement de la Caisse de crédit qui a été fait pour les marchés de Sceaux & de Poissy, sera & demeurera continué pendant douze années entières & consécutives, à commencer du 4 mars 1756, & finir le premier jour de carême de l'année 1768.

Donnée à Versailles le 16 Mars 1755.

Regiſtrée en Parlement.

LOUIS, PAR LA GRACE DE DIEU, ROI DE FRANCE ET DE NAVARRE: A tous ceux qui ces préſentes lettres verront, SALUT. Le deſir de procurer aux habitans de notre bonne ville de Paris, une diminution ſur le prix de la viande, nous auroit déterminé à renouveler par notre édit du mois de décembre 1743, l'établiſſement qui avoit été ordonné par l'édit du mois de janvier 1707, d'une Caiſſe de crédit dans les marchés de Sceaux & de Poiſſy, pour y payer comptant le prix des beſtiaux qui y ſeroient amenés & vendus : Des événemens arrivés

depuis, & fur-tout une mortalité prefque générale des bœufs &
des vaches dans quelques provinces du royaume, n'ont produit
aucune augmentation fur cette marchandife, dans lefdits marchés
de Sceaux & de Poiſſy, par le bon effet de cet établiſſement ;
ces marchés ont toûjours été fournis avec la même abondance,
on ne s'y eſt point aperçû de la difette, les nourriſſeurs, aſſurés
de leur payement, ont multiplié leurs engrais, & les marchands
forains leur commerce : le même motif, dans des temps où la
marchandife fera plus abondante, en fera baiſſer le prix, & les
habitans de notre bonne ville jouiront alors encore plus fenſi-
blement de l'objet de cet établiſſement, qui eſt également avantageux au commerce, puifque ceux qui le font, reçoivent le prix
de leur marchandife au moment de la vente ; mais comme le
temps fixé par notre déclaration du 21 décembre 1743, doit
ceſſer le 4 mars 1756, & qu'il nous paroît néceſſaire de le pro-
roger. A CES CAUSES, & autres à ce nous mouvant, de l'avis
de notre Conſeil, & de notre certaine ſcience, pleine puiſſance
& autorité royale, nous avons par ces préſentes, ſignées de notre
main, dit, ſtatué & ordonné, voulons & nous plaît, que l'établiſſement de la caiſſe de crédit qui a été fait pour les marchés
de Sceaux & de Poiſſy, en vertu de l'édit du mois de décembre
1743, & de notre déclaration du 21 du même mois, fera &
demeurera continué pendant douze années entières & confécu-
tives, à commencer du 4 mars 1756, & finir le premier
jour de carême de l'année 1768, dans la même forme, de la
même manière & aux mêmes conditions prefcrites par ledit édit
& ladite déclaration qui feront exécutés felon leur forme & teneur,
ainſi que l'édit du mois de janvier 1707, en ce qui n'y eſt
point dérogé par ces préſentes. SI DONNONS EN MANDEMENT
à nos amés & féaux Confeillers les gens tenant notre Cour de
Parlement, Chambre des Comptes & Cour des Aides à Paris,
que ces préſentes ils aient à faire lire, publier & regiſtrer, & le
contenu en icelles garder, obferver & exécuter felon leur forme
& teneur : CAR TEL EST NOTRE PLAISIR. En témoin de
quoi nous avons fait mettre notre fcel à cefdites préfentes. DONNÉ
à Verfailles le feizième jour de mars, l'an de grace mil fept cent

cinquante-cinq, & de notre règne le quarantième. *Signé* LOUIS. *Et plus bas*, M. P. DE VOYER D'ARGENSON. Vû au Confeil, MOREAU DE SÉCHELLES. Et fcellé du grand fceau de cire jaune.

Regiftrée, oüi, ce requérant le Procureur général du Roi, pour être exécutée felon fa forme & teneur; à la charge néanmoins par le Fermier du droit du fol pour livre, fes commis & prépofés, de fe conformer à la difpofition de l'édit du mois de janvier 1707, regiftré en la Cour le 10 mars fuivant; ce faifant, de tenir trois regiftres, lefquels feront cotés & paraphés par le Lieutenant général de Police de la ville de Paris, fur l'un defquels feront tranfcrites les déclarations des Marchands forains de la quantité & qualité des beftiaux qu'ils auront fait entrer dans les Marchés de Sceaux & de Poiffy, fur laquelle déclaration fera délivré fans frais auxdits Marchands forains un congé, en conféquence duquel ils expoferont leurs beftiaux en vente; fur le fecond defdits regiftres, les Marchands forains feront leur déclaration de la vente defdits beftiaux, laquelle déclaration contiendra le nom des acheteurs & le véritable prix de la vente, & fera fignée defdits Marchands forains, finon fera fait mention des caufes de leur refus de figner; & fur le troifième, les Marchands Bouchers, Chaircuitiers & autres, feront pareillement leurs déclarations de la quantité & qualité des beftiaux par eux achetés, & du véritable prix de l'achat; lefquelles déclarations feront fignées comme deffus, le tout à peine d'être procédé contre le Fermier, au cas que lefdits regiftres ne fuffent exactement tenus en la forme ci-deffus: à la charge en outre, que, fuivant la difpofition de l'édit de 1707, toutes les conteftations nées & à naître, foit entre les Fermiers & les Marchands forains, & les Bouchers & Chaircuitiers, même des uns contre les autres pour raifon, foit de la perception du droit de fol pour livre, de l'exécution des marchés entre les Forains & les Bouchers, même pour caufe des refus que pourroit faire le Fermier de faire crédit à aucuns defdits Bouchers, continueront d'être portées par-devant le Lieutenant général de Police de la ville de Paris, pour, fur lefdites conteftations, être ftatué par lui fommairement, ainfi qu'il appartiendra, & feront fes ordonnances & jugemens exécutés par provifion, fauf l'appel en la Cour, qui y demeure réfervé. Et pour d'autant faciliter l'exécution de la préfente déclaration, & prévenir tous abus qui pourroient être commis au préjudice des difpofitions contenues en icelle, le Procureur général du Roi fera tenu de fe faire remettre par les parties intéreffées, leurs mémoires refpectifs, & de prendre à ce fujet les conclufions qu'il avifera bon être, pour, le tout vû par la Cour, y être par elle ftatué ce que de raifon, au lendemain de la Saint-Martin, fuivant l'arrêt de ce jour. A Paris, en Parlement, le dix-huit août mil fept cent cinquante-cinq.

Signé DUFRANC.

A PARIS, DE L'IMPRIMERIE ROYALE. 1755.

DÉCLARATION
DU ROI,

CONCERNANT le Commerce de la Viande pendant le Caréme à Paris.

Donnée à Verfailles le 25 Décembre 1774.

Regiftrée en Parlement le 10 Janvier 1775.

OUIS, par la grace de Dieu, Roi de France & de Navarre : A tous ceux qui ces préfentes Lettres verront ; SALUT. Le Privilége exclufif accordé à l'Hôtel-Dieu pour la vente & le débit de la viande pendant le Carême, lui ayant été plus onéreux que profitable, lorfque l'exercice en a été fait par fes Prépofés, il auroit ci-devant préféré de le céder moyennant une fomme de cinquante mille livres ; mais ce Privilége n'étant pas moins préjudiciable au Public par les abus qui en réfultent néceffairement, par les fraudes multipliées, à la faveur defquelles on eft jufqu'ici parvenu à en éluder l'effet, fans que les Pauvres en ayent profité, & par les pourfuites féveres, fouvent ruineufes, auxquelles ils fe trouvoient expofés, Nous avons pris

la réfolution de fubvenir aux befoins de ceux de nos Sujets que leur état d'infirmité met dans la néceffité de faire gras pendant le Carême, & notamment des Pauvres malades, en leur procurant des moyens plus faciles d'avoir les fecours qui leur font indifpenfables : Nous avons reconnu qu'il n'en pouvoit être de plus capables de remplir ces vues charitables, que de rendre au commerce des viandes pendant le Carême une liberté qui ne peut & ne doit entraîner l'inobfervation des régles de l'Eglife. Mais fi d'un côté il eft de notre bonté de procurer du foulagement aux Habitans de notre bonne ville de Paris; Nous avons cru également digne des vues de juftice & de piété qui nous animent, de ne point faire perdre à l'Hôtel-Dieu le bénéfice que cette Maifon eft dans l'ufage de retirer de l'exercice de fon Privilége, & de maintenir les Réglemens qui, conformément aux Loix de l'Eglife, ne permettent l'ufage du gras dans ie Carême, qu'aux conditions qui y font prefcrites. A CES CAUSES & autres, à ce nous mouvant, de l'avis de notre Confeil, & de notre certaine fcience, pleine puiffance & autorité royale, Nous avons dit, déclaré & ordonné; & par ces préfentes fignées de notre main, difons, déclarons & ordonnons, voulons & nous plaît ce qui fuit :

ARTICLE PREMIER.

LE commerce & l'entrée des viandes, gibier & volailles, fera libre dans la Ville, Fauxbourgs & Banlieue de Paris, pendant le Carême.

II.

LA vente & le débit en feront faits : fçavoir, du bœuf, veau & mouton, par les Maîtres & Marchands Bouchers; du gibier & de la volaille, par les Rôtiffeurs; & du porc frais & falé, par les Chaircuitiers.

I I I.

Il sera tenu à cet effet, le Lundi de chaque semaine, un marché à Sceaux ; tous les Vendredis un marché à la Halle aux Veaux ; & tous les jours de la semaine, à l'exception du Vendredi, un marché de volaille & de gibier sur le carreau de la Vallée, le tout en la maniere accoutumée.

I V.

Et pour assurer à l'Hôtel-Dieu le même secours qu'il a retiré jusqu'à présent de l'exercice de son Privilége, Voulons qu'il lui soit remis une somme de cinquante mille livres, à prendre sur le produit des droits qui se perçoivent aux marchés de Sceaux & entrées de Paris, sur les bœufs, veaux, moutons & porcs, & dont la régie sera faite, pendant le Carême, pour notre compte par nos Fermiers ; sauf, dans le cas d'insuffisance du produit desdits droits régis, à parfaire par Nous, au profit de l'Hôtel - Dieu, ladite somme de cinquante mille livres.

V.

Seront, au surplus, les Arrêts & Réglemens concernant l'usage du gras pendant le Carême, & ceux concernant le suif, la cuisson des abattis, les marchés de Sceaux, de la Vallée & de la Halle aux Veaux, exécutés en ce qui n'est pas contraire aux dispositions des Présentes. Si donnons en mandement à nos amés & féaux Conseillers les Gens tenant notre Cour de Parlement à Paris, que ces Présentes ils aient à faire lire, publier & regiftrer, & le contenu en icelles, garder, observer & exécuter selon leur forme & teneur, nonobstant toutes choses à ce contraires ; aux copies desquelles collationnées par l'un de nos amés & féaux Conseillers-Secrétaires, Voulons que foi soit ajoutée comme à l'original : CAR tel est notre plaisir; en témoin de quoi nous avons fait mettre notre sceel à cesdites présentes. DONNÉ à Versailles le vingt-cinquième jour du mois de Décembre, l'an de grace mil sept cent soixante-quatorze, & de notre règne le premier. *Signé* LOUIS. *Et plus bas :* Par le Roi, PHELYPEAUX. Vu au Conseil, TURGOT. Et scellé du grand sceau de cire jaune.

Regiftrées, oui, & ce requérant le Procureur Général du Roi, pour être exécutées selon sa forme & teneur, suivant l'Arrêt de ce jour. A Paris, en Parlement, les Grand'Chambre & Tournelle assemblées, le dix Janvier mil sept cent soixante & quinze.

Signé, LEBRET.

A PARIS, chez P. G. SIMON, Imprimeur du Parlement, *rue Mignon Saint André-des-Arcs*, 1775.

ARREST

DU CONSEIL D'ETAT DU ROI,

Rendu entre Claude Magnien & Clément Besnard , Marchands Bouchers privilégiés suivant la Cour, d'une part :

Les Abbé, Prieur, Chanoines réguliers & Chapitre de l'Abbaye royale de Sainte-Geneviève-du-Mont à Paris , d'autre part :

L'Adjudicataire des Fermes générales, prenant le fait & cause desdits Magnien & Besnard :

Et Louis de Brancas, Pair de France, Chevalier de l'Ordre de la Toison d'or , reçu partie intervenante :

En présence de l'Inspecteur général du Domaine de la Couronne.

Qui déclare le terrein entier de la Place Maubert à Paris, n'être dans le domaine direct & utile d'aucun particulier, comme étant Place publique, mais en la haute justice & seigneurie du domaine du Roi : Fait défenses auxdits Abbé & Chanoines de Sainte-Geneviève de s'en dire Seigneurs, & d'y percevoir aucuns cens & droits Seigneuriaux ou de justice, & de permettre aucuns établissemens, de quelque nature que ce puisse être, en aucune partie de ladite Place Maubert, comme dépendante de leur fief, lequel demeure borné par icelle : Condamne lesdits Abbé & Religieux à restituer auxdits Magnien & Besnard les sommes qu'ils peuvent avoir été contraints de payer en vertu d'un Arrêt du Grand-Conseil du 31 Mars 1763, & en tous les dépens envers ledit Adjudicataire des fermes, lesdits Magnien & Besnard, & le duc de Brancas, tant ceux faits en première instance qu'au Grand-Conseil & au Conseil de Sa Majesté.

Du vingt août mil sept cent soixante-quatorze.

Extrait des Registres du Conseil d'Etat.

VU au Conseil d'Etat du Roi, l'instance interloquée d'entre Claude Magnien & Clément Besnard, marchands Bouchers privilégiés suivant la Cour, demandeurs, d'une part ; les Abbé, Prieur, Chanoines Réguliers & Chapitre de l'Abbaye royale de Sainte Geneviève-du-Mont à Paris, Ordre de Saint Augustin, Congrégation de France, défendeurs, d'autre part ; l'Adjudicataire général des fermes, prenant le fait & cause desdits Magnien & Clément Besnard, & subsidiairement tiers-opposans audit Arrêt du 31 Mars 1763, aussi d'autre part ; & Louis, Duc de Brancas, Pair de France,

Chevalier de la Toifon d'or., Lieutenant général des Armées de Sa Majefté, Gouverneur des ville & Château de Guife, reçu partie intervenante, en préfence de l'Infpecteur général du domaine de la Couronne, favoir : Arrêt du Conseil, contradictoirement rendu entre lefdites parties, par lequel Sa Majefté auroit reçu l'Adjudicataire général des Fermes tiers-oppofant à l'Arrêt du Grand-Conseil du 31 Mars 1763; avant faire droit, tant fur ladite tierce-oppofition que fur le furplus des demandes, fins & conclufions des Parties, auroit ordonné qu'à la requête, pourfuite & diligence du Procureur de Sa Majefté, en la Chambre du domaine de Paris, & en préfence du fieur de Montigny, Tréforier de France, que Sa Majefté auroit commis à cet effet, il feroit par Desbœufs, Expert-Juré des Bâtimens, que Sa Majefté avoit pareillement commis auffi à ce fujet, procédé inceffamment en préfence defdites Parties, ou elles duement appellées à la levée du plan figuratif de l'étendue de la Place Maubert : de l'emplacement des étaux, échoppes, boutiques, corps-de-garde & autres établiffemens de pareille nature qui exiftent actuellement dans ladite Place ; des différentes rues & ruiffeaux qui y aboutiffent ou la traverfent, & notamment du cours & direction des ruiffeaux venant des rues Gallande, des Anglois & des Lavandieres ; lequel plan indiqueroit la partie de ladite Place qui eft à droite defdits ruiffeaux jufqu'au carrefour auquel aboutiffent les rues des Noyers, de la Montagne Sainte-Genevieve, Saint-Victor & de Bievre, & celle qui eft à gauche; comme auffi la Place où auroit été anciennement établie la Croix-Hemon, & marqueroit directement les lieux que lefdits Abbé, Prieur & Religieux de Sainte-Genevieve prétendroient être dans leur cenfive, & ceux que ledit Adjudicataire général des Fermes du Roi prétendroit être dans celle de Sa Majefté; auroit ordonné pareillement que ledit fieur de Montigny, en préfence des Parties, ou elles duement appellées, feroit fur ledit plan l'application des titres; à l'effet de quoi tous lefdits titres, pieces, écritures & mémoires de l'inftance lui feroient remis, enfemble les pieces qui y feroient ajoutées & repréfentées par lefdites Parties, & du tout feroit par ledit fieur de Montigny dreffé procès-verbal, lors duquel les Parties pourroient faire tels dires, requifitions & obfervations qu'elles jugeroient à propos, fur lefquels le fieur de Montigny demeureroit autorifé à ftatuer par provifion, ainfi qu'il appartiendroit, pour lefdits plan & procès-verbal faits & rapportés, avec l'avis du fieur de Montigny, & le tout communiqué à l'un des Infpecteurs généraux du domaine de Sa Majefté, être par Elle fait droit fur les demandes en conteftations, ainfi qu'il appartiendroit, tous dépens, dommages-intérêts réfervés, du 30 Juin 1772; fignification enfuite par Denormandie, huiffier du Conseil, du 30 Juillet fuivant; enfemble les requêtes, pieces & mémoires vifés & énoncés audit Arrêt. Vu auffi la requête inférée en l'Arrêt du Conseil d'Etat du 16 Juin 1772, préfentée par lefdits Abbé, Prieur, Chanoines réguliers & Chapitre de l'Abbaye royale de Sainte-Genevieve, & tendante à ce qu'il plût à Sa Majefté, pour les caufes y contenues, leur donner acte de la tierce-oppofition qu'ils formoient à l'Arrêt du Conseil du 20 Juillet 1724, & de tout ce qui auroit fuivi, en tant que l'on auroit entendu y comprendre le fol des deux étaux adjugés à Gallot ; & pour faire droit fur ladite tierce-oppofition, circonftances & dépendances, renvoyer les Parties en la grande Direction des finances, & jointe à l'inftance pendante, au rapport du fieur de la Porte, Maître des Requêtes, pour être ftatué fur le tout par un feul & même Arrêt: Ledit Arrêt du Conseil rendu fur ladite requête, par lequel Sa Majefté auroit donné acte auxdits fieurs Abbé, Prieur & Religieux, de leur tierce-oppofition, audit Arrêt du Conseil du 20 Juillet 1724, & à tout ce qui auroit fuivi; auroit Sa Majefté renvoyé les Parties à procéder fur ladite oppofition, circonftances & dépendances, en la grande Direction, au rapport du fieur de la Porte, Maître des Requêtes, & auroit ordonné qu'elle demeureroit jointe à l'inftance qui étoit pendante entr'elles, pour être ftatué fur le tout par un feul & même Arrêt, du 16 Juin 1772; fignification enfuite par Henri, Huiffier du Conseil, du 20 Juillet fuivant : Plan de la Place Maubert levé par Desbœufs, Expert, en exécution dudit Arrêt du Conseil du 30 Juin 1772; enfemble expédition du Procès-verbal dreffé

par ledit Desbœufs, contenant l'explication & le détail dudit plan, du 22 Juin 1773
& jours fuivans : autre expédition d'autre Procès-verbal dreffé par ledit fieur de Mon-
signy, en exécution dudit Arrêt du Confeil du 30 Juin 1771, contenant les dires, prétentions & réquifitions des Parties, enfemble l'avis du fieur de Montigny, du 22 Juin
1773 & jours fuivans. Requête préfentée au Confeil par le fieur Lorry, Infpecteur
général du Domaine, & tendante à ce qu'il plût à Sa Majefté pour les caufes y contenues, fans s'arrêter à l'Arrêt du Grand-Confeil du 31 Mars 1763, qui fera caffé &
annulé, déclarer les rues, carrefours, quais & places publiques de la ville de Paris, &
notamment la Place Maubert dans toute fon étendue, telle qu'elle eft déterminée par
les maifons qui la bordent, être dans la haute juftice & feigneurie du domaine de la
Couronne; faire défenfes aux Religieux de Sainte-Geneviève & à tous autres de s'im-
mifcer dans les droits de feigneurie & haute juftice fur aucune portion du fol de ladite
place, ni de s'en dire ni qualifier Seigneurs, à peine d'amende; décharger le Duc de
Villars-Brancas & les nommés Magnien & Befnard des demandes contre eux formées; les maintenir & garder dans la poffeffion des cinq étaux dont il s'agit, aux
charges portées par les Arrêts du Confeil des 9 Décembre 1692 & 21 Octobre 1726,
condamner les Religieux à rendre & reftituer auxdits Magnien & Befnard les fommes
qu'ils peuvent avoir été contraints de payer en vertu de l'Arrêt du Grand-Confeil, &
en tels dommages-intérêts qu'il plaira au Confeil d'arbitrer; ordonner que fur l'Arrêt
il fera expédié des Lettres patentes qui feront enregiftrées & publiées en la forme
ordinaire; ladite requête fignée Lorry; ordonnance au bas, d'en jugeant fera fait droit,
& foit fignifiée, du 12 Mars 1774; fignification enfuite, par Denormandie, Huiffier
du Confeil, du 14 du même mois : Acte de conftitution de Me Levaffeur pour lefdits
Magnien & Befnard, au lieu & place de Me Auvray des Guirandières leur Avocat,
du 21 Mai 1774. Requête préfentée au Confeil par lefdits Abbé, Prieur & Religieux
de Sainte-Geneviève, employée avec les pieces y énoncées & jointes, pour réponfe
à celle de l'Infpecteur général du Domaine, du 14 Mars 1774; & tendante à ce qu'il
plût à Sa Majefté, pour les caufes y contenues, fans avoir égard aux conclufions du
fieur Lorry, leur donner acte de celles ci-devant prifes par le feu fieur Gibert, auffi
Infpecteur du Domaine, excepté toutefois en ce qui touche le Duc de Brancas; & en
conféquence, fans s'arrêter aux demandes, fins & conclufions, tant dudit fieur Duc
de Brancas & de l'Adjudicataire général des Fermes, que defdits Magnien & Befnard,
dans lefquelles ils feroient purement & fimplement déclarés non-recevables, ou dont
en tout cas ils feroient déboutés, leur adjuger celles par eux précédemment prifes,
avec dépens; ladite requête fignée Huart du Parc leur Avocat; ordonnance au bas,
d'acte de l'emploi, foient les pieces reçues & jointes au furplus en jugeant, & foit
fignifiée, du 18 Juin 1774; fignification enfuite, par Leprêtre de Grand-pré, Huiffier
du Confeil, du 23 du même mois : Pieces jointes à ladite requête; favoir, dix-fept
baux de places à falines, fituées dans la Place Maubert, paffés par lefdits Abbé, Prieur
& Chanoines réguliers; extrait de l'ancien cartulaire de ladite Abbaye; expédition de
fentence de la Chambre du Tréfor, du 1er Avril 1544. Autre requête préfentée au
Confeil par ledit fieur Lorry, employée pour réponfe à la précédente, & tendante à ce
qu'il plût à Sa Majefté, pour les caufes y contenues lui adjuger fes précédentes conclufions; ladite requête fignée Lorry, ordonnance au bas, d'acte de l'emploi au furplus
en jugeant, & foit fignifiée, du 29 Juin 1774; fignification enfuite, par Denormandie,
Huiffier, du 3 du même mois; & généralement tout ce qui a été dit, écrit, produit &
remis par les Parties par-devers le fieur de la Porte de Meffay, Chevalier, Confeiller
du Roi en tous fes Confeils, Maître des Requêtes ordinaires de fon Hôtel, Commiffaire en cette partie, député: Oui fon rapport, après en avoir communiqué aux fieurs
d'Agueffeau, de Beaupré, de Fleury, Ogier & Cochin, Confeiller d'Etat, Commiffaires auffi députés, & tout confidéré; LE ROI EN SON CONSEIL, faifant droit fur
l'inftance, a reçu & reçoit ledit Adjudicataire des Fermes tiers-oppofant à l'Arrêt du
Grand-Confeil du 31 Mars 1763, & à tout ce qui a fuivi; ce faifant, a déclaré &

déclare le terrein entier de la Place Maubert n'être dans le domaine direct ou utile
d'aucun particulier, comme étant Place publique à l'usage de tous les habitans de la
ville de Paris ou autres sujets de Sa Majesté, & ne pouvoir être que dans la haute
justice du Roi, à qui seul appartient le droit d'y permettre des établissemens propres à
l'usage auquel elle est destinée : Fait défenses auxdits Abbé, Prieur & Religieux de
Sainte-Genevieve, de s'en dire Seigneurs, d'y percevoir aucuns cens, droit seigneuriaux ou de justice, & de permettre aucun établissement, de quelque nature ou sous
quelque redevance que ce puisse être, en aucune partie de ladite Place, comme dépendance de leur fief, lequel demeurera borné par icelle ; ce faisant, ordonne que les
Arrêts des 11 Novembre 1691, 9 Décembre 1692, 5 & 21 Octobre 1726, seront
exécutés ; & sans s'arrêter à la Sentence du 17 Juillet 1758, a maintenu & gardé,
maintient & garde lesdits Magnien & Besnard, & le Duc de Brancas, dans la jouis-
sance des étaux qui leur ont été concédés par Sa Majesté dans ladite Place, aux charges
& conditions portées par lesdits Arrêts ; fait défenses de les y troubler : Condamne
lesdits Abbé & Religieux à restituer les sommes qui leur auroient été payées en exécution dudit Arrêt du Grand-Conseil ; & sur le surplus des demandes, a mis & met
les parties hors de Cour : Condamne lesdits Abbé & Religieux en tous les dépens
envers ledit Adjudicataire des Fermes, lesdits Magnien, Besnard & le Duc de Brancas,
tant ceux faits en premiere instance qu'au Grand-Conseil & au Conseil de Sa Majesté.
FAIT au Conseil d'Etat du Roi, tenu à Compiegne le vingt Août mil sept cent
soixante-quatorze. Collationné. *Signé* HUGUET DE MONTARAN.

*Collationné à l'original, par nous Ecuyer, Conseiller-Sécretaire
du Roi, Maison, Couronne de France & de ses finances.*

De l'Imprimerie de GUILLAUME DESPREZ, Imprimeur
du Roi & du Clergé de France, rue S. Jacques.

ARREST
DU CONSEIL D'ÉTAT
DU ROI,

Qui commet & subroge le sieur Albert, *Lieutenant général de Police, pour, au lieu & place du sieur le Noir, tenir la main à l'exécution des Arrêts & Règlemens concernant l'établissement des Boucheries dans la Banlieue.*

Du 31 Mai 1775.

Extrait des Registres du Conseil d'Etat.

LE ROI s'étant fait représenter, en son Conseil, l'Arrêt rendu en icelui le 11 septembre 1774, par lequel Sa Majesté auroit commis & subrogé le sieur le Noir, Maître des Requêtes, Lieutenant général de Police, au lieu du sieur de Sartine, pour

tenir la main à l'exécution des arrêts des 1er avril 1704, 27 décembre 1707 & 15 novembre 1712, concernant l'établissement des Boucheries dans la banlieue de Paris, instruire & juger tous les différends & contestations nés & à naître sur l'exécution desdits arrêts, & qui avoit été ou qui seroient formés par la suite pour raison du droit de Sou pour livre ordonné être perçu sur les suifs & chandelles de la ville, fauxbourgs & banlieue de Paris ; même les contestations qui arriveroient à l'occasion des entrepôts & magasins de suifs & chandelles, prohibés par les Edits & Déclarations de Sa Majesté, & règlemens de Police ; & encore au sujet des Bouchers & Chandeliers qui demeurent dans la ville de Saint-Denis & autres lieux dépendans de la banlieue de Paris. Et attendu que ledit sieur le Noir a donné sa démission de la place de Lieutenant général de Police, Sa Majesté voulant y pourvoir : Ouï le rapport du sieur Turgot, Conseiller ordinaire au Conseil royal, Contrôleur général des finances ; SA MAJESTÉ ÉTANT EN SON CONSEIL, a ordonné & ordonne que lesdits arrêts des 1er avril 1704, 27 décembre 1707 & 15 novembre 1712, feront exécutés selon leur forme & teneur ; & en conséquence, a commis & subrogé, commet & subroge le sieur Albert, Lieutenant général de Police, pour, au lieu & place dudit sieur le Noir, tenir la main à l'exécution desdits arrêts, instruire & juger tous les différends & contestations nés &

à naître à ce fujet, circonftances & dépendances;
comme auffi pour connoître de tous les différends
& conteftations qui ont été ou qui feront formés
dans la fuite pour raifon du droit de Sou pour
livre ordonné être perçu fur les fuifs & chandelles
de la ville, fauxbourgs & banlieue de Paris ; & à
l'occafion des entrepôts & magafins des fuifs &
chandelles, prohibés & défendus par les Edits &
Déclarations de Sa Majefté, & règlemens de
Police ; & encore au fujet des Chandeliers & Bouchers demeurans dans la ville de Saint-Denis &
autres lieux dépendans de la banlieue de Paris,
Sa Majefté lui en attribuant à cet effet, toute Cour,
Jurifdiction & connoiffance ; & icelle interdifant à
toutes fes Cours & autres Juges, le tout, fauf l'appel
au Confeil. FAIT au Confeil d'Etat du Roi, Sa
Majefté y étant, tenu à Verfailles le trente-unième
jour de mai mil fept cent foixante-quinze.

Signé PHELYPEAUX.

De l'Imprimerie de GUILLAUME DESPREZ, Imprimeur ordinaire du
Roi & du Clergé de France, rue Saint Jacques.

ÉDIT DU ROI,

PORTANT *suppreſſion de la Caiſſe de Poiſſy, converſion & modération des Droits.*

Donné à Verſailles au mois de Février 1776.

Regiſtré en Parlement le 9 Février 1776.

OUIS, par la grace de Dieu, Roi de France & de Navarre : A tous préſens & à venir ; SALUT. Il n'eſt arrivé que trop ſouvent, dans les beſoins de l'Etat, qu'on ait cherché à décorer les Impôts, dont ces beſoins néceſſitoient l'établiſſement, par quelque prétexte d'utilité publique ; cette forme, à laquelle les Rois nos prédéceſſeurs ſe ſont quelquefois crus obligés de deſcendre, a toujours rendu plus onéreux les Impôts dont elle avoit accompagné la naiſſance ; il en eſt réſulté que ces Impôts, ainſi colorés, ont ſubſiſté long-tems après la ceſſation du beſoin qui en avoit été la véritable cauſe, en raiſon de l'objet apparent d'utilité par lequel on avoit cherché à les déguiſer, ou qu'ils ſe ſont renouvellés ſous le même prétexte que favoriſoient divers intérêts particuliers. C'eſt ainſi qu'au mois de Janvier 1690, pour ſoutenir la guerre commencée l'année précédente, il fut créé ſoixante Offices de Jurés-Vendeurs de beſtiaux, auxquels il fut attribué un ſol pour livre de la valeur de ceux qui ſe conſommeroient à Paris, à la charge

* A

de payer en deniers comptans, **aux Marchands Forains, les**
beftiaux qu'ils y ameneroient, ce qu'on préfentoit comme propre à encourager le Commerce, & à procurer l'abondance,
en prévenant les retards auxquels les Marchands de beftiaux
étoient expofés lorfqu'ils traitoient directement avec les Bouchers. Cette premiere tentative donna lieu à beaucoup de réclamations de la part des Marchands Forains & des Bouchers,
qui repréfenterent que la création des Jurés-Vendeurs de beftiaux étoit fort onéreufe à leur commerce, loin de le favorifer;
qu'il n'étoit befoin d'aucun intermédiaire entre les Fournifleurs
de beftiaux & ceux qui les débitent au Public; que Paris avoit
été approvifionné jufqu'alors, fans que perfonne eût eu la
commiffion d'avancer aux Marchands de beftiaux leur paiement; & que l'Impôt d'un fol pour livre devoit néceffairement
renchérir la viande & diminuer la fourniture. On eut égard à
ces repréfentations; &, par une Déclaration du 11 Mars de la
même année, le Roi Louis XIV, voulant, dit-il, favorable-
ment traiter lefdits Marchands Forains & les Bouchers de
ladite Ville de Paris, & procurer l'abondance des beftiaux
en icelle, fupprima les foixante Offices de Jurés-Vendeurs.
Cependant au bout de dix-fept ans, en 1707, dans le cours
d'une Guerre malheureufe, après avoir épuifé des reffources
de toute efpèce, on eut recours aux moifs qu'avoit préfenté
l'Edit de 1690; on allégua que quelques Particuliers exer-
çoient fur les Bouchers des ufures énormes, & l'on créa cent
Offices de Confeillers-Tréforiers de la Bourfe des Marchés de
Sceaux & de Poiffy, à l'effet d'avoir un Bureau ouvert tous
les jours de Marché, pour avancer aux Marchands forains le
prix des beftiaux par eux vendus aux Bouchers & aux autres
Marchands folvables; & ces Officiers furent autorifés à percevoir le fol pour livre de la valeur de tous les beftiaux vendus, même de ceux dont ils n'auroient pas avancé le prix:
cet établiffement, qui rappelle les tems de calamité où il eut
lieu, fut de nouveau fupprimé à la Paix. Le commerce des
beftiaux, affranchi du droit & des entraves acceffoires, reprit
fon cours naturel, & le fuivit trente ans fans interruption:
pendant cette époque, l'approvifionnement de Paris fut abon-

dant, & l'éducation des bestiaux faisoit fleurir plusieurs de nos Provinces. Mais les dépenses d'une nouvelle Guerre engagerent, à la fin de 1743, le Gouvernement à employer la même ressource de finance, qui fut encore étayée du même prétexte. On supposa qu'il étoit nécessaire de faire diminuer le prix des bestiaux, en mettant les Marchands Forains en état d'en amener un plus grand nombre. On prétendit que le moyen d'y parvenir étoit de les faire payer en deniers comptans, & que cet avantage ne seroit pas acheté trop cher par la retenue d'un sol pour livre ; mais, quoique cette retenue fût établie sur toutes les ventes de bestiaux, la Caisse fut dispensée, comme en 1707, d'avancer le prix de ceux qu'acheteroient les Bouchers qui ne seroient pas d'une solvabilité reconnue ; le terme du crédit envers les autres fut borné à deux semaines. Ces dispositions restraignoient presque l'utilité de la Caisse au droit d'un sol pour livre. Ce droit fut affermé ; il a toujours continué depuis de faire partie des revenus de l'Etat ; on y a ajouté les quatre sols pour livre de sa quotité, par Edit de Septembre mil sept cent quarante-sept ; & il a été prorogé avec eux par Lettres Patentes, le 16 Mars 1755, & le 3 Mars 1767. En portant notre attention sur ces Edits & sur ces Lettres patentes, Nous n'avons pu nous empêcher de reconnoître que leurs dispositions sont contradictoires avec les effets qu'on affectoit de s'en promettre. Le droit de six pour cent, qui augmente environ de quinze livres le prix de chaque bœuf, ne peut que renchérir la viande au lieu d'en modérer le prix, & diminuer en partie le profit des Cultivateurs qui élevent & engraissent des bestiaux ; ce qui décourage cette industrie & détruit l'abondance, non-seulement de la viande de boucherie, mais encore des récoltes que feroient naître les engrais provenans d'un plus grand nombre de bestiaux, s'il y avoit plus de profit à les élever. D'un autre côté, s'il peut sembler avantageux que la plus grande partie des Marchands Forains reçoivent comptant le prix des bestiaux qu'ils amenent, il n'en est pas moins contre les principes de toute justice que les Bouchers riches, qui pourroient eux-mêmes solder leurs achats au comptant, soient néanmoins forcés de payer l'intérêt d'une avance dont ils n'ont pas befoin ; & que les Bouchers moins aifés, auxquels on refufe ce crédit, parce qu'on ne les croit pas affez folvables, foient également forcés de payer l'intérêt d'une avance qui ne leur eft pas faite. L'Edit de création fixant à quinze jours l'époque où les Bouchers doivent s'acquitter envers la Caiffe ou Bourfe de Poiffy, & accordant aux Fermiers de cette Caiffe le droit de les y contraindre par corps dans la troifieme femaine, il en réfulte que l'avance effective des fommes prêtées ne peut jamais égaler le douzieme du prix total des ventes annuelles : elle doit même être fort au-deffous, puifque les Caiffiers, ayant le droit de refufer crédit aux Bouchers, dont la folvabilité n'eft pas reconnue, font bien loin d'avancer la totalité des ventes. Cependant l'intérêt en eft payé comme fi l'avance du prix total de cette vente étoit faite, comme fi elle l'étoit dès le premier jour de l'année, comme fi elle l'étoit pour l'année complette. Le droit qui eft payé doit donc moins être regardé comme le prix de l'avance faite aux Bouchers, que comme un véritable impôt fur les beftiaux & la viande de boucherie. Nous defirerions que la fituation de nos finances nous permît de faire en entier le facrifice de cette branche de revenus ; mais, dans l'impoffibilité où Nous fommes de n'en pas conferver du moins une partie, Nous avons préféré de le remplacer par une augmentation des droits perçus aux entrées de notre bonne Ville de Paris, tant fur les beftiaux vivans que fur la viande deftinée à y être confommée. La fimplicité de cette forme de perception, qui n'entraîne aucuns frais nouveaux, Nous met en état de foulâger, dès-à-préfent, nos Sujets d'environ les deux tiers de la charge que leur faifoit fupporter le droit de la Caiffe de Poiffy. Au refte, Nous fommes convaincus que le plus grand avantage que nos Sujets retireront de ce changement, réfultera de la plus grande liberté, dont la fuppreffion de la Caiffe de Poiffy fera jouir le commerce des beftiaux. C'eft de cette liberté, de la concurrence qu'elle fait naître & de l'encouragement qu'elle donne à la production, qu'on peut attendre le rétabliffement de l'abondance du bétail & la modération du prix d'une partie auffi confidérable de la fubfiftance de nos Sujets. A CES CAUSES &

autres à ce Nous mouvant, de l'avis de notre Conseil & de notre certaine science, pleine puissance & autorité royale, Nous avons, par le présent Edit perpétuel & irrévocable, dit, statué & ordonné, disons, statuons & ordonnons, voulons & Nous plaît ce qui suit :

ARTICLE PREMIER.

VOULONS qu'à compter du premier jour de Carême de la présente année, le Droit d'un sol pour livre de la valeur des bestiaux destinés à l'approvisionnement de Paris, établi par Edit de Décembre 1743 , & les quatre sols pour livre dudit Droit , établis en sus par Edit du mois de Septembre 1747 ; l'un & l'autre prorogés par Lettres Patentes des 16 Mars 1755, & 3 Mars 1767 , & perçus en vertu d'icelles aux marchés de Sceaux & de Poissy , soient & demeurent supprimés.

I I.

POUR suppléer en partie à la diminution qu'apportera dans nos finances la suppression de Droits ordonnés par l'Article précédent , il sera perçu à l'avenir, à compter dudit premier jour de Carême prochain , aux barrieres & entrées de notre bonne Ville de Paris, en sus & par augmentation des Droits qui y sont actuellement établis, le supplément de Droits ci-après énoncés.

	liv.	sol.	den.
Par chaque bœuf cinq livres , ci	5		
Par chaque vache trois livres dix sols, ci	3	10	
Par chaque veau onze sols dix deniers quatre cinquiemes, ci		11	$10 \frac{4}{5}$
Par chaque mouton six sols , ci		6	
Par chaque livre de bœuf, vache & mouton, cinq deniers dix-sept vingt-cinquiemes, ci			$5 \frac{17}{25}$

I I I.

Les fupplémens de droits établis par l'article précédent ,
étant uniquement deftinés à remplacer une partie du revenu
que nous procuroit le droit de fol pour livre & les quatre fols
pour livre d'icelui, établis fur la vente des beftiaux aux marchés
de Sceaux & de Poiffy, & que Nous avons fupprimés par l'article premier ne pourront lefdits fupplémens de droits être
foumis ni donner lieu à aucuns droits de premier ou fecond
Vingtiéme, anciens ni nouveaux fous pour livre, droits d'Officiers, don gratuit, droit de garre & fols pour livre d'iceux, en
faveur de l'Hôpital général de la ville de Paris, d'aucuns Titulaires d'offices, d'aucune régie, ni de l'Adjudicataire de nos
Fermes.

I V.

Les droits par chaque livre de veau feront diminués au total ,
de fix deniers feize vingt-cinquiemes , & réduits au même pied
que ceux par livre de bœuf, vache ou mouton, Nous réfervant
de pourvoir à l'indemnité de qui il appartiendra.

V.

Nous avons fupprimé & fupprimons pareillement, à compter
du même jour , la Caiffe & Bourfe des marchés de Sceaux &
de Poiffy , établie & prorogée par les Edits & Déclarations de
1743, 1755 & 1767 ; réfilions le bail paffé à Bouchinet & fes
cautions ; & des engagemens y portés les difpenfons, nous
réfervant de pourvoir à l'indemnité que pourroit réclamer
l'Adjudicataire de nos fermes générales , à caufe des quatre fols
pour livre compris dans fon bail.

V I.

Autorisons ledit Bouchinet & fes cautions à retirer, dans
les délais accoutumés, les fommes dont ils pourroient fe trou-

ver en avance audit premier jour de Carême, qu'ils cefferont d'en avancer de nouvelles; & les confirmons dans le droit de pourfuite & privilége dont ils ont joui jufqu'à préfent pour la rentrée de leurs fonds.

V I I.

PERMETTONS aux Bouchers & aux Marchands Forains qui amenent les beftiaux, de faire entr'eux telles conventions qu'ils jugeront à propos, & de ftipuler tel crédit que bon leur fem-blera.

V I I I.

PERMETTONS néanmoins à ceux qui ont régi pour Nous ladite Caiffe ou Bourfe de Poiffy, & à tous autres de nos Sujets, de prêter, aux conditions qui feront réciproquement & volontairement acceptées, leurs deniers aux Bouchers qui croiront en avoir befoin pour foutenir leur commerce. SI DONNONS EN MANDEMENT à nos amés & féaux les Gens tenant notre Cour de Parlement à Paris, que notre préfent Edit ils aient à faire lire, publier & regiftrer, & le contenu en icelui garder, obferver & exécuter felon fa forme & teneur, nonobftant tous Edits, Déclarations, Arrêts & Réglemens à ce contraires, auxquels nous avons dérogé & dérogeons par le préfent Edit; aux copies duquel, collationnées par l'un de nos amés & féaux Confeillers-Secrétaires, voulons que foi foit ajoutée comme à l'original : CAR tel eft notre plaifir; &, afin que ce foit chofe ferme & ftable à toujours, nous y avons fait mettre notre fcel. DONNÉ à Verfailles, au mois de Février, l'an de grace mil fept cent foixante-feize, & de notre regne le deuxieme. *Signé* LOUIS. *Et plus bas* : Par le Roi, DE LAMOIGNON. *Vifa* HUE DE MIROMENIL. Vu au Confeil, TURGOT. Et fcellé du grand Sceau de cire verte, en lacs de foie rouge & verte.

Regiftré, oui & ce requérant le Procureur Général du Roi, pour être exécuté felon fa forme & teneur; à la charge que l'impofition repréfentative de la Caiffe de Poiffy ne fera perçue que jufqu'au premier jour de Carême de l'année 1780 ; & copies col-lationnées d'icelui envoyées aux Bailliages & Sénéchauffées du reffort, pour y être lu, publié & regiftré : Enjoint aux Subftituts du Procureur Général du Roi d'y tenir la main & d'en certifier la Cour dans le mois, fuivant l'Arrêt de ce jour. A Paris, en Parlement, toutes les Chambres affemblées, le neuf Février mil fept cent foixante-feize.

Signé **LEBRET.**

A PARIS, chez **P. G. SIMON,** Imprimeur du Parlement,
rue Mignon Saint André-des-Arcs. 1776.

ARRÊT

DU CONSEIL D'ÉTAT
DU ROI,

Concernant le Commerce de Boucherie de la Banlieue.

Du 31 Mars 1779.

Extrait des Regiſtres du Conſeil d'État.

VU au Conſeil d'État du Roi, la requête préſentée en icelui par le nommé Jean Doyneau, Boucher au village de Vanvres, contenant : Que le 22 juillet dernier, il lui a été fait une ſommation, à la requête du ſieur Nicolas Bourgoing, Fermier du droit de ſou pour livre établi ſur les ſuifs & chandelles de la banlieue de Paris, par laquelle, en vertu d'une ordonnance du ſieur Lieutenant général de Police, il lui eſt enjoint de remettre la permiſſion qui lui a été accordée ci-devant, de faire la boucherie dans ladite paroiſſe de Vanvres, attendu la nomination faite, en ſon lieu & place, de François Bordier, avec défenſes de faire le commerce de boucherie, tant audit lieu de Vanvres que dans un autre endroit de la banlieue : Que l'ordonnance ſur laquelle le ſieur Bourgoing ſe fonde, ne peut être que l'effet de la ſurpriſe, qu'elle le réduiroit avec ſa nombreuſe famille à la mendicité, ſans aucun motif, puiſqu'il n'y a jamais eu aucune plainte ni grief contre lui ; que la preuve en réfulte du certificat qu'il rapporte du Curé, des Syndics & gens notables de la paroiffe de Vanvres, portant qu'ils ont figné le mémoire du fieur Bordier, perfuadés qu'il ne demandoit qu'une permiffion de troifième Boucher, & qu'ils n'ont jamais voulu donner atteinte à l'honneur & à la conduite de Doyneau : Ladite requête tendante à ce qu'il plût à Sa Majefté ordonner que, fans s'arrêter ni avoir egard à la fommation faite par ledit fieur Bourgoing, ledit Doyneau feroit maintenu dans fon état de Boucher à Vanvres, aux offres de remplir & acquitter le prix convenu par fon abonnement pour le droit de fou pour livre dû fur les fuifs ; qu'il feroit fait défenfes au fieur Bourgoing de le troubler ni inquiéter à l'avenir dans fon état, à peine de toutes pertes, dépens, dommages & intérêts ; & pour l'indûe vexation, ledit fieur Bourgoing, condamné en tels dommages-intérêts qu'il plairoit à Sa Majefté arbitrer & aux dépens : Le mémoire en réponfe dudit fieur Nicolas Bourgoing, expofitif, qu'au mois de juillet 1778, le Curé, les Officiers de juftice & autres gens notables de la paroiffe de Vanvres, ayant repréfenté au fieur Lieutenant général de Police, l'indifpenfable néceffité d'accorder au nommé Bordier la permiffion de l'établir en qualité de Boucher audit lieu, attendu qu'il n'y en avoit qu'un, qui leur furvendoit la viande & obligeoit plufieurs habitans d'aller s'approvifionner dans les villages voifins, leur mémoire auroit été communiqué à l'Adjudicataire général des Fermes & au Fermier des fuifs ; qu'il a été conftaté que les nommés Gallet & Doyneau avoient la permiffion d'exercer la boucherie à Vanvres, mais qu'il n'y avoit que Gallet qui fît ce commerce & fût en état de fournir ; que Doyneau ne débitoit que des viandes de baffe boucherie, qu'il achetoit à la cheville, efpèce de regrat non moins contraire au bien des habitans qu'à tous les Règlemens qui le prohibent ; qu'il fût en conféquence & fur l'avis de l'Adjudicataire général des Fermes-unies, accordé par le fieur Lieutenant général de Police, une permiffion au nommé Bordier de faire le commerce de boucherie à Vanvres, au lieu & place du nommé Doyneau, qui feroit tenu de remettre à la première réquifition, celle qui lui auroit été ci-devant accordée : Que le 22 dudit mois de juillet dernier, le Fermier fit fignifier à Doyneau copie de cette permiffion, avec fommation d'y fatisfaire, ce qu'il refufa : Que le certificat des Curé & habitans de Vanvres, qui eft joint à la requête dudit Doyneau, ne mérite aucune attention, qu'il ne fait que confirmer fon état d'indigence, bien loin de prouver qu'il puiſſe faire le commerce de boucherie: Que dans le fait, depuis cinq années, il n'a payé aucuns droits, & que le Fermier n'a pas même été remboursé des frais faits contre lui; pour quoi ledit Bourgoing conclut à ce que, ſans s'arrêter ni avoir égard aux concluſions priſes par ladite requête, le ſieur Doyneau ſoit tenu de remettre la permiſſion à lui ci-devant accordée de faire le commerce de boucherie, comme étant ladite permiſſion nulle & de nul effet, ſinon qu'il y ſoit contraint par les voies de droit: Vu auſſi les plans & mémoires des Curé & habitans de ladite paroiſſe & des Officiers de juſtice dudit lieu, à l'effet d'obtenir en faveur du nommé Bordier, la permiſſion d'exercer le commerce de boucherie à Vanvres; les réponſes & obſervations ſur iceux, tant de l'Adjudicataire des Fermes que du Fermier des droits ſur les ſuifs; la permiſſion accordée par le ſieur Lieutenant général de Police le 14 juillet 1778 audit Bordier, de s'établir en qualité de Boucher en ſecond dans ladite paroiſſe de Vanvres, au lieu & place dudit Doyneau, avec injonction à ce dernier de remettre la permiſſion qui lui avoit été ci-devant accordée; enſemble l'arrêt du 1.er avril 1704, ſervant de règlement pour l'exercice des boucheries dans la banlieue de Paris, & Sa Majeſté voulant maintenir l'exécution dudit arrêt: Ouï le rapport du ſieur Moreau de Beaumont, Conſeiller d'État ordinaire, & au Conſeil royal des finances; LE ROI ÉTANT EN SON CONSEIL, ſans avoir égard à la requête du nommé Jean Doyneau, de laquelle il l'a débouté & déboute, fait très-expreſſes inhibitions & défenſes audit Doyneau de continuer, ſous quelque prétexte que ce ſoit, le commerce de boucherie dans la paroiſſe de Vanvres, ſous les peines portées par l'arrêt de règlement du 1.er avril 1704, dont Sa Majeſté veut bien, par grâce & ſans tirer à conſéquence, le diſpenſer pour cette fois ſeulement: Ordonne Sa Majeſté que ledit arrêt du 1.er avril 1704, ſera exécuté ſelon ſa forme & teneur; défend en conſéquence à toutes perſonnes de tuer, étaler, vendre & débiter, ni colporter par voiture ou autrement, aucune ſorte de viandes, chair morte, dans les lieux aux environs & les plus prochains des barrières de Paris, où il n'y a point de paroiſſes, ainſi que d'y entrepoſer ni faire entrepoſer des bœufs, vaches, veaux & moutons vivans, ſous quelque prétexte que ce ſoit; & ce à peine de confiſcation, tant des bêtes & viandes, charrettes, chevaux, que des meubles & uſtenſiles ſervant à la boucherie & audit commerce, de trois cents livres d'amende & même d'emprifonnement: Ordonne Sa Majefté qu'il ne pourra, fous les mêmes peines, y avoir que deux Bouchers, ou tel autre nombre qui fera par Elle réglé, dans chacune des paroiffes de la banlieue de Paris, lefquels Bouchers feront taillables & habitans de chacune defdites mêmes paroiffes où ils feront leur commerce, fans qu'ils puiffent s'établir dans les hameaux & environs écartés des corps defdites paroiffes: Enjoint Sa Majefté au fieur Lieutenant général de Police à Paris, de tenir la main à l'exécution du préfent arrêt, lequel fera imprimé & affiché, tant dans ladite paroiffe de Vanvres qu'autres de ladite banlieue de Paris, & par-tout où befoin fera. FAIT au Confeil d'État du Roi, Sa Majefté y étant, tenu à Verfailles le trente-un mars mil fept cent foixante-dix-neuf. *Signé* AMELOT.

JEAN-CHARLES-PIERRE LENOIR, Chevalier, Confeiller d'État, Lieutenant général de Police de la ville, prévôté & vicomté de Paris.

Vu l'Arrêt du Confeil ci-deffus, Nous ordonnons qu'il fera exécuté felon fa forme & teneur, imprimé & affiché par-tout où befoin fera, à ce perfonne n'en ignore. FAIT *à Paris en notre Hôtel, le dix avril mil fept cent foixante-dix-neuf.* Signé LENOIR.

A PARIS,

DE L'IMPRIMERIE ROYALE.

M. DCCLXXIX.

ARREST

DE LA COUR
DU PARLEMENT,

Qu i déclare nul un Contrat d'atermoiement fait par un Marchand Boucher de la Ville de Paris ; quant à ce qui concerne des Marchands Forains qui y avoient été compris & qui ne l'avoient pas signé, ordonne que les Edits, Déclarations, Arrêts & Réglemens, concernant les Marchés de Seaux & de Poiſſy, feront exécutés.

EXTRAIT DES REGISTRES DU PARLEMENT.

Du dix-sept Juillet mil sept cent soixante-dix-neuf.

ENTRE Mathieu Conſtant, Marchand de bœufs à Saint-Léonard en Limoſin, appellant de Sentence du Châtelet de Paris, du 17 Septembre 1777, d'une part ; & Louis-Thomas Barré, Marchand Boucher à Paris, intimé, d'autre part : Et entre Noel-Julien Ameſlan, Négociant à Paris, appellant de la même Sentence ſuſdatée, ſuivant l'Arrêt du 3 Décembre ſuivant, & exploit fait en conſéquence le lendemain, d'une part, & ledit Barré, intimé, d'autre part : Et entre ledit Louis-Thomas Barré, demandeur aux fins de ſa Requête inſérée en la Sentence du Châtelet dudit jour 17 Septembre 1777, & exploits faits en conſéquence les 5 & 26 Novembre ſuivant, tendans à ce que le contrat d'atermoiement paſſé entre lui & ſes Créanciers, devant Trudon & ſon Confrere, Notaires au Châtelet, le 12 dudit mois de Septembre, fût homologué avec ceux qui l'ont ſigné, & à ce qu'il lui fût permis de faire aſſigner les Créanciers refuſans, pour voir dire que la Sentence, lors à intervenir, & ledit contrat d'atermoiement ſeroient déclarés communs avec eux, ſur laquelle demande, par Arrêt du 3

A

Décembre 1777, il a été ordonné que les Parties procéderoient en la Cour suivant les derniers erremens, d'une part ; & lefdits Conftant & Ameflan, défendeurs d'autre part : Et entre ledit Ameflan, demandeur en Requête du 9 Décembre 1777, tendante à ce que l'appellation ce dont eft appel fuffent mis au néant ; émendant, il fût déchargé des condamnations prononcées par la Sentence dont eft appel ; au principal, faifant droit fur la demande dudit Barré à fin d'homologation de fon prétendu contrat d'atermoiement, il y fût déclaré purement & fimplement non-recevable ou en tout cas débouté & condamné aux dépens des caufes principale, d'appel & demandes, d'une part ; & ledit Barré, défendeur, d'autre part : Et entre ledit Conftant, demandeur en Requête du 15 dudit mois de Décembre, tendante auffi à ce que l'appellation & ce dont eft appel fuffent mis au néant ; évoquant le principal & y faifant droit, fans s'arrêter ni avoir égard à la demande en homologation contre lui formée par ledit Barré, au Châtelet de Paris, il y fût déclaré purement & fimplement non-recevable, ou dont en tout cas il feroit débouté feulement, & condamné aux dépens des caufes principale, d'appel & demande, d'une part ; ledit Barré, défendeur, d'autre part : Et entre ledit Barré, demandeur en Requête d'oppofition, du 16 Mars 1778, à l'Arrêt par défaut du 14 du même mois, & à fin de dépens, d'une part ; & ledit Conftant, Défendeur, d'autre part : & entre ledit Barré, Demandeur en Requête d'oppofition, du 16 Mars 1778, à l'Arrêt par défaut du 14 du même mois, & à fin de dépens, d'une part ; & ledit Conftant, Défendeur, d'autre part : & entre ledit Barré, demandeur en Requête du 18 Mai fuivant, tendante à ce que, fans s'arrêter ni avoir égard aux Requêtes & demandes defdits Conftant & Ameflan, dans lefquelles ils feroient déclarés non-recevables, ou dont en tout cas ils feroient déboutés : faifant droit fur les appels defdits Conftant & Ameflan, mettre les appellations au néant, il fût ordonné que ce dont eft appel fortiroit fon plein & entier effet, les appellans fuffent condamnés en l'amende ; évoquant le principal & y faifant droit, ledit contrat d'atermoiement fait entre ledit Barré & fes Créanciers, ledit jour 12 Septembre 1777, & la Sentence du 17 du même mois, fuffent déclarés communs avec lefdits Conftant & Ameflan, pour être exécutés avec eux felon leur forme & teneur ; ce faifant, il fût ordonné que ledit contrat feroit & demeureroit homologué avec lefdits Conftant & Ameflan, avec dépens des caufes principale, d'appel & demande, d'une part ; lefdits Conftant & Ameflan, défendeurs, d'autre part : Et entre ledit Conftant, demandeur en Requête du 20 dudit mois de Mai, tendante à ce que, fans s'arrêter aux Requête & demande dudit Barré, du 18 dit même mois, dans lefquelles il feroit déclaré non-recevable, ou dont en tout cas il feroit débouté, les conclufions par lui ci-devant prifes lui fuffent adjugées, & y augmentant, l'Arrêt provifoire du 28 Février, lors dernier, fût déclaré définitif, il fût ordonné que les pourfuites encommencées fuffent continuées, & ledit Barré fût condamné aux dépens, d'une part ; &

ledit Barré, défendeur, d'autre part: Et entre ledit Ameflan, auffi demandeur en Requête dudit jour 20 Mai, tendante à ce que, fans s'arrêter ni avoir égard aux Requête & demande dudit Barré, du 18 du même mois, dans laquelle demande il feroit déclaré purement & fimplement non-recevable, ou dont en tout cas il feroit débouté, les conclufions dudit Ameflan lui fuffent aujugées, & icelles reprenant, faifant droit fur l'appel, l'appellation & ce dont eft appel fuffent mis au néant; émeridant, il fût déchargé des condamnations contre lui prononcées; au principal, faifant droit fur la demande portée en la Requête inférée en la Sentence dont eft appel, Barré y fût déclaré purement & fimplement non-recevable ou en tout cas il en fût débouté, l'Arrêt provifoire du 28 Février, lors dernier, fût déclaré définitif, & ledit Barré fût condamné aux dépens, tant des caufes principale que d'appel & demande, d'une part; & ledit Barré, défendeur, d'autre part: Et entre ledit Barré, demandeur en Requête du 4 Juin 1778, tendante à ce que lefdits Conftant & Ameflan fuffent déclarés non-recevables dans les oppofitions par eux formées à l'avis de Gervaife, Avocat, à eux fignifié le même jour; ce faifant, fans s'y arrêter, il fût ordonné que l'appointement feroit reçu en la maniere accoutumée, & lefdits Conftant & Ameflan fuffent condamnés aux dépens, d'une part; & lefdits Conftant & Ameflan, défendeurs, d'autre part: Et entre ledit Conftant, demandeur en Requête du 5 dudit mois de Juin, tendante à ce qu'il fût reçu oppofant à l'avis par défaut de Me Gervaife, ancien Avocat, fignifié le 4, faifant droit fur l'oppofition, ledit avis & la procédure fur laquelle il étoit intervenu fuffent déclarés nuls & de nul effet, au principal il fût ordonné que les Parties en viendroient à l'Audience au premier jour, & ledit Barré fût condamné aux dépens de l'incident d'une part, & ledit Barré, défendeur, d'autre part. Entre Mathieu Conftant, Leonard Conftant, Jacques Valliere, Lachefe, Pierre Conftant, Vallier, Dupety, demeurans tous fept à Saint-Leonard en Limofin; Jacques Carré, demeurant à Paris rue de la Harpe; Guillaume Cantel, Alexandre Cantel, Dupont, demeurans tous trois au Neubourg en Normandie; Pierre Bidaut, demeurant à Mantes; Ortillon, demeurant à Houlin; Varfis, demeurant à Livarau en Normandie; Pierre Duval, demeurant audit Mantes; Gallot, demeurant à Lifme; Leger, demeurant à Saint-Paul, près Melle-fur-Sarthe; Mauger, demeurant à Gacé; Bofcher, demeurant à Ciray au Perche; Doftris, demeurant à Anton dans le Perche; Chupin, demeurant à Cholet; Touchet, demeurant à Mortagne; Dupuis, demeurant à Chemillé; Rattier, demeurant à Alençon; Louis Caffier, demeurant à Poiffy, & le Breton, demeurant à Chatellerault; tous Marchands Forains de beftiaux, fréquentant les Marchés de Seaux & de Poiffy, au nombre de vingt-cinq, demandeurs en Requête du trois Juillet 1778, tendante à ce qu'ils fuffent reçus Parties intervenantes dans les contef-

4

rations pendantes en la Cour entre Barré, Ameflan & Conftant, fur
la demande en homologation du prétendu contrat d'atermoiement
dudit Barré ; il leur fût donné acte de l'emploi qu'ils faifoient de leur
Requête pour moyens d'intervention ; il leur fût donné également acte
de ce qu'ils fe joignoient & adhéroient aux conclufions des fieurs
Ameflan & Conftant ; ce faifant, attendu que le contrat d'atermoiement que Barré oppofoit à fes Créanciers, étoit une entreprife contre
les Privileges des Marchands Forains, fans s'arrêter ni avoir égard à
ladite demande en homologation du contrat d'atermoiement ledit
Barré fût déclaré purement & fimplement non-recevable dans fadite
demande, ou en tout cas il en fût débouté ; il fût ordonné que les
Edits, Arrêts & Réglemens de la Cour fur la vente des beftiaux aux
Marchés de Seaux & de Poiffy, & tous autres, & notamment l'Arrêt
de la Cour du 7 Septembre 1751, & celui du 16 Avril 1768 ; les Edits
du mois de Janvier & du 11 Mars 1690, l'Arrêt de la Cour du 13 Juillet
1699, l'Edit du mois de Janvier 1707, l'Edit du 3 Décembre 1743,
l'Arrêt du 17 Septembre 1755, & tous autres Réglemens y relatifs,
qui ordonnent que les Marchands Forains feront payés par privilege
& préférence à tous Créanciers, même des Marchands Bouchers de
Paris & autres lieux, même privativement aux reprifes & dot de leurs
femmes, pour raifon des beftiaux qu'ils leurs vendent aux Marchés
de Seaux & de Poiffy, feroient exécutés en faveur defdits Conftant
& conforts, & de tous autres Marchands Forains, felon leur forme &
teneur : ce faifant, ils fuffent maintenus & gardés dans les droits &
privileges qui leur font attribués par lefdits Arrêts & Réglemens fur
tous les Marchands Bouchers, pour raifon des ventes des beftiaux
qui leur ont été & feroient faites à l'avenir aux Marchés de Seaux
& de Poiffy ; il fût fait itératives défenfes audit Barré & à tous
autres Marchands Bouchers de plus à l'avenir oppofer auxdits Conftant
& conforts, & aux autres Marchands Forains, aucuns contrats d'atermoiement, ceffion & abandon, à peine de nullité, & de toutes pertes,
dépens, dommages-intérêts, & ledit Barré fût condamné aux dépens
d'une part ; & ledit Barré, lefdits Conftant & Ameflan, défendeurs
d'autre part : Et entre Noel-Julien Ameflan le jeune, Négociant à
Paris, demandeur en requête du 16 du même mois de Juillet, tendante
à ce qu'il lui fût donné acte de ce que, par leurs requêtes d'intervention & demande, lefdits Conftant & conforts fe joignoient & adhéroient à fes conclufions, tendantes à faire renouveller les Réglemens
concernant les privileges des Marchands Forains, il lui fût également
donné acte de ce qu'il fe joignoit & adhéroit également aux conclufions prifes par lefdits fieurs Conftant & conforts ; ce faifant, en lui
adjugeant, & auxdits Conftant & conforts, les conclufions prifes par
ces derniers par leur Requête d'intervention, en ce qui concerne le
renouvellement des Réglemens des Marchands Forains, lui adjuger
également les conclufions par lui prifes contre ledit Barré ; il lui fût

aussi donné acte de ce qu'il somme & dénonce au sieur Constant l'intervention & demande desdits Marchands Forains ; ce faisant, l'Arrêt à intervenir fût déclaré commun avec ledit Constant ; & ledit Barré fût condamné en tous les dépens envers toutes les Parties, que ledit Ameslan pourroit employer en frais & mises d'exécution, d'une part ; lesdits Barré, Constant & consorts, & Matthieu Constant, défendeurs, d'autre part : Entre Matthieu Constant, demandeur en Requête employée pour défenses contre les interventions & demandes desdits sieur Constant & consorts, dudit jour 3 Juillet, & celle dudit Ameslan du 16 du même mois, & tendante à ce qu'il lui fût donné acte de ce que, par leur Requête d'intervention, lesdits Constant & consorts se joignoient & adhéroient aux conclusions prises par ledit Constant, & de ce que lesdits Constant & consorts prenoient des conclusions tendantes à faire renouveller les Réglemens concernant les privileges des Marchands Forains ; il lui fût pareillement donné acte de ce que ledit Ameslan se joignoit & adhéroit aux conclusions prises par lesdits Constant & consorts ; ce faisant, il lui fût pareillement donné acte de ce qu'il se joignoit & adhéroit aux conclusions prises par ledit sieur Constant & consorts, & par ledit Ameslan, par leurs requêtes & demandes susdatées, en ce qui concernoit le renouvellement & l'exécution des Réglemens & Privileges des Marchands Forains de bestiaux ; ce faisant, les conclusions par lui prises contre ledit Barré lui fussent adjugées, & ledit Barré fût condamné aux dépens envers toutes les Parties, même en ceux de sa demande, qu'il pourroit employer en frais & mises d'exécution, d'une part ; ledit Barré, lesdits Ameslan, Constant & consorts, défendeurs, d'autre part : Et encore entre ledit Matthieu Constant, demandeur en Requête dudit jour 24 Juillet, tendante à fin d'opposition à l'Arrêt par défaut, & à ce que, faisant droit sur son opposition, ledit Arrêt & la procédure fussent déclarés nuls, au principal les Parties en viendroient au premier jour, d'une part ; & ledit Ameslan, défendeur, d'autre part : Entre ledit Louis-Thomas Barré, demandeur en Requête du 3 Août 1778, tendante à ce qu'il lui fût donné acte de l'aveu fait par ledit Ameslan, par sa Requête dudit jour 20 Mai lors dernier, qu'il n'est point Marchand de bestiaux ; qu'il n'a jamais entendu s'annoncer comme tel ; qu'il est Négociant domicilié à Paris : que de tous temps & durant que la Caisse de Poissy existoit, il a suivi le Marché de Poissy, payé & avancé, comme il continue de faire, pour les Bouchers qui fréquentent le Marché de Poissy, les marchandises de bestiaux qu'ils y achetent des Marchands Forains ; ce faisant, sans s'arrêter ni avoir égard aux requêtes & demandes desdits Ameslan & Constant, dans lesquels ils seroient déclarés purement & simplement non-recevables, ou dont en tous cas ils seroient déboutés, les conclusions par lui ci-devant prises lui fussent adjugées, & lesdits Ameslan & Constant fussent condamnés aux dépens, d'une part ; ledit Ameslan & ledit

Conſtant, défendeurs, d'autre part : Et entre ledit Noel-Julien Ameſlan, demandeur en Requête du 4 Août dernier, tendante à ce qu'il lui fût donné acte de ce que le ſieur Conſtant ſe joint & adhere aux concluſions dudit Ameſlan & à celles des Marchands Forains ; ce faiſant, les concluſions par lui priſes lui fuſſent adjugées ; que pour ce qui concernoit l'oppoſition formée par Conſtant à l'Arrêt du 17 Juillet, il fût déclaré non-recevable en icelle, ou en tous cas débouté & condamné aux dépens, d'une part ; & ledit Conſtant, défendeur, d'autre part : Entre ledit Barré, demandeur en Requête du 6 dudit mois d'Août, tendante à ce que, ſans s'arrêter aux requête, intervention & demande de Matthieu Conſtant & conſorts, dans leſquelles ils ſeroient déclarés purement & ſimplement non-recevables, ou dont en tous cas ils ſeroient déboutés, ſes concluſions lui fuſſent adjugées avec dépens, d'une part ; ledit Matthieu Conſtant & conſorts, défendeurs, d'autre part : Et encore entre ledit Barré, demandeur en Requête du 7 du même mois, tendante à ce que, ſans s'arrêter ni avoir égard aux requêtes & demandes deſdits Ameſlan, Conſtant & conſorts des 16 & 24 dudit mois de Juillet dernier, dans leſquelles ils ſeroient déclarés purement & ſimplement non-recevables, ou en tous cas déboutés, les concluſions par lui priſes lui fuſſent adjugées ; & leſdits Ameſlan, Conſtant & conſorts fuſſent condamnés aux dépens, d'une part ; & leſdits Ameſlan, Conſtant & conſorts, défendeurs, d'autre part : Entre ledit Barré, demandeur en requête du 10 dudit mois d'Août, tendante, en tant que touchoit l'oppoſition d'Ameſlan à l'appointement aviſé de Gervaiſe, ancien Avocat, devant lequel la cauſe d'entre les Parties avoit été renvoyée par Arrêts des 22 Mai, 1er Juin, 17 Juillet & 8 Août 1778, il fût déclaré purement & ſimplement non-recevable ; défenſes lui fuſſent faites, & à ſon Procureur, d'en former à l'avenir de ſemblables, à peine, contre ledit Ameſlan, de toutes pertes, dépens, dommages-intérêts, & contre ſon Procureur, de telle peine qu'il plairoit à la Cour déterminer ; en tant que touchoit l'oppoſition des ſieurs Matthieu, Conſtant & conſorts audit appointement, ils en fuſſent déboutés ; en conſéquence, ſans s'y arrêter ni y avoir égard, il fût ordonné que ledit appointement ſeroit reçu en la maniere accoutumée, l'Arrêt à intervenir fût déclaré commun avec Matthieu Conſtant, & que leſdits Ameſlan & leſdits Conſtant & conſorts fuſſent condamnés aux dépens envers ledit Barré, même en ceux faits en déclaration d'Arrêt commun vis-à-vis dudit Matthieu Conſtant, comme iceux ayant donné lieu par leurſdites oppoſitions ; & où la Cour feroit quelque difficulté de condamner ledit Ameſlan, leſdits Conſtant & conſorts aux dépens faits par ledit Barré vis-à-vis de Matthieu Conſtant, ce qu'il n'eſtimoit, en ce cas, ſubſidiairement ſeulement, & uniquement parce qu'en Cour Souveraine il faut conclure à toutes fins, ledit Matthieu Conſtant fût pareillement condamné aux dépens envers ledit Barré, d'une part ; ledit

Ameflan, lefdits Conftant & confcrts, & ledit Matthieu Conftant, défendeurs, d'autre part : Entre Jean Baptifte Lecointe, demeurant à Cormeille près le Pontaudemer; Francourt, demeurant à Querville près le Croiffanville; Buo, demeurant à Saint-Agnen près d'Aunay; Huet, demeurant à Druval près le Pont-l'Evêque; Fleury, demeurant à Beudan; Philippe de Geneté, demeurant à Saint-Laurent près Lizieux; Jean Gallot, demeurant à Lizieux; Nicolas l'Eftang, demeurant à Montfreville près Ifigny; Charles Hayfaftre, demeurant à Marie-Dumont près Ifigny; Jean Dubey de Neuville, demeurant près Montbouffi; Fouquet, demeurant à Lizieux; Pierre Jamot, demeurant à Querville près Croiffanville; Jean Coufin, demeurant à Brocotté près Buyron; Simon Lelie, demeurant à Cautelon près Croiffanville; Defchamps Pafquet, demeurant à Saint-Loup de Fribois près Croiffanville; Simon, demeurant à Mayé près Caen; Guillaume Prévot, demeurant à Vauville près Caen; Jean Gatine, demeurant a Querville près Croiffanville; Pierre Louis Perré, demeurant à Saint Laurent près Lizieux; Pierre Leclerc, demeurant au Mefnil Davaut près Livarot; Delaunay, demeurant à Catillon près Saint-Julien le Faucon; Nicolas Martin, demeurant au Vernois proche Vimantier; Lepré le jeune, de Saint-Julien près le Pont-l'Evêque; Jacques Auvard, demeurant à la Coude près Crevecœur; de la Chamaye le Cœur, demeurant à Pontchardon; Jean Graverand, demeurant au Mefnil Mauger près Crevecœur; Etienne Lejeune, demeurant à Ranville près Caen; Antoine Billette, demeurant à S.Julien près le Pont-l'Evêque; Imaudey, demeurant à Livel Tournebut; Frandite, demeurant à Leurtevaut près Livarot; Lecordier, demeurant à Courfon près Livarot; Defdouets, demeurant audit Livarot; Fontaine, demeurant audit lieu de Livarot; Louis Gilles, demeurant à Hollot près Beuvron; Pierre Duval, demeurant à Ligonde près Crevecœur; Deftang, demeurant à Montfreville près Ifigny; Duvaut, de Courneville près Pontaudemer; Jean Auzevais, demeurant à Lizieux; Bretoc fils, demeurant à Beaumont en Auge; Claude Brunot, demeurant à Mierebel près Croiffanville; Jean-Louis Legouet, demeurant à Auvîllers près le Pont-l'Evêque; Dubot, demeurant à Saint-Clou près le Pont-l'Evêque; Louis Deflogcs, demeurant à Beuvron; Letourneur, demeurant à Sainte-Marie près Jullien-le Faucon; Grémont, demeurant à Surville près le Pont-l'Evêque; Jean Hardouin pere, demeurant à Saint-Leger près le Mefle-fur-Sarthe; Jean Hardouin fils, demeurant au même lieu; Jean Chardon, demeurant à Baret près le même lieu de Mefle-fur-Sarthe; Jean Delaville, demeurant à Berteville-fur Audon près Caen; Etienne Bidault, demeurant à Mantes; Jean Binet, demeurant à Moron; Michel Lecointe, demeurant à Talonnet près le Mellerault; Jean-Simon du Fonteny, demeurant à Daimanche; François Panton, demeurant en la ville de Séez, Jean-Pierre Bigot, demeurant au Mefle; Jean Mercier, demeurant à Roulet; François de la Roche, demeurant à Chambois; Dubourg, demeurant au Sap; André-Jean Duvivier,

A iv

demeurant à Vimontier ; Etienne Boillargeau, demeurant à Numance ; Frandierre, demeurant au Sap ; Jean Lefevre, demeurant à Bouffu ; Desplanches, demeurant à Orville ; Robillard, demeurant à Ortevant ; de la Roche, demeurant à Alençon ; Jean Menigaut, demeurant à Saint Leger de la Haye ; Pierre Leger, demeurant à Saint-Paul le Vicomte ; René Jacquinet, demeurant à Saint-Remy ; Nicolas Lecointe, demeurant à Pesvauche ; Gilles Chardon, demeurant à Saint Quentin ; Pierre Froc, demeurant à Courlonge ; Jean Leguefnay, demeurant près Aunay ; Lefaint, demeurant à Rimolard ; Louis Riviere, demeurant près la ville de Séez ; François de la Roche, demeurant à Champbois ; Jean Gaillet, demeurant à Aumont près Argentan ; Louis Brard, demeurant à Gufprés près ladite ville de Séez ; Lecouturier, demeurant au Mefleraut ; Jean Neven, demeurant à Midavid près Argentan ; Jean-François Gaillet le jeune, demeurant à Sainte-Colombe près Séez ; Pierre Piquot, demeurant à Eron ; Niel Lemercier, demeurant à Gouy ; Debrierre, demeurant à Aumont près Argentan ; Chauffon, demeurant à Exme ; François Briere l'aîné, demeurant au Sap ; Noel Baillargeau, demeurant au Champeau près Argentan ; Pierre Mercier, Prévot, Gabriel Beaulavon, Jean Ruel, Dumoulins, Noiers, Guillaume Bonhomme, François Defmarefts, tous Marchands Forains de beftiaux fréquentant les Marchés de Seaux & de Poiffy, au nombre de quatre-vingt-douze, demandeurs en Requête du 29 Août 1778, tendante à ce qu'ils fuffent reçus Parties intervenantes dans les conteftations pendantes en la Cour entre lefdits Barré, Ameflan, Conftant & plufieurs des Marchands Forains, fur la demande en homologation du prétendu contrat d'atermoiement dudit Barré, il leur fût donné acte de ce que pour moyen d'intervention ils employoient le contenu en leur Requête ; ce faifant, fans s'arrêter ni avoir égard à ladite demande en homologation du contrat d'atermoiement dudit Barré, il fût déclaré purement & fimplement non-recevable dans icelle, ou en tout cas il en fût débouté ; il fût ordonné que les Edits, Arrêts & Réglemens de la Cour fur la vente des beftiaux aux Marchés de Seaux & de Poiffy, & tous autres, & notamment l'Arrêt de la Cour du 7 Septembre 1751, celui du 17 Avril 1768, les Edits du mois de Janvier & du 11 Mars 1690, l'Arrêt de la Cour du 13 Janvier 1699, l'Edit du mois de Janvier 1707, autre Edit du 3 Décembre 1743, l'Arrêt du 17 Septembre 1755, & tous autres Réglemens y relatifs feroient exécutés en faveur defdits Lecointe & conforts, & tous autres Marchands Forains de beftiaux, felon leur forme & teneur ; ce faifant, ils fuffent maintenus dans les droits & privileges qui font attribués par lefdits Edits, Arrêts & Réglemens fur tous les Marchands Bouchers, pour raifon des ventes de beftiaux qui leur ont été & feront faites à l'avenir aux Marchés de Seaux & de Poiffy ; il fût fait itératives défenfes audit Barré & à tous autres Marchands Bouchers de plus à l'avenir oppofer auxdits Lecointe & conforts, & autres Marchands Forains, aucuns contrats d'atermoiement, ceffion & abandon, à peine de nullité & de toutes pertes, dépens, dommages-intérêts, & que ledit Barré fût condamné en tous les dépens, d'une part ; ledit Barré, lefdits Conftant & Ameflan, défendeurs, d'autre part : Et entre ledit Barré, demandeur en Requête du même jour 29 Août 1778, tendante à ce que, fans s'arrêter ni avoir égard aux Requête, intervention & demande defdits Lecointe & conforts, ils y fuffent déclarés purement & fimplement non-recevables, ou en tout cas & fubfidiairement déboutés, & fuffent condamnés aux dépens, d'une part ; lefdits Lecointe, Francourt & conforts, défendeurs, d'autre part : Entre Noel-Julien Ameflan, négociant à Paris, demandeur en Requête du 2 Septembre fuivant, tendante à ce que Barré fût déclaré purement & fimplement non-recevable dans fes demandes pôrtées par trois Requêtes des 3, 6 & 7 Août, lors dernier, ou en tout cas il en fût débouté ; il lui fût donné acte de l'intervention & demande du fieur Lecointe & conforts, du 29 dudit mois d'Août, & de ce qu'ils fe joignent & adherent à fes conclufions ; ce faifant, que les conclufions par lui prifes lui fuffent adjugées avec dépens, d'une part ; lefdits Barré, Matthieu Conftant, Lecointe & conforts, défendeurs, d'autre part : Entre ledit Barré, demandeur en Requête du cinq dudit mois de Septembre, tendante à ce qu'en tant que touchoient les oppofitions defdits Ameflan, Matthieu, Conftant & conforts à l'appointement avifé contradictoirement par Gervaife, ancien Avocat, devant lequel, par Arrêts des 22 Mai, premier, 5 Juin, 17 Juillet, 8, 22 & 31 Août lors dernier, ils y fuffent déclarés purement & fimplement non-recevables, défenfes leur fuffent faites, & à leurs Procureurs, d'en former à l'avenir de femblables, à peine contre ledit Ameflan, ledit Conftant & conforts, de toutes pertes, dépens, dommages-intérêts, & contre leurs Procureurs de telles peines qu'il plairoit à la Cour de déterminer ; en tant que touchoit l'oppofition de Jean-Baptifte Lecointe & conforts audit appointement, ils en fuffent déboutés ; en conféquence, que fans s'y arrêter ni avoir égard, il fût ordonné que ledit appointement feroit reçu en la maniere accoutumée nonobftant lefdites oppofitions, & toutes autres qui pourroient intervenir, même dans le délai de huitaine, & l'Arrêt qui interviendroit fur la demande dudit Barré fût déclaré commun avec Matthieu Conftant, Partie de Singly, & que ledit Ameflan, Matthieu Conftant & conforts, Jean-Baptifte Lecointe & conforts, fuffent condamnés aux dépens envers ledit Barré, même en ceux par lui faits en déclaration d'Arrêt commun, vis-à-vis de Matthieu Conftant, comme y ayant donné lieu par leurs oppofitions ; & où la Cour feroit quelque difficulté, ce qu'il n'eftimoit pas, ledit Ameflan & lefdits Conftant & conforts fuffent condamnés aux dépens par lui faits vis-à-vis dudit Matthieu Conftant ; en ce cas, fubfidiairement feulement, & parce qu'en Cour fouveraine il faut défendre à toutes fins, ledit Matthieu Conftant fût condamné aux dépens envers ledit Barré, d'une part ;

ledit Ameflan, ledit Matthieu Conflant & conforts, Jean-Baptifte Lecointe & conforts , défendeurs, d'autre part : Sur toutes lefquelles
Requêtes, interventions & demandes, par Arrêt rendu le 17 Décembre
dernier par l'avis de Gervaife , ancien Avocat, devant lequel , par
Arrêts des 22 Mai, premier & 5 Juin, 17 Juillet, 5 , 8, 22 & 31
Août lors derniers, la caufe avoit été renvoyée pour en paffer par
fon avis, les Parties ont été renvoyées à l'Audience avec les gens
du Roi, toutes chofes demeurant en état; & entre Grandcourt, demeurant
à Guerville, Election de Falaife; Vallancourt, demeurant à Cerqueux,
Election de Pont-l'Evêque ; Jean Montpellier, demeurant à Saint-Loup
de Frisbois ; François Lemaître, demeurant à Bieville; Pefquet, demeurant à Saint-Loup de Frisbois ; Lemaître Defmarres, demeurant à
Quethieville; Saintmars, demeurant à Sainte-Marie ; Nicolas Piftel ,
demeurant à Querville ; Philippe Lecordier, demeurant au Mefnil-
Mauger ; Jean Roger, demeurant à Saint-Loup de Frisbois ; Lafontaine
Francourt, demeurant au même lieu; d'Harembourg, demeurant au même
lieu ; Antoine Lemaître, demeurant à Quethieville; Bonel , demeurant à
Meribette ; Pierre Martin , demeurant à Etré ; Dulompré , demeurant
à Quethieville; Jean Charpentier , demeurant à Bieville ; Etienne-
Pierre Ruelle , demeurant à Saint-Loup de Frisbois; Tariel , demeurant à Iffigny ; Lemaître Desjardins, demeurant à Quethieville; Aleaume
le jeune, demeurant à Lizieux ; & Lombroy Francourt; tous Marchands
Forains de beftiaux , fréquentant les Marchés de Seaux & de Poiffy, demandeurs en Requête du 19 Janvier dernier , tendante à ce qu'ils fuffent
reçus Parties intervenantes dans les conteftations pendantes en la Cour
entre Barré & Ameflan, d'une part, & le fieur Conflant d'autre part,
fur la demande en homologation du prétendu contrat d'atermoiement
dudit Barré , il leur fût donné acte de ce que pour moyen d'intervention ils emploient le contenu en leur Requête ; il leur fût donné acte
de ce qu'ils fe joignoient & adhéroient aux conclufions defdits Ameflan
& Conftant ; ce faifant, attendu que le contrat d'atermoiement que
Barré oppofe à ces derniers, eft une entreprife & une atteinte à leurs
privileges, fans s'arrêter ni avoir égard à ladite demande en homologation dudit contrat d'atermoiement, il fût déclaré purement &
fimplement non-recevable en icelle, ou en tous cas il en fût débouté
& condamné aux dépens; il fût ordonné que lefdits Arrêts & Réglemens de la Cour, rendus fur la vente des beftiaux aux Marchés de
Seaux & de Poiffy, & tous autres, notamment l'Arrêt de la Cour du
7 Septembre 1751, & celui du 16 Avril 1768 , les Edits des mois de
Janvier & Mars 1690, l'Arrêt de la Cour du 13 Juillet 1699, autre
Edit du 3 Décembre 1743, l'Arrêt du 17 Septembre 1755, & tous
autres Réglemens y relatifs, qui ordonnent qu'ils feront payés par
privilege & préférence à tous Créanciers Marchands Bouchers de Paris
& autres lieux, même privativement aux reprifes & dots de leurs
femmes, pour raifon des beftiaux qu'ils leurs vendent ès Marchés de

Seaux & de Poiſſy, feroient exécutés en leur faveur, & de tous autres Marchands Forains, felon leur forme & teneur; ce faifant, ils fuſſent maintenus & gardés dans les droits & privileges qui leur font accordés par leſdits Arrêts & Réglemens fur tous les Marchands Bouchers, pour raifon des-ventes des beſtiaux qui leur font & feront faites à l'avenir aux Marchés de Seaux & de Poiſſy, il fût fait itératives de-fenfes à Barré & à tous autres Marchands Bouchers, de plus à l'avenir leur oppofer, & aux autres Marchands Forains, aucuns contrats d'ater-moiement, ceſſion ou abandon, à peine de nullité, & de toutes pertes, dépens, dommages-intérêts, d'une part; ledit Barré, leſdits Ameſlan, Conſtant, & conforts, Lecointe & conforts, défendeurs, d'autre part : Entre ledit Ameſlan, demandeur en Requête du 6 Février dernier, à fin d'oppofition à l'Arrêt du 27 dudit mois de Janvier, d'une part; & ledit Barré, défendeur, d'autre part : Et entre Lecointe & conforts, auſſi demandeurs en Requête dudit jour 6 Février dernier, à fin d'oppofition à l'Arrêt dudit jour 29 Janvier, d'une part; & ledit Barré, défendeur, d'autre part : Entre ledit Barré, de-mandeur en Requête du 11 Février dernier, tendante à ce que, fans s'arrêter aux Requêtes, intervention & demande defdits Grandcourt & conforts, ils y fuſſent déclarés purement & fimplement non-receva-bles, ou en tous cas ils en fuſſent deboutés & condamnés aux dépens, d'une part; & leſdits Grandcourt & conforts, défendeurs, d'autre part : Entre Noel Julien Ameſlan, Négociant à Paris, demandeur en Requête du 18 Février auſſi dernier, tendante à ce qu'il lui fût donné acte de ce que, par leur Requête d'intervention du 19 Janvier der-nier, leſdits Grandcourt & conforts fe joignoient à lui & adhéroient à fes concluſions, & de ce qu'ils demandoient qu'il fût fait défenfes à tous Marchands Bouchers d'oppofer à l'avenir aucuns contrats d'ater-moiement aux Marchands Forains de beſtiaux, fréquentant les Mar-chés de Seaux & de Poiſſy; ce faifant, fans s'arrêter à toutes les Requêtes & demandes dudit Barré, les concluſions prifes par ledit Ameſlan, par fes Requêtes fignifiées dans la caufe, lui fuſſent adju-gées; il lui fût donné acte de ce qu'il fommoit & dénonçoit audit Barré la Requête d'intervention & demande de Grandcourt & conforts, & que ledit Barré fût condamné aux dépens des caufes principales d'appel & demande, même en ceux de ladite intervention, & ceux faits à l'encontre des unes & des autres Parties, d'une part; ledit Barré & leſdits Grandcourt & conforts, défendeurs, d'autre part : Entre Lecointe, Marchand Forain de beſtiaux pour la provifion de Paris, demandeur en Requête du 20 Février dernier, tendante à ce qu'il fût reçu Partie intervenante dans la caufe d'entre Ameſlan & Barré, fur l'appel dudit Ameſlan de Sentence du Châtelet, homologative du contrat d'atermoiement que ledit Barré prétend avoir fait avec une portion de Créanciers fimulés, il lui fût donné acte de ce que, pour moyen d'intervention, il employoit le contenu en fa Requête d'intervention, il lui fût pareillement donné aéte de ce qu'il prenoit le fait & caufe dudit Ameflan, & de ce qu'il fe joignoit à lui & adhéroit aux conclufions par lui prifes dans la caufe d'entre les Parties ; ce faifant, fans s'arrêter ni avoir égard à toutes les Requêtes & demandes dudit Barré, données tant au Châtelet qu'en la Cour, il fût déclaré purement & fimplement non-recevable en icelles, ou en tout cas débouté, l'appellation & la Sentence du Châtelet du 17 Septembre 1777, fuffent mis au néant ; émendant, ladite Sentence & le contrat d'atermoiement dudit Barré fuffent déclarés nuls, tant à fon égard, qu'à l'égard dudit Amef'an ; en conféquence, ledit Barré fût déclaré purement & fimplement non recevable dans fa demande en homologation dudit contrat & condamné en tous les dépens, tant envers ledit Lecointe qu'envers ledit Ameflan, d'une part ; ledit Barré, Matthieu Conftant, lefdits Matthieu Conftant & conforts, Grandcourt & conforts, Défendeurs, d'autre part : Entre Matthieu Conftant, Marchand de bœufs, demeurant à Saint-Léonard en Limofin, fréquentant ies Marchés de Seaux & de Poiffy, Demandeur en Requête du 22 dudit mois de Février, tendante à ce qu'en tant que touchoit l'appel de Barré des Sentences des Confuls, attendu que ledit Barré a lui même compris dans le paffif de fon prétendu Bilan, le montant de la créance dudit Conftant, il y fût déclaré purement & fimplement non-recevable, ou en tout cas, fubfidiairement feulement, faifant droit fur l'appel, l'appellation fût mife au néant ; ordonner que ce dont eft appel fortiroit fon plein & entier effet, ledit Barré fût condamné en l'amende de douze livres : En tant que touchoit l'appel dudit Matthieu Conftant, de la Sentence du Châtelet, il lui fût donné aéte de ce qu'il fommoit & dénonçoit au fieur Barré les intervention & demandes des Marchands Forains, de ce qu'il contrefommoit ladite fommation & dénonciation audit Ameflan, auxdits Matthieu Conftant & conforts, au fieur Lecointe & conforts, & au fieur Grandcourt & conforts, à ce que les uns & les autres n'en ignorent ; en conféquence faifant droit fur l'appel, fans s'arrêter ni avoir égard aux Requêtes & demandes dudit Barré, dans lefquelles il feroit déclaré purement & fimplement non-recevable, où dont il feroit débouté, l'appellation & ce dont eft appel fuffent mis au néant, émendant il fût ordonné que les Edits, Déclarations du Roi, Arrêts & Réglemens de la Cour concernant la vente des beftiaux aux Marchés de Seaux & de Poiffy, feroient exécutés felon leur forme & teneur ; il lui fût donné aéte de ce que lefdits Conftant & conforts ont déclaré fe joindre & adhérer aux conclufions prifes par ledit Matthieu Conftant ; il lui fût donné pareillement aéte de ce qu'il fe joignoit & adhéroit aux conclufions prifes par lefdits Conftant & conforts, Lecointe & conforts, Grandcourt & conforts ; en conféquence ledit Barré fût déclaré purement & fimplement non-recevable dans fa demande en homologation du prétendu contrat d'atermoiement dont il s'agit, l'Arrêt provifoire du 28 Février 1778 fût déclaré définitif ; en conféquence il fût ordonné que les pourfuites encommencées feroient continuées , & ledit Barré fût condamné en tous les dépens des caufes principales , d'appel & demandes , même en ceux réfervés par les différens Arrêts , & notamment par l'Arrêt du 17 Décembre 1778 , & en ceux des fommations , dénonciations, contre-fommation , intervention & demandes; lefquels ledit Conftant pourroit employer en frais de pourfuites & de vente pour en être payé par privilege & préférence à tous créanciers d'une part ; ledit Barré , lefdits Ameflan , Conftant & conforts, Lecointe & conforts , & Grandcourt & conforts , défendeurs d'autre part : Et entre ledit Barré , demandeur en Requête du 23 dudit mois de Février , tendante à ce que ledit Lecointe fût déclaré purement & fimplement non-recevable dans fes intervention & demande, ou en tout cas débouté ; en conféquence faifant droit fur l'appel interjetté par lefdits Conftant & Ameflan de la Sentence du Parc civil du Châtelet, du 17 Septembre 1777, l'appellation fût mife au néant, il fût ordonné que ce dont eft appel fortiroit fon plein & entier effet, les Appellans fuflent condamnés en l'amende ; comme auffi faifant droit fur la demande formée par ledit Barré , par Requête inférée en ladite Sentence du Châtelet & Exploits faits en conféquence les 5 & 26 Novembre dernier , tant le contrat d'atermoiement fait entre Barré & fes créanciers les 12 Septembre 1777 & jours fuivans , que la Sentence dudit jour 17 du même mois de Septembre , fuffent déclarés communs avec les Appellans pour être exécutés avec eux felon leur forme & teneur ; ce faifant , que ledit contrat fût & demeurât homologué & que les conclufions par lui prifes dans la caufe par fes différentes Requêtes lui fuffent adjugées , & que ledit Lecointe fût condamné aux dépens d'une part , & ledit Jean-Baptifte Lecointe , défendeur , d'autre part : Entre ledit Lecointe , Demandeur en Requête du 4 Mai dernier , tendante à ce qu'en venant par les Parties plaider la caufe d'entr'elles fur l'intervention & demande dudit Lecointe , enfemble fur la Requête de Barré , du 23 Février auffi dernier , il fût ordonné que les Parties viendroient pareillement plaider fur la Requête dudit Lecointe, employée par lui pour réponfe à celle dudit Barré , fins de non-recevoir & fubfidiairement feulement pour défenfes contre la demande y portée ; ce faifant , fans s'y arrêter , ni y avoir égard , & dans lefquelles ledit Barré feroit déclaré purement & fimplement non-recevable , ou en tout cas débouté , les conclufions par lui prifes lui fuffent adjugées , avec dépens , d'une part ; & ledit Barré , Défendeur , d'autre part : Et entre les Marchands Forains de beftiaux , fréquentant les Marchés de Seaux & de Poiffy , au nombre de plus de cent dix , Demandeurs en Requête dudit jour 4 Mai , tendante à ce qu'il leur fût donné acte de la déclaration faite par le fieur Matthieu Conftant , dudit jour 22 Février dernier , de ce qu'il fe joint & adhere aux conclufions par eux prifes , en conféquence les conclufions par eux prifes leur fuffent adjugées ; il leur fût donné acte de ce qu'aux rifques , perils &

fortune de qui il appartiendroit, ils fommoient & dénonçoient aux-dits Barré & Ameflan la Requête dudit Conftant, dudit jour 22 Février dernier, & à l'un & à l'autre leur Requête, & que ledit Barré fût con-damné aux dépens envers lefdits Marchands Forains, tant de l'inter-vention que des fommations & dénonciations, & en tous les dépens faits & à faire par eux dans la caufe, d'une part ; ledit Louis-Thomas Barré, lefdits Ameflan & Matthieu Conftant, Défendeurs, d'autre part : fans que les qualités puiffent nuire ni préjudicier aux Parties.

Après que Dubois, Avocat de Barré ; Aujolet, Avocat d'Ameflan ; de Singly, Avocat de Conftant & autres ; Bergeras, Avocat des Mar-chands Forains de beftiaux, ont été ouis, enfemble d'Agueffeau pour le Procureur Général du Roi.

LA COUR reçoit les Parties refpectivement oppofantes à l'exécu-tion des Arrêts par défaut, & les intervenans Parties intervenantes ; faifant droit fur l'appel, a mis & met l'appellation & ce dont eft appel au néant ; émendant, évoquant le principal & y faifant droit, fans avoir égard aux Requêtes & demandes de la Partie de Dubois, dont elle eft déboutée, déclare nul & de nul effet le contrat d'atermoiement entre ladite Partie de Dubois & aucuns autres de fes créanciers ; à l'égard des Parties d'Aujolet, de de Singly & Bergeras, & des autres Marchands Forains qui n'ont pas figné ledit contrat, ordonne que les Édits, Déclarations, Arrêts & Réglemens de la Cour concernant les Marchés de Seaux & de Poiffy, feront exécutés felon leur forme & teneur, condamne la Partie de Dubois en tous les dépens envers toutes les Parties, même en ceux réfervés ; faifant droit fur les conclu-fions du Procureur Général du Roi, ordonne qu'à fa requête & diligence le préfent Arrêt fera imprimé & affiché partout où befoin fera. Fait en Parlement le dix-fept Juillet mil fept cent foixante-dix-neuf. Colla-tionné LUTTON. *Signé* DUFRANC.

A PARIS, chez P. G. SIMON, Imprimeur du Parlement, *rue Mignon Saint André des-Arts*, 1779.

ORDONNANCE

DE POLICE

DU BAILLIAGE DE VERSAILLES,

PORTANT fixation du prix de la Viande de Boucherie.

Du Vendredi 24 Septembre 1779.

SUR ce qui nous a été remontré par le Procureur du Roi, que parmi les objets confiés à la vigilance de la Police, il en est peu d'auffi effentiels que le prix des comeftibles de premiere néceffité ; que fi dans les autres branches de Commerce l'on peut, en maintenant févérement les conventions légitimes, laiffer à la concurrence le pouvoir qui lui eft infailliblement affuré, d'établir la mefure du gain, d'autres vues dirigent la jufte proportion entre les achats & les ventes des confomma-tions journalieres que le Public ne peut fe procurer ni au loin ni par avance ; que ce qui, dans tous les temps, a déconcerté les plans d'économie des Confommateurs pauvres, ou feulement aifés, a été la profufion de cette claffe de Citoyens qui trouven dans leur fuperflu, & quelquefois dans leur indifférence pour une bonne & fage adminiftration, le moyen de fatisfaire leurs goûts, leurs fantaifies, en intéreffant la cupidité par des offres exorbitantes. Que cette obfervation eft particuliérement fenfible dans les provifions de boucherie, plufieurs perfonnes ayant volontairement confenti à payer au-delà du prix courant, à condition de n'être fervies qu'en morceaux d'élite. Qu'une pareille combinaifon, tolérable dans les matieres de luxe, ne peut s'excufer dans les vrais befoins, attendu que, placé entre la néceffité de hauffer la dépenfe, & le rifque de ne trouver que le rebut, chacun fe verroit très-promptement obligé de franchir les bornes de la modération; que ces motifs le déterminoient à nous propofer le Réglement contenu dans les conclufions qu'il mettoit fur le Bureau.

NOUS, faifant droit fur les conclufions du Procureur du Roi, ouis les Syndic & Adjoints de la Communauté des Bouchers-Charcutiers, qui nous ont fait rapport de la délibération prife par ladite Communauté affemblée en conféquence de notre mandement : Vu pareillement ce qui réfulte des éclairciffemens que nous nous fommes procurés touchant le cours moyen des ventes aux Marchés de Seaux & de Poiffy, & fur le quarré aux Veaux de cette Ville, difons pour Réglement ce qui fuit.

ARTICLE PREMIER.

FAISONS très-expreffes défenfes à tous Marchands Bouchers de cette Ville d'exiger ni recevoir pour la viande de premiere qualité en Bœuf, Veau & Mouton plus haut prix que neuf fols pour chaque livre de feize onces, à peine de cent livres d'amende pour la premiere contravention, de pareille amende pour la feconde, & en outre d'interdiction du Commerce pour un mois; & pour la troifieme, d'une amende double & de deftitution de Maîtrife, le tout encore qu'il fût allégué & juftifié que l'excédent de prix auroit été volontairement offert.

I I.

LES Bouchers vendant hors Barrieres dans l'étendue du Bailliage, ne pourront, fous les mêmes peines, exiger ni recevoir plus de huit fols pour chaque livre de la qualité ci-deffus.

I I I.

LES morceaux réputés baffe-Boucherie, fçavoir, du Bœuf, le collier coupé dans le joint de la tête jufqu'à la premiere côte de charbonnée exclufivement, les veines graffes, les flanchets y compris trois côtes de la poitrine, barbeaux de poitrine, trumeaux & autres petits coupons; du Veau, les bouts faigneux, jarrets & manches d'épaules, & autres petits coupons; du Mouton, les bouts faigneux, morceaux d'épaule & petits coupons, enfemble la chair des autres animaux faifant partie du même Commerce, feront expofés en vente au-devant des Boutiques ou Etaux, pour être vendus à la main à prix défendu; & dans le cas qu'ils foient vendus au poids, le prix n'en pourra excéder fept fols en dedans des Barrieres, & fix fols trois deniers hors Barrieres.

I V.

LES morceaux fpécifiés dans l'Article III, les têtes de Bœufs & de Moutons ne pourront, fous quelque prétexte que ce foit, être confondus dans l'étalage ni dans la pefée avec ceux de premiere qualité, à peine de vingt livres d'amende, qui fera double pour chaque récidive.

V.

LES Marchands Bouchers de la Ville ne pourront livrer les abattis, comme fraifes, pièds de Moutons, foies de Bœufs, & autres iffues, dont la préparation & vente fe font par les Tripiers aux Tripiers Forains, mais feulement à ceux qui font connus pour vendre dans la Ville, à peine de confifcation & d'amende.

MANDONS aux Commiffaires de Police de la Ville, à ceux de Marly-le-Roi, Sevre & Villepreux, de tenir la main, chacun en droit foi, à l'exécution de la préfente Ordonnance, laquelle fera imprimée, lue, publiée & affichée par-tout où befoin fera.

Ce fut fait & donné par nous Jofeph Froment de Champlagarde, Ecuyer, Confeiller du Roi, Bailli en furvivance, Lieutenant Civil, Criminel & de Police au Bailliage Royal de Verfailles, en la Chambre du Confeil dudit Bailliage, le Vendredi vingt-quatre Septembre mil fept cent foixante-dix-neuf.

Signé FROMENT.   HENNIN DE BEAUPRÉ.

Signé THIBOUT, Greffier.

A PARIS, chez P. G. SIMON, Imprimeur du Parlement, *rue Mignon Saint André-des-Arts.* 1779.

ORDONNANCE

DE POLICE

DU BAILLIAGE DE VERSAILLES,

PORTANT fixation du prix de la Viande de Boucherie.

Du Vendredi 24 Septembre 1779.

SUR ce qui nous a été remontré par le Procureur du Roi, que parmi les objets confiés à la vigilance de la Police, il en est peu d'auſſi eſſentiels que le prix des comeſtibles de premiere néceſſité; que ſi dans les autres branches de Commerce l'on peut, en maintenant ſévérement les conventions légitimes, laiſſer à la concurrence le pouvoir qui lui eſt infailliblement aſſuré, d'établir la meſure du gain, d'autres vues dirigent la juſte proportion entre les achats & les ventes des conſomma-tions journalieres que le Public ne peut ſe procurer ni au loin ni par avance; que ce qui, dans tous les temps, a déconcerté les plans d'économie des Conſommateurs pauvres, ou ſeulement aiſés, a été la profuſion de cette claſſe de Citoyens qui trouven dans leur fuperflu, & quelquefois dans leur indifférence pour une bonne & fage adminiftration, le moyen de fatisfaire leurs goûts, leurs fantaifies, en intéreffant la cupidité par des offres exorbitantes. Que cette obfervation eft particuliérement fenfible dans les provifions de boucherie, plufieurs perfonnes ayant volontairement confenti à payer au-delà du prix courant, à condition de n'être fervies qu'en morceaux d'élite. Qu'une pareille combinaifon, tolérable dans les matieres de luxe, ne peut s'excufer dans les vrais befoins, attendu que, placé entre la néceffité de hauffer la dépenfe, & le rifque de ne trouver que le rebut, chacun fe verroit très-promptement obligé de franchir les bornes de la modération ; que ces motifs le déterminoient à nous propofer le Réglement contenu dans les conclufions qu'il mettoit fur le Bureau.

NOUS, faifant droit fur les conclufions du Procureur du Roi, ouis les Syndic & Adjoints de la Communauté des Bouchers-Charcutiers, qui nous ont fait rapport de la délibération prife par ladite Communauté affemblée en conféquence de notre mandement : Vu pareillement ce qui réfulte des éclairciffemens que nous nous fommes procurés touchant le cours moyen des ventes aux Marchés de Seaux & de Poiffy, & fur le quarré aux Veaux de cette Ville, difons pour Réglement ce qui fuit.

Article Premier.

FAISONS très-expreffes défenfes à tous Marchands Bouchers de cette Ville d'exiger ni recevoir pour la viande de premiere qualité en Bœuf, Veau & Mouton plus haut prix que neuf fols pour chaque livre de feize onces, à peine de cent livres d'amende pour la premiere contravention , de pareille amende pour la feconde, & en outre d'interdiction du Commerce pour un mois ; & pour la troifieme , d'une amende double & de deftitution de Maîtrife, le tout encore qu'il fût allégué & juftifié que l'excédent de prix auroit été volontairement offert.

I I.

LES Bouchers vendant hors Barrieres dans l'étendue du Bailliage, ne pourront, fous les mêmes peines, exiger ni recevoir plus de huit fols pour chaque livre de la qualité ci-deffus.

I I I.

LES morceaux réputés baffe-Boucherie, fçavoir, du Bœuf, le collier coupé dans le joint de la tête jufqu'à la premiere côte de charbonnée exclufivement, les veines graffes, les flanchets y compris trois côtes de la poitrine, barbeaux de poitrine, trumeaux & autres petits coupons ; du Veau , les bouts faigneux, jarrets & manches d'épaules, & autres petits coupons ; du Mouton, les bouts faigneux , morceaux d'épaule & petits coupons, enfemble la chair des autres animaux faifant partie du même Commerce ; feront expofés en vente au-devant des Boutiques ou Etaux, pour être vendus à la main à prix défendu ; & dans le cas qu'ils foient vendus au poids, le prix n'en pourra excéder fept fols en dedans des Barrieres, & fix fols trois deniers hors Barrieres.

I V.

LES morceaux fpécifiés dans l'Article III, les têtes de Bœufs & de Moutons ne pourront , fous quelque prétexte que ce foit, être confondus dans l'étalage ni dans la pefée avec ceux de premiere qualité, à peine de vingt livres d'amende, qui sera double pour chaque récidive.

V.

L E S Marchands Bouchers de la Ville ne pourront livrer les abattis, comme fraises, pièds de Moutons, foies de Bœufs, & autres issues, dont la préparation & vente se font par les Tripiers aux Tripiers Forains, mais seulement à ceux qui sont connus pour vendre dans la Ville, à peine de confiscation & d'amende.

M A N D O N S aux Commissaires de Police de la Ville, à ceux de Marly-le-Roi, Sevré & Villepreux, de tenir la main, chacun en droit soi, à l'exécution de la présente Ordonnance, laquelle sera imprimée, lue, publiée & affichée par-tout où besoin sera.

Ce fut fait & donné par nous Joseph Froment de Champlagarde, Ecuyer, Conseiller du Roi, Bailli en survivance, Lieutenant Civil, Criminel & de Police au Bailliage Royal de Versailles, en la Chambre du Conseil dudit Bailliage, le Vendredi vingt-quatre Septembre mil sept cent soixante-dix-neuf.

Signé FROMENT. HENNIN DE BEAUPRÉ.

Signé THIBOUT, Greffier.

A PARIS, chez P. G. SIMON, Imprimeur du Parlement, *rue Mignon Saint André-des-Arts.* 1779.

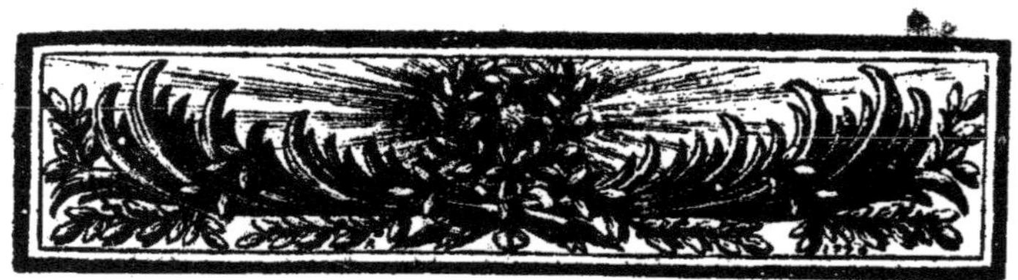

ARREST

DE LA COUR

DE PARLEMENT,

*QUI ordonne que les Bouchers ne pourront tuer, vendre &
débiter que des bestiaux sains ; leur fait défenses de vendre
& débiter des viandes gâtées & corrompues, des veaux
morts, étouffés & nourris de son & d'eau blanche : Ordonne
que les Bouchers ne pourront tuer que des veaux ayant six
semaines ; leur fait défenses d'en tuer ayant plus de dix
semaines.*

*FAIT pareillement défenses à tous Cabaretiers & Aubergistes de
vendre, débiter & apprêter des viandes gâtées & corrompues,
& des veaux morts, étouffés, nourris de son & eau blanche,
& qui auroient moins de six semaines ou plus de dix semaines :
le tout sous les peines portées par ledit Arrêt.*

EXTRAIT DES REGISTRES DU PARLEMENT.

Du trente Mars mil sept cent quatre-vingt-quatre.

VU par la Cour la Requête présentée par le Procureur
Général du Roi, contenant que par Arrêt rendu le
trente-un Décembre mil sept cent quatre-vingt-trois, il a été
fait défenses à tous Bouchers demeurans dans l'étendue du

reſſort du Bailliage de Meaux, d'acheter des veaux nés feulement depuis trois ou quatre jours, pour les tuer & en
vendre & débiter la viande ; il a été ordonné que leſdits
Bouchers ne pourroient tuer que des veaux ayant au moins
trois ſemaines ; il a été auſſi fait défenſes à tous Cabaretiers
& Aubergiſtes de vendre & débiter de ia viande de veau
né ſeulement depuis trois ou quatre jours, & avant trois
ſemaines de ſa naiſſance ; le tout ſous les peines portées
par l'Arrêt : que le Procureur Généꞏal du Roi a été informé
que la liberté laiſſée aux Bouchers de tuer des veaux n'ayant
que trois ſemaines, auroit encore des inconvéniens pour la
ſanté des Citoyens , & qu'il paroît convenable d'adopter
ſur cet objet la diſpoſition de l'article VII des Lettres Patentes concernant les Bouchers de Paris, regiſtrées en la
Cour le dix Décembre mil ſept cent quatre-vingt-deux , par
leſquelles il eſt défendu auxdits Bouchers de tuer des veaux
qu'ils n'aient ſix ſemaines, & au-deſſus de huit à dix ſemaines , & de faire exécuter, par tous les Bouchers du
reſſort de la Cour, ce qui eſt preſcrit par ces Lettres Patentes : A CES CAUSES, requéroit le Procureur Général du
Roi, qu'il plaiſe à la Cour ordonner que les Bouchers du
reſſort de la Cour ne pourront tuer, vendre & débiter que
des beſtiaux ſains ; que défenſes leur feront faites de vendre
& débiter des viandes gâtées & corrompues , des veaux
morts, étouffés & nourris de ſon & d'eau blanche ; ordonner
que les Bouchers ne pourront tuer que des veaux ayant ſix
ſemaines, & qu'il leur ſera défendu d'en tuer ayant plus
de dix ſemaines, à peine de trois cens livres d'amende,
même d'être pourſuivis extraordinairement, ſuivant l'exigence
des cas ; faire défenſes, ſous les mêmes peines, à tous Cabaretiers & Aubergiſtes de vendre, débiter & apprêter des

viandes gâtées & corrompues, & des veaux morts, étouffés ; nourris de fon & eau blanche , & qui auroient moins de fix femaines, ou plus de dix femaines ; enjoindre aux Officiers des Bailliages & Sénéchauffées du reffort de la Cour, aux Officiers de Police & aux Juges des lieux de tenir la main à l'exécution de l'Arrêt qui interviendra, lequel fera imprimé, lu, publié & affiché par-tout où befoin fera , & à cet effet envoyé dans les Bailliages & Sénéchauffées du reffort de la Cour. Ladite Requête fignée du Procureur Général du Roi.

Oui le rapport de Me Adrien-Louis Lefebvre, Confeiller : Tout confidéré.

LA COUR ordonne que les Bouchers du reffort d'icelle ne pourront tuer, vendre & débiter que des beftiaux fains ; leur fait défenfes de vendre & débiter des viandes gâtées & corrompues, des veaux morts, étouffés & nourris de fon & d'eau blanche ; ordonne que les Bouchers ne pour‑ront tuer que des veaux ayant fix femaines ; *leur fait défenfes d'en tuer ayant plus de dix femaines*, à peine de trois cens livres d'amende, même d'être pourfuivis extraor‑dinairement fuivant l'exigence des cas ; fait défenfes , fous les mêmes peines, à tous Cabaretiers & Aubergiftes de vendre , débiter & apprêter des viandes gâtées & cor‑rompues, & des veaux morts, étouffés, nourris de fon & eau blanche , & qui auroient moins de fix femaines ou plus de dix femaines : Enjoint aux Officiers des Bailliages & Sénéchauffées du reffort de la Cour, aux Officiers de Police & aux Juges des lieux de tenir la main à l'exécution du préfent Arrêt, lequel fera imprimé, lu, publié & affiché par-tout où befoin fera, & à cet effet envoyé dans les

Bailliages & Sénéchauffées du reffort de la Cour. Fait en Parlement le trente Mars mil fept cent quatre-vingt-quatre. Collationné Lutton.

Signé DUFRANC.

A PARIS, chez P. G. Simon, & N. H. Nyon, Imprimeurs du Parlement, *rue Mignon*, 1784.

SENTENCE
DE POLICE

Qui condamne le sieur Brisset, Marchand Boucher à Paris, en cinquante livres d'amende pour avoir vendu de la Viande au-dessus du prix fixé, & à faux poids.

Extrait des Regîstres du Greffe de l'Audience de la Chambre de Police du Châtelet de Paris.

Du Vendredi dix-huit Janvier mil sept cent quatre-vingt-huit.

SUR le Rapport à Nous fait à cette Audience par le Commissaire Alix, Substituant le Commissaire Le Blond, que le prix des bestiaux étant diminué, Nous avons donné des ordres aux Marchands Bouchers, de ne vendre la viande, sçavoir, celle sans basse-viande, vulgairement appellée *réjouissance*, que dix sols six deniers la livre, & celle avec réjouissance, que neuf sols six deniers : Que depuis la notification de ces ordres, la plus grande partie des Bouchers n'en ont tenu aucun compte : Que le 29 Décembre dernier, la fille domeſtique du ſieur Senterre, Inſpecteur de Police, eſt venue déclarer audit Commiſſaire Le Blond, qu'il lui avoit été vendu ledit jour dans l'Etal du ſieur Briſſet, porte Saint-Martin, cinq livres de viande, 11 ſols la livre avec réjouiſſance ; qu'il avoit mandé le ſieur Briſſet ; qu'il eſt ſurvenu un de ſes garçons, en préſence duquel & de ladite fille domeſtique, il a été fait la peſée de ladite viande, & que cette peſée s'eſt trouvée être plus foible d'un demi-quart, y compris trois quarts de réjouiſſance : Que le même jour la femme Deſgranges, ouvriere en linge, demeurant rue Tireboudin, numéro 23, eſt venue auſſi déclarer audit Commiſſaire Le Blond, qu'il lui avoit été vendu dans l'Etal du même ſieur Briſſet, rue Montmartre, cinq livres de viande, au prix de 11 ſous la livre avec *réjouiſſance* ; qu'il a fait de nouveau mander le ſieur Briſſet, qui s'eſt tranſporté pardevant lui, & la peſée de ladite viande s'étant faite en ſa préſence & celle de la femme Deſgranges, elle s'eſt trouvée être plus foible d'une once & demie, y compris trois quarts moins une once de baſſe viande : Que comme il eſt intéreſſant de faire ceſſer de pareilles contraventions, le Commiſſaire Le Blond a fait aſſigner ledit ſieur Briſſet, à comparoir céjourd'hui à notre Audience, pour être préſent audit Rapport, & répondre aux Concluſions de Meſſieurs les Gens du Roi.

Ouï ledit Commiſſaire en ſon Rapport, enſemble Noble-Homme Monſieur Maître Dupré de Saint-Maur, Avocat du Roi, pour le Procureur du Roi, en ſes concluſions ; & par vertu du défaut de Nous donné contre le ſieur Briſſet non comparant, ni autre pour lui duement appellé :

NOUS difons que les Arrêts , Sentences & Réglemenscon-
cernant le commerce & le débit de la viande de Boucherie,
feront exécutés felon leur forme & teneur; en conféquence
tenu le fieur Briffet de s'y conformer; & pour la contravention par lui commife , le condamnons en cinquante livres
d'amende, & en douze fols pour l'affignation, au paiement
de laquelle amende il fera contraint , même par corps; lui
faifons défenfes de récidiver fous plus grande peine; lui
enjoignons & à tous autres Bouchers & leurs Etaliers, d'être
fidèles dans les pefées de la viande, d'avoir des balances dans
leurs Etaux pour pefer la viande à la balance ou à la romaine ,
au choix des acheteurs; leur faifons défenfes de vendre la
viande plus de dix fols fix deniers la livre, fans baffe-viande
vulgairement appellée *réjouiffance* , ou neuf fols fix deniers
avec un feptième de baffe-viande, & de ne comprendre dans
les pefées, à titre de baffe-viande ou réjouiffance , aucune
partie de la tête du bœuf , ni aucuns os décharnés ou détachés de la viande , mais feulement les croffes des jambes ,
le haut-bout du collier, ou fes longes, les baffes-charbonnées,
les langues de bœuf, la tête & les pieds de veau; le tout
à peine de deux cens livres d'amende, même de prifon,
contre les étaliers & autres garçons Bouchers. Et fera notre
préfente Sentence imprimée & affichée par-tout où befoin
fera , & exécutée nonobftant oppofition ou appellation
quelconque.

Ce fut fait & jugé par Meffire LOUIS THIROUX
DE CROSNE , Chevalier, Confeiller du Roi en fes
Confeils, Maître des Requêtes honoraire de fon Hôtel,
Lieutenant-Général de Police de la Ville, Prévôté &

Vicomté de Paris, tenant le fiége de l'Audience de la Chambre de Police au Châtelet, les jour & an que deſſus.

LAIR, *Greffier.*

A PARIS, chez N. H. NYON, Imprimeur du Parlement, rue Mignon Saint-André-des-Arcs, 1788.

PROJET

DE SUBSISTANCE,

Concernant la salubrité de la Viande;
par suite la diminution du prix de ce Comestible, l'augmentation des Bestiaux & la salubrité
du Lait.

Adressé à Messieurs tenant le Comité de
Subsistances, à l'Hôtel-de-Ville de Paris

MESSIEURS,

Animés du zele patriotique qui enflamme aujourd'hui tous les bons Citoyens; après une expérience
de nombre d'années, je me suis mis à portée d'exposer dans le plus grand jour possible, tout ce qui
a rapport à la Viande, qui se consomme journellement dans la Capitale & aux environs, & de remédier
aux différens abus qui se commettent.

Elevé dans une Ferme, & ayant fait l'état de Boucher, tant dans les Campagnes que dans les Villes,
& n'ayant jamais perdu de vue tout ce qui y a rapport, j'en puis parler savamment.

On demande la diminution du prix de la Viande, il eſt des moyens d'y parvenir; mais ils exigent une police exacte, & c'eſt ce qu'on n'a fait encore qu'imparfaitement.

Il y a quantité de Nourriſſeurs & Fermiers, dans Paris & aux environs, poſſeſſeurs d'un grand nombre de vaches, dont l'unique but eſt de tirer partie de leur lait : le grand débit qu'ils en ont, leur eſt un puiſſant attrait pour chercher tous les moyens de s'en procurer la plus grande quantité poſſible : il eſt peu de ces vaches qui ne faſſent un veau par an. La majeure partie de ces veaux ſe vendent dès les premiers jours de leur naiſſance, dont une bonne partie à des gens appellés vulgairement *Mercantiers* ; le bas prix auquel on leur livre, les engagent à ſe porter en foule chez ces mêmes Nourriſſeurs & Fermiers ; ces *Mercantiers*, ainſi que les Bouchers des environs de Paris, les tuent auſſi-tôt qu'ils en ſont poſſeſſeurs ; delà la mauvaiſe qualité de la viande ! eſt - il poſſible que des veaux tués avant l'âge de huit jours, tout au plus, donnent une viande ſalubre ?

On m'objectera peut-être, mais quel eſt le but de ces Nourriſſeurs & Fermiers, en élevant leurs veaux juſqu'à l'âge de maturité de la viande, c'eſt-à-dire juſqu'à un mois ou ſix ſemaines, ils auroient des veaux de meilleure qualité, & les vendroient par conſéquent un prix plus conſidérable.

Cette objection eſt vraie par elle-même, mais un intérêt plus fort, les fait agir d'une maniere médiatérralement oppoſée. Je l'ai déjà dit, c'eſt la quantité du lait qu'ils cherchent. Mais il faut, Meſſieurs, vous mettre ſous les yeux, les abus qui réſultent de cette maniere d'agir; un pareil lait n'est absolument qu'un sang corrompu, qui, employé seul, ne peut produire que des maladies, & il ne feroit d'aucune vente, s'il n'étoit mêlé avec d'autres, & il n'est absolument propre, pendant plus de quinze jours, qu'à nourrir & alaiter les veaux; dans nos campagnes, lorsque ce veau vient à mourir, dès les premiers jours de sa naissance, & même lorsqu'il vient mort-né, on ne se sert du lait que pour le donner aux porcs. & l'on se garde bien d'en faire usage pour soi-même pendant plus de huit jours.

Il convient donc d'empêcher, le plus promptement possible, ces sortes de malversations : non-seulement on auroit du meilleur lait, mais il en résulteroit un plus grand produit de viande, & de meilleur qualité.

Un veau, qu'on obligeroit les Nourrisseurs & Fermiers de la ville, & de trois ou quatre lieues aux environs, d'élever jusqu'à l'âge de six semaines, péseroit le triple de celui qu'on tueroit même après quinze jours de sa naissance ; il est facile de voir que la viande en seroit meilleure, & de calculer l'abondance qui en proviendroit : de cette abondance résulteroit nécessairement la diminution du prix.

Pour remédier à ces abus, il faudroit obliger chaque Fermier Nourrisseur, de faire sa déclaration chaque fois qu'il leur naitroit un veau; il leur seroit donné acte de cette même déclaration à la municipalité du lieu ; laquelle déclaration contiendroit la désignation du veau mâle ou femelle & couleur du poil, ainsi que le délai qui seroit fixé pour la vente

ûdit veau, laquelle feroit remife aux acquéreurs
par les vendeurs, pour leur fervir de congé.

Toutes perfonnes qui fe trouveroient débiter des
veaux, & qui ne juftifieroient pas de ces mêmes
congés, fe trouveroient en contravention, & tous
Nourriffeurs & Fermiers qui auroient des veaux chez
eux, & qui ne juftifieroient pas de ces déclarations,
fe trouveroient de même en contravention ; la municipalité en pourroit faire faire l'exercice, & en cas
de contravention en donner avis à l'Infpecteur qui
fera nommé à cet effet.

OBSERVATIONS.

*Sur les Viandes de mauvaife qualité qui fe diftribuent dans
le Public.*

Il eft étonnant que l'ancienne police ait laiffé fub-
fifter nombre d'abus qu'elle auroit pu facilement réprimer ; ces abus fubfiftent encore, & depuis la révolution préfente, ils font peut-être augmentés. Il
y a des Boucheries que le public nomme Régie,
& qui cependant ne le font pas : mais ces Boucheries qui exiftent réellement aux environs de Paris,
qu'on n'a jamais infpectée, & qui font occupées, pour
la plus part, par des *Mercantiers*, des Marchands
Forains, & quelques Fermiers des environs, font
fournis de quantité de ces veaux nouvellement nés,
de vaches trop maigres, de moutons & de brebis trop jeunes, & mêmes de vaches pleines, dont
les veaux morts-nés font encore vendus au public :
la plupart de ces beftiaux auroient été en état de prendre graiffe, en leur donnant la nourriture convenable,

Il en eſt cependant qu'il faut néceſſairement tuer,
comme ſont les moutons & brebis quoique jeunes,
qui ſe trouvent hors d'état de paſſer la campagne :
indépendamment des animaux ci-deſſus deſignés, il
s'y introduit des animaux qui ne ſont pas digne
d'entrer dans le corps humain. Une partie de ces
Mercantiers, & quelques Fermiers des environs,
font ce commerce ſans bornes, n'étant inſpectés de
perſonne.

Si l'on y tenoit la main, ſi l'on obligeoit ces particuliers à ne tuer que des beſtiaux de bonne qualité & de l'âge compétant, il en réſulteroit une augmentation conſidérable de viande, qui feroit meilleure, & qui, vu ſa qualité, diminueroit néceſſairement du prix.

Il eſt néanmoins vrai qu'il ſe tue dans ces mêmes
Boucheries des beſtiaux de bonne qualité. Les Marchands Bouchers de Paris, qui ne peuvent pas tuer
chez eux, & même de ceux qui y tuent vont s'y fournir, les Bouchers aiſés & en état d'aller dans les mar-
chers, ont toujours cherché à contrarier ces *Mercantiers*
& a empêcher le débit de leur viande dans Paris,
dans le temps ſurtout où ils prévoyoient une diminution du prix des beſtiaux dans les marchés.

Il eſt pour le moins auſſi important de laiſſer ſub-
ſiſter ces *Mercantiers*, qu'il eſt néceſſaire de les inf-
pecter pour que le public n'en ſouffre pas.

Dans le nombre de ces derniers, il y a des gens de
beaucoup de talent, qui, par les peines qu'ils ſe
donnent & par une certaine aiſance qui ſe trouve
chez eux, trouvent des beſtiaux de bonne qualité
& à bon compte. Ils font peu de frais, & ſe con-

.ntent de gagner peu & souvent ; c'est mêmes aux
Bouchers de Paris qu'ils vendent , & ceux-ci qui
ne cessent de se plaindre qu'ils perdent sur leur
viande , quoiqu'ils la vendent trois & quatre sols
par livre plus chere que ceux qui l'apportent à Paris
pour la débiter eux-mêmes , & de même qualité.

Pour obvier à ces abus , il conviendroit d'établir
une amende contre les contrevenans , dont ceux qui
leurs auroient loué & qui connoîtroient l'état des
Boucheries seroient garant & responsable desdites
amendes.

Une personne établie pour inspecter les différentes
Boucheries , tant dans la ville que dans la campagne ,
s'y transporteroit p   r constater la qualité des bestiaux
qui s'y tuent , & vérifier les déclarations qui auroient
été faites , relativement aux veaux nouvellement nés ,
& voir si la vente n'en a pas été faite avant les délais
prescrits.

Il se tue , tant dans dans la Capitale que dans son
arrondissement , environ 2000 bœufs par semaine ; il
est incontestable que les issus d'un bœuf, c'est-à-dire
les trippes, les pieds , &c. pesent au moins trente
livres , bien nétoyés , bien cuits & les pieds dé-
fossés.

Je mets en fait qu'un bœuf pesant 600 livres, les
issus en fournissent la trentieme partie. Si l'on tue
2000 bœufs par semaine , ils en fournissent donc autant que 2066, en tirant partie des issus , ce qui mé-
nageroit environ 3120 bœufs , qui se trouveroient
par surabondance au bout d'un an.

Il est nécessaire d'observer que dans les Villes des
Provinces, où la viande ne vaut que six à sept sols la

livre, on mange tout les dedans des bœufs & vaches qui
s'y tuent, ainsi que les pieds ce que l'on désigne sous
le nom de *tripes*; bien netoyées et bien cuites, elles
donnent un excellent manger; & tandis que le
Peuple fait usage de ces issue, il ne mange pas la
haute viande, & par conséquent en feroit diminuer
le prix.

Les Tripiers & Tripieres de Paris, où la viande
se vend communément dix & douze sols la livre,
ne débitent les issues, que pour nourir les animaux :
si ils les préparoient comme il faut, c'est-à dire,
qu'ils les nétoyassent proprement, & les fissent cuire
à propos, ils les vendroient un peu plus, & le
particulier ne s'empresseroit plus de les donner à
ses chiens, & en feroit usage pour lui-même : de la
une facilité de vivre à bon compte, ce qui produiroit
une plus grande abondance de viande, & je le dirai
toujours, une diminution sur le prix.

Il faut donc enjoindre aux tripiers & tripieres, au né-
toyement, propreté & cuisson des issus, & qu'il soit
fait défenses à tous fabriquans de colle forte de n'employer aucuns pieds de Bœufs ni Vaches dans leurs fa-
briques, & qu'il leur soit ordonné de se conformer aux
autres fabriquans de la Province, qui y emploient
toutes autres choses.

Tel est le résultat de mes réflexions, puissent-elles
être agréé de vous, Messieurs, & du public, à qui je n'ai
cherché qu'à être utile. *Signé*, LORDEREAU.

Rue du Hurepoix, N°. 24.

MEMOIRE

POUR Anne-Claude Barré, Veuve d'Antoine le Begue, Marchand Boucher, & le Sieur Philippe Testard, Marchand de Vin à Paris, & Jeanne Barré sa femme, Appellans.

CONTRE Marie-Anne Chevalier, Veuve de Louis-François Bassié, Christophe Volé, Marchand Boucher, Marie-Anne Bassié sa femme, Angelique Bassié, épouse séparée de biens de Martin-François Testard, Marchand Mercier, & le Sieur Testard, l'autorisant, ces dernieres filles de Louis-François Bassié & de la Demoiselle Chevalier, Intimés.

A question d'état qui se présente au Jugement de la Cour n'a aucune analogie avec celles sur lesquelles elle a jusqu'ici statué.

Dans les espéces de ces dernieres où il s'agissoit d'enfans, qui, leur Extrait-Baptistaire à la main, vouloient forcer des peres & meres ingrats & dénaturés à les reconnoître, ou d'enfans qui, dans le cas d'incendie ou de perte

A

des Regiſtres de Paroiſſe, invoquoient, pour ſe défendre des attaques qu'on dirigeoit contre leur état, des papiers domeſtiques, & une poſſeſſion d'état qui venoit à l'appui. Il s'en eſt même trouvé quelquefois dont la poſſeſſion d'état étoit le ſeul moyen, mais qui n'étant contredite par aucun titre, devenoit un abri certain capable de les mettre à couvert de tous les traits qu'on pouvoit lancer contr'eux.

D'ailleurs, on appercevoit dans la cauſe de ceux qui, ou défendoient ou réclamoient leur état, un intérêt d'autant plus conſidérable, que leur objet étoit d'échapper au déshonneur de la bâtardiſe, d'autant plus affligeant pour ceux qui ont le malheur de s'y voir précipités, que la légitimité eſt un des principaux avantages dont on puiſſe jouir dans la Société.

L'eſpéce actuelle eſt d'un ordre ſingulier qui n'a rien de commun avec toutes celles dont on vient de parler. Quelque fort qu'ait la conteſtation qu'elle a occaſionné, celui dont l'état eſt attaqué n'en ſera pas moins le fils légitime de celui qui lui a donné l'être: il ne s'agit que de le reſtituer à la famille à laquelle il appartient.

Le pere des Dames Volé & Teſtard, & dont la Demoiſelle Chevalier leur mere eſt veuve, étoit-il Louis-François Baſſié, fils de Claude Baſſié, Chartier, & de Simonne Drouard ſa femme, ou avoit-il pour pere Claude Barré, Marchand Boucher, & pour mere Eliſabeth Billiard? Telle eſt l'unique queſtion que préſente la conteſtation.

A l'entendre au Châtelet, & à entendre les Dames Volé & Teſtard en la Cour, il n'y a plus d'examen, lorſque celui qu'on attaque a une poſſeſſion d'état de ſoixante ans.

Mais un Tuteur ſe procure-t-il une poſſeſſion d'état dans une famille, quand, ayant tous les titres & piéces des différens membres de cette famille, il ſe ſert de ſa qualité de Tuteur pour les tenir cachés dans ſes mains depuis leur enfance, & pendant les trente-cinq années ſuivantes : titres ſans leſquels aucun d'eux ne peut concevoir le plus léger ſoupçon ſur la qualité de celui qui les retient, ni découvrir la cauſe qui le porte à ne pas les communiquer?

Des enfans ſont-ils même forcés d'en croire leurs pere &

mere, lorſque ces derniers, par des raiſons particulieres, ſe ſont
portés à adopter un enfant que ſon Acte-baptiſtaire leur
enleve, lorſque tant ceux qui adoptent, que celui qui eſt
adopté, ſont démentis par cet Acte-baptiſtaire, qui décele
le vrai, qui conſtate les vrais noms, les vraies qualités, la
vraie famille de celui qui eſt adopté ?

Ces queſtions feront non-ſeulement décidées pour la négative, mais on en pouſſera l'évidence à la démonſtration.

F A I T.

Claude Barré, Marchand Boucher, fils de Pierre Barré
& de Nicole Marcelle, avoit de l'inclination pour Eliſabeth
Billard, & avoit conçu le deſſein de l'épouſer.

Le Mariage ne convenoit pas aux pere & mere de Claude
Barré. Mais comme il avoit trente-cinq ans, il ne douta pas
de ſa légitimité s'il le contractoit. Il ne s'agiſſoit que d'é-
chapper à l'exhérédation, à laquelle il pouvoit ſe trouver
expoſé.

Le moyen qu'il imagina fut de faire croire qu'il avoit eu
un enfant d'Eliſabeth Billard. Le fait étoit faux, mais il con-
noiſſoit une famille pauvre qui en avoit pluſieurs. Claude
Barré prit le parti d'adopter l'un d'eux (le pere des Parties
adverſes.) Mais bien inſtruits que l'adoption n'a pas lieu en
France, Claude Barré & Eliſabeth Billard couvrirent cette
adoption ſous le manteau d'une déclaration qu'ils firent au
pied de l'Acte de célébration de leur mariage, qu'ils conçurent en ces termes : *Leſquels ont déclaré avoir eu un enfant, âgé
de quatre ans, nommé Louis, baptiſé à Saint Gervais, qu'ils ont
reconnu être de leurs faits & œuvres.* Cet Acte fut reçu ainſi
que le Mariage contracté à ſaint Sauveur le 28 Février 1692.

On prie la Cour de remarquer l'art qui regne dans cette
déclaration. Le ſieur Barré & Eliſabeth Billard indiquent
bien l'âge de l'enfant, ſon ſexe, ſon nom de Baptême,
mais ils n'annoncent ni le jour ni le mois de l'année de ſa
naiſſance.

A qui perſuadera-t-on que des pere & mere à qui il reſte
aſſez de tendreſſe pour l'enfant qu'ils voudroient légitimer, ne

prendroient pas plus de précautions pour éviter les inconvéniens qu'une mort précipitée, si elle leur arrivoit, pourroit
lui occasionner? On parcourroit bien des Régistres de Paroisse
pour en trouver où de pareilles circonstances eussent été omi-
ses de la part des vrais pere & mere. Mais ici le pas étoit
glissant : Claude Barré s'étoit porté à adopter, mais il ne
vouloit pas se mettre dans le cas de donner lieu à ses pere &
mere de découvrir le stratagême imaginé pour les adoucir,
& par là occasionner une colere plus vive que celle qu'on
vouloit éviter.

Au reste, les circonstances que le sieur Barré & Elisabeth
Billard s'etoient gardé de placer sur le Régistre de S. Sauveur, ils ne manquerent pas de les découvrir à celui qu'ils
avoient adopté. Aussi verra-t-on que, quand il a eu besoin
d'annoncer son Acte de Baptême, il ne s'est jamais trompé sur la date & la Paroisse ; c'est toujours à Saint Gervais,
& c'est sous la date du 17 Mars 1688, qu'il l'a indiqué ; c'est-
à-dire qu'il s'est toujours reconnu être Louis-François Bassié fils de Claude Bassié Chartier, & de Simonne Drouard
sa femme. On verra plus bas la justesse de cette conséquence.

Cependant dans la crainte que cet enfant né prouvât de
la contestation par les vrais enfans de Claude Barré & d'E-
lisabeth Billard, ces derniers conçurent le projet de lui former une possession d'état sous le nom de *Claude*. Ce projet
ne put s'exécuter à la naissance du premier enfant, dont la
Dame Barré accoucha au bout de dix mois de mariage; le faux
Barré n'avoit que cinq ans, & il n'eût pas été admis à l'E-
glise. Mais dès qu'elle eut un second enfant en 1695, pour
lors le faux Barré ayant environ sept ans, on le destine pour
en être le Parrein, & on observe de faire inscrire sur le Régistre ce nom, sous lequel les Sieur & Dame Barré vouloient
qu'il fût connu dans la famille.

La femme du sieur Barré accouche d'un autre enfant en
1697 : le faux Barré se trouve encore un Parrein tout prêt.
C'est un second Acte dont l'objet étoit de continuer la chaî-
ne de la possession d'état qu'on vouloit lui former sous ce
nouveau nom, afin de faire oublier celui de Louis qui lui
avoit été donné à Saint Gervais par ses vrais pere & mere le
17 Mars 1688.

Le 6 Août 1696 meurt Pierre Barré, pere de Claude &
grand-pere des Dames Taconnet, le Begue & Teſtard. Il
avoit fait un Teſtament avec Nicole Marcelle ſa femme le 1
Août 1696, reçu par Doyen & Deſnots, Notaires. Ce Teſtament contenoit des diſpoſitions qui étoient une ſuite de leur
mécontentement de Claude Barré, à cauſe de ſon mariage.
Car les Teſtateur & Teſtatrice y ſubſtituoient les parts &
portions dudit Claude Barré leur fils en leur ſucceſſion à ſes
enfans nés en légitime mariage, & à défaut d'enfans, à ſes
freres & ſœurs. La publication de la ſubſtitution a été faite
au Châtelet le 3 Décembre ſuivant.

La Demoiſelle Marcelle veuve de Pierre, après la mort
de ſon mari, fit un ſecond Teſtament pour ſa ſucceſſion particuliere, en termes même plus rigoureux qu'elle ne l'avoit fait
dans le précédent; car elle y dit qu'elle reduit Claude Barré ſon fils (pere des Dames Taconnet, le Begue & Teſtard)
au ſimple uſufruit de ſa part, l'interdit de pouvoir vendre,
aliéner, ſubſtituant le fonds & propriété de la part & portion
qui lui appartiendra dans les biens mobiliers & immobiliers, en
faveur des enfans nés en légitime mariage, & à défaut d'enfans
à ſes freres & ſœurs. Elle eſt décédée le 14 Juillet 1702.

Deux mois après (le 4 Octobre 1702) meurt Claude Barré (cet enfant ſubſtitué, pere des Dames Taconnet, le Begue
& Teſtard) à l'âge de 45 ans. Il fut enterré le 5 à ſaint Jacques de la Boucherie. Le faux Barré, qui ſigne ſur le Régiſ-
tre mortuaire, s'y qualifie *Claude*.

Le 19 Décembre 1702 on élit Eliſabeth Billard, veuve de
Claude Barré, Tutrice de ſes enfans; on en dénomme ſix, entre leſquels on place le faux Barré ſous le nom de *Claude*.

On prie la Cour de remarquer l'uniformité qu'obſervent Claude Barré & Eliſabeth Billard dans le nom du faux Barré
depuis qu'ils ont voulu lui former une poſſeſſion d'état ſous
le nom de Claude en 1695. Jamais depuis ce moment ils
n'ont varié tant qu'ils ont vécu; ils l'ont toujours depuis ce
moment appellé & fait appeller *Claude*. Si le faux Barré varie
dans la ſuite, & ſe fait appeller tantôt *Louis*, & tantôt *Claude*,
cette variation eſt une ſuite de l'incertitude où il apperçoit
ſon état.

Le 12 Août 1705 fut enterré à Saint Jacques de la Bou-

cherie Elifabeth Billard. Le faux Barré y figna comme témoin fous le nom de *Claude*.

On établit pour Tuteur aux enfans orphelins des feus Sieur
& Dame Barré, Charles Billard oncle maternel, qui a géré
la Tutelle jufqu'en 1713, que le faux Barré fentant l'importance qu'il y auroit pour lui de devenir Tuteur des enfans, attendu qu'ayant en main tous les Titres & Pieces
de la famille, il feroit en état d'écarter les obftacles qui
pourroient s'oppofer à fa poffeffion d'état, il s'eft fait défé-
rer cette qualité, fur la deftitution de Charles Billard, fans
qu'on vît aucune raifon de deftituer le premier. Il avoit pour-
lors 25 ans & huit mois, on lui donna le nom de *Claude*;
cet Acte eft du 6 Novembre 1713.

Il avoit fous fa Tutelle quatre enfans; Jean François baptifé à Saint Euftache le 24 Décembre 1692, (celui-ci eft dé-
cédé,) & les Dames Taconnet, le Begue & Teftard, dont
l'aînée avoit 18 ans & demi, étant née en Mai 1695 ; la
feconde 16 ans & demi, étant née en Mai 1697 ; & la derniere 13 ans & demi. Elle étoit née en Mai 1700.

La premiere devoit fortir de Tutelle au mois de Mai 1720,
la feconde au mois de Mai 1722, & la derniere au mois de
Mai 1725 : cependant le faux Barré ne leur a rendu de comptes que de certains objets de leur bien, mais il touchoit encore certaines parties de leur bien en 1748, & il ne leur re-
mit ni titres ni pieces qui puffent les éclairer fur leur famille. Suivons l'ordre des Actes, & voyons comment il s'y annonce.

Dans un compte rendu par un Sr Jacques de Saint-Blimont mari de Françoife Barré, aux freres & fœurs de fa femme ou leurs repréfentans, des recettes faites par ledit fieur
de Saint-Blimont, en vertu du pouvoir à lui donné par les
cohéritiers de fa femme, des effets mobiliers des fucceffions
defdits défunts Pierre Barré & Nicolas Marcelle, non compris dans les partages des biens defdites fucceffions, &c. lequel
Acte eft du 31 Mars 1716 fous fignature privée, & qui fe
trouve inventorié fous la cotte 3 de l'Inventaire fait après
le décès du Sr Jacques de Saint-Blimont, dans cet Acte le
faux Barré y paroît comme Tuteur fous le nom de *Claude*.

Le 10 Juillet 1717 le faux Barré a été reçu Boucher. Comme cet Acte ne concernoit plus la famille Barré, vis-à-vis de laquelle on avoit eu deffein de lui former une poffeffion d'état fous le nom de *Claude*, mais que cet Acte devoit avoir un trait fingulier à fa defcendance, il obferve de fe faire nommer fous le nom de *Louis*, afin que les enfans au cas de conteftation puffent avoir un titre plus folide pour fe défendre dans la déclaration faite par fes pere & mere en 1692. (Mais comme on le verra plus bas, ce nom le réfere à fa vraie qualité de fils de Claude Baffié Chartier, & de Simonne Drouard fa femme.)

On trouve une quittance donnée par le faux Barré des portions qui revenoient aux Mineurs, qu'il a fignée fous le nom de *Claude*. Elle eft contenue dans un Acte du 25 Avril 1719, contenant payement du reliquat du recouvrement des biens & effets de Pierre Barré & Nicole Marcelle, ayeuls.

Le 8 Mai 1719 le faux Barré a vendu comme Tuteur une maifon fituée à Lagny, provenante des ayeuls des Barré. Il a pris dans cet Acte le nom de *Louis*.

Le 19 Septembre 1720 Mademoifelle de Gefvres a fait un rembourfement aux enfans de Pierre Barré & de Nicole Marcelle ; le faux Barré a en fa qualité de Tuteur des enfans de de Claude Barré, donné décharge à ladite Demoifelle avec le refte de la famille fous le nom de *Louis*.

Le 13 Août 1721 le faux Barré a affifté au mariage d'Anne-Claude Barré (c'eft la Dame le Begue, l'une des Demandereffes) fous le nom de *Louis*, quoiqu'on lui eût fait tenir cet enfant en 1697 fous le nom de *Claude*.

Le 24 Mars 1722 le faux Barré s'eft marié à Saint Furci de Lagny. Il y a pris le nom de *Louis Barré*. Mais ce ne fut pas un léger embarras pour lui de fe difpenfer de produire fon Extrait Baptiftaire, car cet Extrait eût dévoilé le myftere & l'eut fait connoître ce qu'il étoit en effet, fils de Claude Baffié Chartier, & de Simonne Drouard fa femme ; il voulut éviter cet inconvénient, qui auroit pour-lors deffillé les yeux de tous les Barré fur fon compte.

Il avoit emmené avec lui Pierre François Barré, Prêtre, qui devoit lui donner la bénédiction nuptiale. Lorfqu'il fut queſtion de porter ſur les Régiſtres l'Acte de célébration de Mariage, le ſieur Prevôt Curé de Saint Furci demanda, comme il eſt d'uſage, les papiers du futur. Celui-ci ne voulut pas préſenter ſon Extrait-baptiſtaire, & dit pour excuſe qu'il l'avoit oublié à Paris. Le Curé fit difficulté de paſſer outre. Mais le ſieur Chevalier, frere de la future épouſe, promit qu'il le repréſenteroit, ce qui joint à l'aſſurance que donna le ſieur Pierre-François Barré, Prêtre, que le futur époux étoit ſon parent, engagea le Curé à aller en avant & à permettre audit Pierre-François Barré de les marier. Ce qui eſt néanmoins contre toutes les Loix de l'Egliſe & de l'Etat. On doit exiger l'Extrait-baptiſtaire pour s'aſſurer des noms, du Chriſtianiſme de celui qu'on marie, de ſon âge, pour ſavoir s'il eſt majeur, par exemple, & peut ſe diſpenſer, pour la validité du mariage, du conſentement de ſes pere & mere, ou ſi étant mineur ce conſentement lui eſt néceſſaire. L'Extrait doit même être conſervé à l'Egliſe, comme étant la juſtification de la conduite du Miniſtre, ſi on vouloit l'attaquer rélativement à aucun de ces points. Cependant on eſt allé à Saint-Furci de Lagny, & on peut aſſurer qu'il n'y a aucun Extrait, & qu'il n'y en a jamais eu par ce moyen qu'il a pris pour l'éluder.

Le 11 Septembre 1722 il s'eſt fait immatriculer ſur un Contrat de 82 liv. 10 ſ. de rente conſtitué ſur les Aydes & Gabelles du 15 Juin 1699, tant en ſon nom que comme Tuteur de Jean-François (qui vivoit encore pour-lors) Eliſabeth, Anne-Claude & Jeanne Barré, tous quatre enfans de Claude Barré & d'Eliſabeth Billard. Il y a pris le nom de *Claude.*

Quelque temps après il a rendu compte pardevant Meni, Notaire, de quelques objets qui revenoient à Jean-François Barré, & à Eliſabeth Barré (c'eſt la Dame Taconnet.) Il a ſigné dans cet Acte *Louis Barré.*

Le 30 Mars 1727 il a auſſi rendu compte par-devant Marchand, l'aîné, Notaire, de quelques objets qui revenoient à Jeanne Barré (c'eſt la Dame Teſtard); il y a ſigné *Louis Barré.*

Enfin il a acquis le 10 Octobre 1737 une Charge d'Inſpecteur-Contrôleur ſur les vins, eaux-de-vie, &c. Il n'a pu éviter

en

en cette circonſtance de ſe découvrir ce qu'il étoit en effet ; ou plutôt , ce qui étonnera la Cour & tous ceux que la droiture & la candeur animent, il faut de deux choſes l'une , ou qu'il ait porté la main ſur l'Extrait de ſon Baptême qui le qualifie *Louis-François Baſſié , fils de Claude Baſſié , Chartier , & de Simonne Drouard ſa femme* , pour réformer le nom de Baſſié en celui de Barré , ou qu'il en ait fabriqué un autre. Il ſeroit impoſſible aux Dames le Begue & Teſtard de pénétrer dans ce dédale d'iniquité : ce qui eſt certain, c'eſt qu'il eſt dit dans le *Duplicata* de la reception du faux Barré dans ledit Office, délivré par le ſieur Taitbout , Greffier de la Ville , que l'Extrait-baptiſtaire dudit Louis Barré baptiſé à Saint Gervais le 17 Mars 1688 a été ſcellé aux Lettres de proviſion.

Cette circonſtance ſera toujours le dénouement de toute cette affaire ; l'Aĉte baptiſtaire qu'on trouve à Saint Gervais *du 17 Mars 1688* , eſt celui de *Louis-François Baſſié , fils de Claude Baſſié , Chartier , & de Simonne Drouard ſa femme* ; & c'eſt à cet Aĉte de Baptême que renvoient les Sieur & Dame Barré lorſque ſe mariant le 28 Février 1692 à Saint Sauveur à Paris , ils adoptent le faux Barré ſous le voile d'une déclaration qu'il leur ſoit né de leurs faits & œuvres un fils baptiſé à S. Gervais quatre ans avant ; comme c'eſt cet Ex‐trait de Baptême que le faux Barré invoque & préſente fal‐ſifié à la vérité rélativement au nom de Baſſié qu'il avoit changé en celui de Barré , & celui de François qu'il avoit re‐tranché.

Et pourquoi cette opiniâtreté de Louis-François Baſſié de ſe prétendre Louis ou Claude Barré ? Etoit-il déshonorant pour lui & ſa famille de s'annoncer ce qu'il étoit en effet ? Si les Sieur & Dame Barré , en l'adoptant par des raiſons par‐ticulieres , l'ont déclaré provenu de leurs faits & œuvres , il ne pouvoit ignorer que ce n'eſt pas lui , mais le mariage qu'ils avoient en vue qui les y a portés. Claude Barré vouloit avoir un fondement d'excuſer ſon mariage dans l'eſprit de ſon pere, & il a voulu ſoutenir le même perſonnage vis-à-vis de la famil‐le. Il n'a pas réuſſi à l'égard du premier , qui lui a fait porter la peine du chagrin qu'il avoit reſſenti de ſa conduite , & c'étoit auſſi le fruit qu'il devoit en attendre.

B

Aussi le faux Barré, qui sentoit l'embarras où le pourroit jetter la remise des pieces aux Dames Taconnet, le Begue & Testard, se gardoit-il de terminer ses comptes avec elles ; il recevoit pour elles jusqu'en 1748, c'est-à-dire dans le temps que la plûpart d'elles avoient des vingt ou vingt-cinq ans pardelà leur majorité, lorsque le sieur de Bauve, Payeur des Rentes de l'Hôtel de Ville, voyant que cet homme qui étoit Propriétaire de l'Office dont on a parlé sous le nom de *Louis*, signoit néanmoins sur les quittances qu'il donnoit des arrérages d'une rente sur les Aydes & Gabelles de 82 liv. 10 s. sous le nom de *Claude*, exiga qu'on lui apportât les Extraits-baptistaires de tous les Coproprietaires dudit Contrat. Les Dames Taconnet, le Begue & Testard ont produit les Extraits de leur baptême : le faux Barré se garda bien de produire le sien, ne pouvant douter qu'il seroit examiné. En conséquence ce Payeur refusa le payement des arrérages qui sont encore dus depuis le premier Janvier 1748.

Les choses étoient en cet état lorsque le faux Barré fit assigner le 12 Août 1752 le sieur Taconnet, Maître Sellier Carrossier & D^lle Elisabeth Barré sa femme (maintenant sa veuve) le sieur Briere Perruquier, & la Demoiselle Jeanne Barré sa femme (depuis sa veuve, & maintenant femme du sieur Testard Marchand de vin) & la Demoiselle Anne-Claude Barré veuve d'Antoine le Begue, à comparoir en huitaine à l'Audience du Parc Civil du Châtelet de Paris, pour voir dire qu'il sera à sa requête & diligence procédé à l'amiable, si faire se peut, au partage *d'un Contrat sur les Aydes & Gabelles de quatre-vingt-deux livres dix sols de rente, d'une rente fonciere de Bail d'héritage de 25 liv. sur une maison située à Lagny, due par Denis Chretien, & d'une autre partie de 30 liv. de rente fonciere de Bail d'héritage due par le nommé le Loup demeurant à Gouverne près Lagny,* pardevant tel Commissaire qu'il plaira à la Cour commettre ; comme aussi voir dire que lesdits Sieur & Dame Défendeurs seront tenus d'entendre le compte que le Demandeur entend leur rendre des arrérages desdites rentes par lui reçues, à compter des derniers comptes qu'il leur a rendus, & qu'il justifiera en temps & lieux, à la déduction néanmoins des sommes qui peuvent être dues au Demandeur par lesdits Sieur & Dame Briere, pour lesquelles il fait toutes réserves, à l'effet de quoi tenus les susnommés de comparoir en l'Hôtel du Commissaire à la premiere sommation qui leur en sera faite ; sinon voir dire qu'il y sera procédé, tant en absence que présence, & en cas d'absence, en la présence d'un Substitut de M. le Procureur du Roi au Châtelet, aux frais & dépens des absens ; & pour en outre, comme de raison, répondre & procéder afin de dépens, dont en tout événement il sera remboursé par privilége & préférence comme de frais de partage, &c.

Comme les Sieur & Dame Taconnet & les Sieur & Dame Briere avoient eu l'eveille par l'avertissement du sieur de Bauve, Payeur, de ce qu'il pouvoit y avoir de douteux dans l'état du faux Barré, quoiqu'ils ne connussent pas encore ce qu'ils ont découvert dans la suite, avant de fournir de défenses, ils ont voulu examiner ce qu'ils répondroient dans leurs exceptions.

Car, ce qu'on prie la Cour d'observer, le faux Barré n'avoit formé cette demande que pour calmer ses craintes sur les demandes que les enfans Barré pouvoient former contre lui : il savoit qu'ils faisoient des démarches pour s'éclairer sur son compte, & que ce n'étoit pas sans fruit.

En effet les Sieur & Dame Taconnet & les Sieur & Dame Briere s'étoient transportés à saint Sauveur pour y voir l'Acte de célébration du mariage de leurs pere & mere, & ils y avoient vu que l'enfant que ces derniers avoient déclaré être provenu de leurs faits & œuvres, avoit été baptisé à S. Gervais en 1688 : delà ils étoient allé à S. Gervais, où ils n'avoient point trouvé l'Acte de baptême de Claude Barré, quoique le Sr Villetard, Vicaire, eût cherché non-seulement dans l'année 1688, mais dans les cinq années qui ont précédé 1688 & dans les cinq années qui les ont suivies. C'est ce que porte le Certificat du Sr Villetard conçu en ces termes : *J'ai cherché l'Extrait-baptistaire de Louis ou Claude Barré dans l'année 1688, cinq ans auparavant & cinq ans après, & je n'y ai rien trouvé. Ce 9 Décembre 1751. Villetard, Vicaire.*

Ce Certificat ne préfentoit qu'une preuve négative, il en falloit une pofitive ; ils avoient appris que la date de l'Acte baptiftaire du faux Barré fe trouvoit marquée dans fes provifions de fon Office d'Infpecteur-Contrôleur fur les vins & eaux-de-vie, &c. Ils favoient que l'Extrait qui étoit vifé dans fes Lettres, étoit de la Paroiffe faint Gervais fous la date du 17 Mars 1688, comme les Sieur & Dame Barré leurs pere & mere l'avoient déclaré à faint Sauveur en fe mariant en 1692 ; qu'ainfi le faux Barré s'accordoit avec eux pour les conduire à ceux qu'il avoit eus pour pere & mere ; en conféquence ils étoient revenus le 5 Octobre 1752 à faint Gervais, où ils avoient levé cet Extrait, qui eft la piece décifive de cette affaire. Le voici en propres termes : *Le Mercredi 17 Mars Louis François, fils de Claude Baffié, abfent, Chartier, & de Simonne Drouard fa mere, demeurant rue de la Mortellerie, a été baptifé, étant né de Dimanche dernier. Le Parrein Louis la Caille* (a), *la Marreine Marie Defgarde, laquelle & le Parrein ont déclaré ue favoir figner. Signé le Prouft, Vicaire.*

Et au pied de l'extrait qui a été délivré de cet Acte par le fieur Villetard fe trouvent ces mots : *Collationné à l'original par moi Prêtre, Docteur de Sorbonne, & Vicaire de ladite Paroiffe ; à Paris ce cinq Octobre 1752, figné Villetard. Et plus bas : Je certifie en outre que le 17 Mars de l'année 1688 il ne fe trouve point d'extrait de Baptême, dans les Regiftres de S. Gervais, fous le nom de Louis Barré : en foi de quoi j'ai donné le préfent pour fervir ce que de raifon ; à Paris ce 5 Octobre 1752 : figné Villetard.*

Les Sieurs & Dames Taconnet & Briere ont levé l'Extrait mortuaire de Simonne Drouard mere du faux Barré, décedée à l'Hôtel-Dieu de Paris. Ils voient par cet Extrait, qui annonce l'âge qu'elle avoit lors de fa mort, arrivée le premier Septembre 1728, qu'elle étoit née en 1651, & qu'elle avoit mis au monde cet enfant lorfqu'elle étoit âgée de trente-fept ans.

Elle avoit eu d'autres enfans avant Louis-François, qui

____

(a) Ce Louis la Caille étoit oncle utérin du Baptifé.

se qualifie Barré, & d'autres après, dont les Actes de Baptême se trouvent également sur les Regiftres de Saint
Gervais.

D'après de pareilles preuves que le faux Barré se qualifioit
injuftement, *Louis* ou *Claude* Barré, les Sieur & Dame Taconnet, & les Sieur & Dame Briere, se font regardés comme
fondés à méconnoître le faux Barré pour leur frere. Dans cet
efprit leurs défenfes ont confifté à dire que, préalablement à
toute opération de partage & à tout compte, *il devoit juftifier & donner copie de fon Extrait baptiftaire, & en faire la com-
munication par la voie du Greffe.* Les défenfes des Sieur &
Dame Taconnet font du 19 Octobre 1752, & celles des
Sieur & Dame Briere du 20 du même mois.

Le faux Barré, frappé de ce coup, & fentant qu'il n'avoit
rien à oppofer, s'en eft tenu pour toute réponfe à conclure
par fins de non-recevoir, fans en déduire aucune raifon, par
la crainte de s'expofer & de fournir des argumens contre
lui par ce qu'il pourroit dire.

Quant à la Dame le Begue, comme elle demeuroit à Pan-
tin en la maifon du faux Barré, ce dernier dirigea fes défenfes, qui confiftoient à s'en rapporter à Juftice fur la demande.

Les chofes étoient en cet état lorfque l'affaire fut plaidée
contradictoirement au Châtelet le 17 Février 1753 ; mais le
premier Juge ne faifant pas attention que le faux Barré ne
pouvoit prétendre foutenir une poffeffion d'état de fils de
Claude Barré, en même temps qu'il invoquoit lui – même
l'Acte baptiftaire qui se trouve à Saint Gervais fous la date
du 17 Mars 1688, qui le conftituoit fils de Claude Baffié,
Chartier, & de Simonne Drouard fa femme, ordonna que
les Sieur & Dame Taconnet, les Sieur & Dame Briere, & la
veuve le Begue, fourniroient de défenfes fur les demandes
du faux Barré. Et cependant, voyant que les exceptions oppofées au faux Barré n'étoient pas fans un très-grand fondement, qu'elles ne pouvoient être qualifiées déraifonna-
bles, il prononça réferve de dépens.

Depuis cette Sentence, les Sieur & Dame Taconnet & les

Sieur & Dame Briere ont interjetté appel, & pendant l'appel le faux Barré eſt décedé. Le ſieur Briere eſt également décedé. Sa veuve a convolé en ſecondes noces avec un ſieur Teſtard, Marchand de vin, qui a repris la Cauſe. Le ſieur Taconnet eſt également décedé : ſa veuve eſt encore dans l'Inſtance.

En 1753, les Sieur & Dame Taconnet & les Sieur & Dame Briere voulurent prendre connoiſſance de la vraie famille du faux Barré ; ils ſe tranſporterent rue de la Mortellerie, où ils en découvrirent pluſieurs membres, entr'autres une fille & petite-fille de Claude Baſſié & Simonne Drouard, niéce & petite-niéce de Louis la Caille. parrein du faux Barré. Ils déclarerent ingenuement que leur vrai nom eſt Bachelier, mais que, par corruption de langage, ils ſe font appeller & ſont appellés Baſſier ou Bachié ; & pour juſtifier d'une maniere ſans réplique, & déciſive, cette corruption de langage dans leur nom, ils ne pouvoient en apporter une plus forte preuve que celle qu'ils ſoient enfans de Claude Bachelier ou Baſſié & de Simonne Drouard, & neveu & niéces de Louis la Caille, appellé dans l'Acte de baptême le parrein du faux Barré, comme les deux premiers y ſont qualifiés ſes pere & mere.

Les Sieur & Dame Taconnet & les Sieur & Dame Briere les ont conduits chez Me. Vanin, Notaire, pour conſigner ces faits dans un Acte, & ſe rendre par-là reſponſables de leur certitude à la Juſtice. Voici l'Acte qu'ils ont dicté, où ils ajoutent cette circonſtance, que leur frere & oncle Louis Baſſié a quitté en très-bas âge la maiſon paternelle, ſans que depuis, ſes pere & mere, ni une des comparantes (ſa ſœur) en aient eu connoiſſance ; mais que leurs pere & mere leur ont parlé pluſieurs fois de cet événement ; & une autre de celles qui ont ſigné l'Acte (la Demoiſelle Hugot, niéce du faux Barré), qu'elle a ſouvent entendu dire à ſa mere qu'elle avoit un frere qui s'étoit abſenté, & dont leſdits Claude Bachelier (ou Baſſié) & Simonne Drouard, ſes pere & mere, ni elle n'avoient point eu de nouvelles depuis ſon abſence. Le mari de cette derniere, élevé dans le même quartier dès

fon bas âge, dit qu'il fe fouvient également de tous ces faits.
L'Acte eft du 15 Avril 1753. En voici les termes :

Aujourd'hui font comparus devant les Notaires au Châtelet de Paris fouffignés, Marie-Henriette Bachelier, veuve de Jacques-François Pierre, Maçon à Paris, y demeurant, rue de la Mortellerie, Paroiffe Saint Gervais, fille de feu Claude Bachelier, Chartier, & de feu Simonne Drouard fa femme, fes pere & mere ; fieur François Hugot, Maître Menuifier à Paris, & Demoifelle Marguerite Cadet fa femme, qu'il autorife à l'effet des Prefentes, demeurans à Paris rue de Bercy & Cimetiere Saint Jean, Paroiffe Saint Gervais, elle fille dudit Jean Cadet, Maçon à Paris, & de Marie-Louife Bachelier fa femme, laquelle étoit fille dudit Bachelier, Chartier, & de ladite Simonne Drouard.

Lefquels ont, par ces Préfentes, déclaré & affirmé que, par corruption de langage & par une abbreviation établie par un ufage conftant depuis grand nombre d'années, ledit feu Claude Bachelier, Chartier, & fes enfans & repréfentans, étoient connus fous le nom de Bachié & Baffié indiftinctement, de forte que, par une fuite de cette corruption de langage, cette erreur s'eft trouvée confignée, non-feulement dans le quartier de la Paroiffe Saint Gervais à Paris, où cette famille demeure depuis un très-grand nombre d'années & de temps immémorial, mais même dans différens Actes où le nom Bachelier, qui eft le véritable, fe trouve employé fous celui de Bachié ou Baffier : par exemple, dans un Extrait Baptiftaire tiré des Regiftres de la Paroiffe Saint Gervais à Paris, le 17 Mars 1688, a été baptifé un fils dudit Claude Bachelier, Chartier, & de ladite Simonne Drouard, auquel on a impofé le nom de Louis-François ; & cette erreur dans les noms de famille, fe trouve gliffée en ce qu'il y eft employé fous le nom de celui de Baffié, & que ledit Enfant a eu pour Parrein Louis la Caille, oncle maternel utérin, & pareillement oncle de ladite veuve Pierre, & grand-oncle de ladite femme Hugot.

Plus, a déclaré ladite veuve Pierre que ledit Louis-François Bachelier fon frere, dénommé par erreur dans ledit Extrait Baptiftaire Louis-François Baffié, a quitté en très-bas âge la maiſon paternelle, ſans que ſes pere & mere ni ladite Comparante en aient eu de nouvelles depuis ſon abſence ; *même ladite Comparante déclare qu'elle n'a point idée de l'avoir vu chez ſes pere & mere, parce qu'elle étoit vraiſemblablement trop jeune ; mais que ſes pere & mere & tous ſes parens lui ont dit pluſieurs fois qu'elle avoit un frere nommé Louis-François Bachelier, qui s'étoit abſenté ſans qu'on ait appris de ſes nouvelles. Ladite Demoiſelle Hugot à ſon égard déclare qu'elle a ſouvent entendu dire à ſa mere qu'elle avoit un frere qui s'étoit abſenté, & dont leſdits Claude Bachelier, & Simonne Drouard, ſes pere & mere, ni elle n'avoient point eu de nouvelles depuis ſon abſence ; & ledit ſieur Hugot, à ſon égard, déclare qu'ayant été élevé dans ſon bas âge dans le même quartier que la famille dudit Claude Bachelier & de ladite Simonne Drouard, & ayant toujours fréquenté cette famille avant ſon mariage, il a toujours entendu parler de l'abſence dudit Louis-François Bachelier ou Baſſié, qui étoit frere de ſa belle-mere, & qui avoit ſept ou huit ans moins que ladite femme Cadet, ſa belle-mere : dont & du tout a été dreſſé le préſent Aɛte pour ſervir & valoir ce que de raiſon. Fait & paſſé à Paris ès Etudes le quinze Avril 1753, avant midi, & ont ſigné, excepté ladite Veuve qui a déclaré ne ſçavoir écrire ni ſigner, la Minute des Préſentes demeurée à Mᵉ Vanin, Notaire. Signés Armet & Vanin.*

Voilà un Aɛte clair. Ce qui le rend digne de toute foi, eſt de ce qu'il ſe trouve d'accord avec l'Aɛte de Baptême du faux Barré, qui le déclare fils de Claude Baſſié & de Simonne Drouard, ainſi que filleul (comme neveu) de Louis Lacaille, oncle maternel utérin tant du faux Barré, que de ſa ſœur qui a ſigné cet Aɛte, & grand-oncle de ſa niece qui l'a également ſigné : Aɛte baptiſtaire auquel renvoient les Sieur & Dame Barré, au pied de l'Aɛte de célébration de leur mariage du 28 Février 1692 : Aɛte baptiſtaire à la date duquel il ſe reporte lui-même en 1737.

MOYENS.

Louis-François Baſſié, fils de Claude Baſſié, Chartier,

&

& de Simonne Drouard, baptifé à Saint Gervais le 17 Mars 1688, & tenu fur les Fonts de Baptême par fon oncle maternel utérin Louis la Caille, veut cependant être & fe prétend Louis ou Claude Barré, fils de Claude Barré, Marchand Boucher, & d'Elifabeth Billard.

Il n'a ni Regiftre qui dépofe pour la prétendue filiation qu'il revendique, les Régiftres dépofent au contraire contre lui, ni poffeffion d'état, puifqu'outre qu'on ne peut avoir une poffeffion d'état contre laquelle le titre primordial reclameroit, on fera en état de démontrer, par beaucoup d'autres circonftances, qu'il ne peut en invoquer aucune. Auroit-il recours aux Papiers Domeftiques? De quelle confidération feroient-ils pour affûrer un fait qui fe trouve démenti par l'Acte de Baptême, & contre lequel on voit s'élever toutes les circonftances les plus décifives? Entrons en preuve, & pour cela établiffons trois Propofitions.

1°. Le faux Barré eft Louis-François Baffié, baptifé à Saint Gervais le 17 Mars 1688 ; il eft fils de Claude Baffié, Chartier, & de Simonne Drouard, fa femme.

2°. Le faux Barré ne peut fe fervir, pour infinuer l'idée qu'il foit Louis ou Claude Barré, de la déclaration faite à Saint Sauveur par les Sieur & Dame Barré le 28 Février 1692.

3°. Il ne peut étayer cette idée d'aucune poffeffion d'état, en quelque temps qu'il veuille la faire commencer.

PREMIERE PROPOSITION.

Le faux Louis Barré eft Louis-François Baffié, baptifé à Saint Gervais le 17 Mars 1688. Il eft fils de Claude Baffié, Chartier, & de Simonne Drouard, fa femme.

Confultons les Loix, ouvrons tous nos Livres, & nous y apprendrons que la premiere preuve en matiere d'état, eft celle qui fe trouve confignée dans les Regiftres publics au moment de la naiffance. C'eft la difpofition de nos Ordonnances (*), qui ne permettent d'avoir recours aux Regiftres

(a) Art. 5. de l'Ordonnance de 1539 ; Art. 181. de l'Ordonnance de Blois, de celle de 1667, & de celle de 1736.

C

& papiers domeſtiques des pere & mere, qu'au cas de perte
des Regiſtres publics. Toute déclaration contraire, de quelque part qu'elle procéde , fût-ce des pere & mere , ne doit
pas en être crue. Ils ne peuvent ni déſavouer des enfans
que les Regiſtres publics leur attribuent , ni s'attribuer ceux
que les Regiſtres publics donnent à d'autres : l'adoption n'a
pas lieu dans nos mœurs.

La poſſeſſion d'état elle-même , quelque longue qu'elle
ſoit , ne peut avoir de mérite quand elle ſe trouve à la ſuite
d'un titre qui la dément. C'eſt-là ſingüliérement le cas où
doit s'appliquer cette maxime : *Melius eſt non habere titulum,*
quàm habere vitioſum. On l'applique d'ordinaire à la poſſeſſion des biens, qui ne peut être que précaire quand elle ſe
trouve contredite , déméntie par le Titre. On doit ſurtout
l'appliquer à l'état des hommes, beaucoup plus precieux que
leurs biens. L'Acte de leur baptême , titre public de leur
naiſſance, les annonce-t-il enfans de quelqu'un ? La poſſeſſion
immémoriale de paſſer pour autres, ne preſcrira jamais contre
ce titre qui les rappellera toujours à ce qu'ils ſont en effet.
Une poſſeſſion d'état démentie par l'Acte de baptême , n'eſt
plus une poſſeſſion d'état qui équipole à un titre civil : c'eſt
une fauſſe opinion, une vieille erreur, que l'Extrait de baptême , principal titre civil quand il parle , anéantira invinciblement. La poſſeſſion d'état ne vaut qu'en deux cas , lorfqu'elle ſe trouve d'accord avec le titre conſtitutif de notre
état (notre Acte de Baptême) , ou lorſque nous ne ſommes
pas en état de découvrir cet Acte de notre Baptême.

Ces principes ſont inconteſtables, & nous avons ici l'a-
vantage que les Parties adverſes elles-mêmes ne peuvent
les nier : Car, après avoir vanté le mérite de la poſſeſſion
d'état, elles ajoutent ; *Mais à cela on oppoſe auſſi que, dans*
le point de droit , cette poſſeſſion devient abſolument inutile ,
quand il y a preuve qu'elle eſt contraire au titre , & qu'elle
n'a été que l'effet de l'erreur , & de la part de ceux contre
qui elle a été acquiſe , & de la ſurpriſe & des artifices de
celui qui ſe l'eſt frauduleuſement procurée ; juſques-là , ajoute-
t-on , rien auſſi n'eſt plus raiſonnable , & ce ſont deux véri-
tés que nous n'avons garde de méconnoître à notre tour.

D'après cet aveu, les Parties ne font donc point divi-fées fur le point de droit. Il ne s'agit donc que du point de fait. L'Acte de baptême qu'on lit fur les Regiftres de S. Gervais, à la date du 17 Mars 1688, eft-il celui du Pere des Parties adverfes? La queftion eft décidée irré-vocablement ; l'acte d'adoption des fieur & Dame Barré à S. Sauveur en 1692., eft un acte que les Ordonnances reprouvent ; ils n'ont pû adopter un enfant étranger : la poffeffion d'état prétendue qu'on invoque, eft une vieille erreur, une fauffe opinion, qu'il faut abandonner. Exami-nons le fait dans la vérité & fans partialité.

Le 28 Février 1692, Claude Barré époufe Elifabeth Billard. Au pied de l'acte de célébration de leur mariage, ils y déclarent que de leurs faits & œuvres, il leur eft né un enfant, lors âgé *de 4 ans*, nommé *Louis*, & qui a été *baptifé à S. Gervais.*

Voilà un fait que Claude Barré & Elifabeth Billard ap-prennent à toute la ville, mais finguliérement à leur fa-mille, & fur les circonftances duquel ils ne lui donnent qu'une très-foible lumiere ; car il refte à leur demander à quel mois & à quel jour de ce mois fe trouvera l'acte de ce baptême. Eft-ce ainfi que fe conduifent ceux qui veu-lent affurer l'état de leurs enfans dans un cas où la moin-dre erreur eft à craindre? Mais on a vu dans les faits, tant par le principe qui les conduifoit, que par la peine que Claude Barré a portée de ce mariage contracté contre le gré & la volonté de fes pere & mere, l'intérêt qu'ils avoient de couvrir les circonftances du myftere le plus pro-fond. Il y a plus ; nous appercevons Claude Barré & fa femme faire effort pour fournir à ce prétendu enfant une poffeffion d'état, fous le nom de *Claude*, en lui faifant tenir fous ce nom deux filles qui leur naiffent ; l'une & l'autre baptifée à S. Sulpice, l'une le 24 Mai 1695, l'au-tre le 21 Mai 1697. Depuis cette époque il eft annoncé conftamment fous ce dernier nom par Claude Barré, & Elifabeth Billard tant qu'ils vivent, comme dans ceux des 4 Octobre & 19 Décembre 1702. Voilà une conduite peu concordante, finguliérement à l'égard d'un enfant dont la

C ij

raiſſance avoit été dévoilée d'une maniere ſi obſcure & ſi enveloppée.

Cet enfant prétendu, ſeul au fait du ſecret, fait tant d'efforts qu'il parvient à la tutelle des enfans de Claude Barré & d'Eliſabeth Billard. Voilà encore une circonſtance qu'on ne prétendra pas ſans doute de nature à éclairer ſur un fait que tant d'autres rendoient déja au moins ſuſpect.

Ce n'eſt pas tout : depuis 1713 qu'il s'étoit fait élire Tuteur, juſqu'en 1748 que le Payeur des rentes (M de Bauve) a découvert aux Dames Taconnet & Teſtard (cette derniere lors femme du ſieur Briere) les premiers rayons de la lumiere qu'il appercevoit, temps qui renferme l'eſpace de 35 ans, ce prétendu enfant s'étoit conſervé la confiance de ces dernieres, & à l'ombre d'une tutelle, dont les ſuites n'avoient point de fin, il les tenoit dans la plus grande ignorance ſur toutes les pieces qui pouvoient l'éclairer ſur ſon compte.

Au premier ſoupçon elles cherchent à s'inſtruire ; à chaque pas le voile ſe leve, les ſoupçons vont juſqu'à un doute fondé & raiſonnable. Enfin elles ſuivent ſa marche pour découvrir l'Acte de ſon Baptême : pierre-de-touche pour juger ſainement ce qu'il eſt. Il devoit en produire l'Extrait lors de ſon mariage ; il ne pouvoit même s'en diſpenſer, & le Curé prévariquoit en le mariant ſans qu'il ait produit cette Piéce. Cependant cette Piéce importante n'eſt point à Saint-Furcy de Lagny où il a été marié. On apprend qu'elle n'y eſt pas, parce qu'elle n'y a jamais été ; on s'inſtruit de la voie ſubtile qu'il a employée pour ſe diſpenſer de la produire.

Enfin on découvre qu'il a produit un Acte auſſi eſſentiel lors de ſa réception, dans une Charge d'Inſpecteur – Controleur ſur les Vins & Eaux-de-vie, &c. On leve une Expédition de ſes Proviſions, & on découvre le nœud, la clef du myſtere. Il n'eſt ni Louis Barré, tel que Claude Barré & ſa femme l'annoncent en 1692, ni Claude Barré tel qu'ils l'ont appellé depuis 1695 juſqu'à leur mort. C'eſt un enfant qu'ils ont adopté, & qui dans le fait eſt fils de Claude Baſſié, Chartier, & de Simonne Drouard, ſa femme.

Voilà la Piéce dont Claude Barré & sa femme parloient en 1692, & dont ils n'ont pas voulu fixer la date. Voilà la Piéce qu'ils craignoient qu'on ne découvrît, & qu'ils ont ensuite renfermée dans le secret, en dénommant leur fils en 1695, 1697, & jusqu'à leur mort, *Claude Barré*, pour lui ourdir une possession d'état sous ce dernier nom.

Inutile d'évoquer leurs Manes pour les interroger sur leur secret. Ils l'ont dévoilé malgré eux, quoiqu'obscurément, en 1692, en annonçant son âge de quatre ans & son Baptême à Saint Gervais, mais clairement & sans obscurité à cet enfant qu'ils avoient adopté. Aussi ne se trompe-t-il pas sur la date, & s'il la réforme pour se l'appliquer, c'est que contre l'intention de ses pere & mere il veut un titre, & ne se contente pas d'une possession d'état qu'ils lui avoient commencé dès 1695, continué en 1697, & pendant toute leur vie, sous le nom de *Claude*.

A l'aide d'une pareille clef on conçoit le fondement de tout ce qu'annoncent, dans leur Acte consigné chez le Notaire le 15 Avril 1753, Marie Henriette Bachelier femme du sieur Pierre, sœur du pere des Parties adverses, Marguerite Cadet femme du sieur Hugot sa niece, & le sieur Hugot son mari, de la disparution de ce dernier dès son enfance, de ce que leur en ont toujours dit leurs pere & mere.

Quelqu'abattues que soient de ce coup les Parties adverses, elles affectent une contenance ferme. *Ou l'Extrait Baptistaire du sieur Barré, disent-elles, manque & est introuvable,* Fol. 75. des Contredits des Parties adverses. *si l'on s'en rapporte au certificat du Vicaire de Saint Gervais, produit par les Appellans, ou son Extrait Baptistaire est bien conforme à l'état de fils légitime de Claude Barré & d'Elisabeth Billard, dont il a toujours eu la possession, si on s'en rapporte à la Sentence du Bureau de la Ville du 26 Novembre 1737, produite par les Appellans.*

Voilà une alternative bien singuliere, fondée sur une énonciation contenue dans cette Sentence du Bureau de la Ville. Il faudra donc croire selon les Parties adverses, que leur pere qui avoit employé la ruse & la finesse pour échapper à la nécessité de produire son extrait de Baptême à Saint Furcy de

Lagny, lors de son mariage, afin de ne se pas découvrir ce qu'il étoit, (car c'est un fait certain & verifié que son extrait de Baptême n'est pas à S. Furcy de Lagny où il a été marié, & il est également certain qu'il ne l'y a jamais présenté ;) il faudra, dis-je, croire qu'il aura trouvé & produit en 1737, comme levé depuis les registres de S. Gervais, un extrait qu'il n'y aura pas trouvé en 1722, & qu'on n'y trouvera pas à présent, quoiqu'on ait la date certaine du 17 Mars 1688.

C'est donc un mystere qu'il faut croire sans le concevoir. Mais quelle autorité a-t-on à joindre à un tel fait pour forcer à croire un tel mystere? C'est la déclaration obscure des sieur & dame Barré faite à S. Sauveur en 1692, que de leurs faits & œuvres il leur est né un fils, lors âgé de 4 ans, baptisé à S. Gervais sous le nom de *Louis*, & démentie par eux-mêmes en 1695, 1697, aux Baptêmes de deux enfans dont ils le rendent parrain, & pendant toute leur vie où ils veulent lui former une possession d'état sous le nom de *Claude*.

Que les Parties adverses permettent qu'on leur dise que le système que leur ont suggeré les sieur & dame Barré, est mal imaginé ; tout y décele que l'Acte de Baptême de leur pere l'annonce vraiment Bassié, car jamais elles n'effaceront de l'esprit de qui que ce soit que cet Acte ne soit du 17 Mars 1688, elles sont même forcées de l'avouer. Comment prétendront-elles que cet Acte n'étoit pas sur le registre de Baptême de S. Gervais en 1722, lorsque leur pere s'est marié, qu'il y étoit en 1737, & qu'il ne s'y est plus trouvé depuis?

Disons le vrai ; la date de cet Acte est incontestable, elle est reconnue des sieur & dame Barré ; le pere des Parties adverses la reconnoît, il a vu & lu l'Acte de son Baptême sur le registre de S. Gervais ; s'il en a levé l'extrait, il n'en a conservé que la date. Car de deux choses l'une, ou il a reformé ce qui ne lui convenoit pas sur l'extrait avant de le produire à la Ville, ou il s'est porté à en fabriquer un tel qu'il lui convenoit. L'un de ces deux faits est arrivé certainement, parce que les choses n'ont pu se passer autrement.

Contredits, fol. 44. On vient opposer aux Dames le Begue & Testard un Arrêt rapporté par Soefve, du 7 Janvier 1676, qui n'a pas écouté une attaque dirigée contre l'état, quoique le prétexte fût que l'Acte de célébration de mariage ne s'étoit pas trouvé dans les regiftres de la Paroiffe en laquelle la veuve prétendoit que le mariage avoit été célébré, & qu'il s'en fût trouvé un du même jour dans les regiftres, cela ne mérita point, ajoute-t'on la moindre confidération.

Quel rapport a cet Arrêt à l'efpece actuelle? Sans doute c'eft un mauvais raifonnement à oppofer à quelqu'un, de lui dire: Votre mariage eft nul, parce qu'on n'en trouve pas l'Acte infcrit fur le regiftre à la date où vous prétendez avoir été marié, quoiqu'on trouve l'Acte d'un autre infcrit à la date de ce même jour; ou, Vous n'êtes pas légitime, parce qu'on ne trouve pas votre Acte de Baptême au jour où vous prétendez avoir été baptifé, quoiqu'on en trouve un autre.

Ce raifonnement n'a aucune analogie avec celui qu'on oppofe ici. On fent bien qu'il peut y avoir plus d'un mariage ou plus d'un Baptême à une Paroiffe en un même jour. Ce raifonnement n'auroit pas l'apparence de fondement.

Il en eft de même de l'application qu'on fait de l'Arrêt du 17 Janvier 1692, que les Parties adverfes citent (5 fol. plus haut) où elles obfervent qu'une fimple relation de l'Acte de célébration de mariage dans une Sentence, a été regardée comme fuffifante pour rendre l'Acte de célébration conftant.

Sans doute la fimple-mention qui fera faite dans un Acte public, d'un Acte de célébration de mariage & d'un Acte de baptême, fuffiront pour rendre la célébration du mariage ou le baptême conftans, fi cette énonciation ne fe trouve pas contredite & démontrée fauffe, comme dans l'efpece actuelle. Mais quand dans cette mention on y voit que celui dont l'état eft attaqué, fixe lui même fon baptême à une date où il dit en avoir trouvé l'acte infcrit fur les Regiftres, pendant qu'il ne l'y avoit pas trouvé lui-même 15 ans avant, dans un temps où il devoit le produire & ne pouvoit s'en difpenfer, quand une multitude de circonftances fe réuniffent pour contredire ce qu'il prétend établir par cet extrait, ce n'eft plus le cas où une pareille mention fuffit.

En un mot, on dit ici à quelqu'un de qui Claude Barré & sa femme ont mal désigné la naissance dans l'Acte de 1692, à qui ils ont ensuite voulu commencer en 1695 une possession d'état sous un autre nom, & qu'ils ont affecté de lui cimenter tant qu'ils ont vécu, qui est parvenu à éluder de présenter son extrait de baptême en 1722, lors de son mariage à Lagny, & qui en 1737 paroît en faire viser un du 17 Mars 1688, année à laquelle Claude Barré & sa femme avoient reporté la date de sa naissance ; on lui dit : Quelque réforme que vous ayez faite sur cet extrait, il est le vôtre, puisque vous en donnez vous-même la date : votre sœur elle-même se souvient de votre disparution, elle en détaille toutes les circonstances. Votre niece a entendu raconter dès son enfance votre histoire. Elle se rappelle tout ce qu'on lui en a dit. Votre famille la présente à l'esprit, & n'a pu vous oublier. Rentrez donc dans le sein d'une famille dont vous êtes une branche, & ne vous croyez pas bien enté sur un tronc étranger. La seve du tronc dont nous sommes les branches, ne doit pas vous nourrir ; vous ne pouvez tout au plus être qu'un enfant adoptif ; l'adoption n'a pas lieu en France. C'est assez s'étendre sur cette réponse.

Les Dames le Begue & Testard ne dissimuleront pas à la Cour une difficulté qu'on peut leur opposer. C'est bien la plus raisonnable. Aussi ne l'épargnera-t-on pas sûrement aux Dames le Begue & Testard. Nous allons la prévenir, & y répondre.

Il y a apparence, pourront-elles dire, que Claude Barré & Elisabeth Billard ont eu l'Enfant qu'ils déclarent baptisé le 17 Mars 1688 à Saint Gervais ; mais ne voulant pas décéler un libertinage qui étoit caché, ils ont prié Claude Bassié, Chartier, & Simonne Drouard, sa femme, de permettre qu'il fût baptisé comme leur Enfant. Mais s'étant mariés ensemble, le premier soin a été de rendre à cet Enfant la légitimité qu'ils lui devoient. Ils l'ont reconnu le 28 Février 1692 dans l'Acte de célébration de leur Mariage à Saint Sauveur. Dans la suite, sentant que sa naissance n'étoit pas

assez

affez circonftanciée, concevant d'ailleurs les difficultés que les noms portés fur l'Acte de fon Baptême pourroient faire naître, ils lui ont commencé une poffeffion d'état fous le nom de *Claude* en 1695 & 1697, en lui faifant tenir dans cette vue fucceffivement deux de fes fœurs fur les Fonts de Baptême ; & affectant de le faire paroître autant qu'ils ont pu pendant toute leur vie fous le nouveau nom fous lequel ils vouloient fe l'attacher, afin que du moins cette poffeffion d'état contradictoire avec fes pere & mere & fes fœurs pût réparer le vice de l'Acte de célébration de fon Baptême. Les Dames le Begue & Teftard ne croient pas qu'on puiffe leur oppofer d'avoir affoibli l'argument, certainement le plus fort que les Parties adverfes puiffent faire pour la défenfe de leur fyftême. Répondons.

Dans ce fyftême toute la difficulté confifteroit donc dans une pfeudoonomie qui fe trouveroit dans l'Acte baptiftaire du pere des Parties adverfes. Il feroit donc, on le fuppofe réellement fils des Sieur & Dame Barré, & frere des Dames Taconnet, le Begue & Teftard ; mais la Juftice n'en écouteroit ni n'en pourroit écouter la preuve, contre le contenu en un Acte deftiné à conftater fon état. Quelques obfervations vont porter cette vérité à la démonftration.

Il eft certain d'abord que pour réformer les Regiftres, il faut s'adreffer au Juge, & qu'il eft des cas où le contenu aux Actes le met dans l'impoffibilité de pouvoir les réformer. On jugera par-là du démérite d'une déclaration qui contredit un Acte public.

Il faut obferver que le Juge doit être plus ou moins difficile à ces réformes, fuivant que les cas préfentent plus ou moins matiere à difficulté. Ainfi un enfant eft préfenté au Baptême ; le Prêtre écrit mal le nom qui lui eft dicté ; il eft certain que tous les jours il arrive que de pareilles erreurs font réformées en la préfence de toute une famille qui demande la réforme, parce qu'on fent que l'erreur n'étant pas du fait des Parties, il n'y a aucun lieu de foupçonner de la fraude. On eft plus difficile fur cette réforme, fi l'erreur vient du fait des Parties ; il en faut pénétrer les motifs & acquérir la preuve la plus complette de la vérité. Ainsi une fille accouche d'un enfant, qu'elle fait baptiser sous son nom & celui d'un Particulier. Ou elle a déclaré ce Particulier son mari, ou elle ne l'a pas déclaré tel : dans ce dernier cas, si elle se présente avec celui qui s'en prétend le pere, & qui voudra l'épouser pour faire réformer le Registre, si le suffrage de sa famille, & surtout la réunion des circonstances donnent lieu de croire que ce qu'elle avance soit vrai, la faveur de la légitimation de l'enfant portera à l'écouter. Mais si le Registre baptistaire contient le nom d'un homme qui non-seulement soit déclaré pere de l'enfant, mais encore mari de la mere, dès-lors le Juge ne peut écouter les demandes, ni procéder à la réforme du Registre, qu'il ne soit constant qu'il n'y avoit aucun mariage entre celui qui a été déclaré mari dans l'Acte de Baptême, & celle qui étoit déclarée mere de l'enfant. Il y a (a)

Collect. de Jurisp.
de Denisart , au
mot Etat.

(a) L'Arrêt fut rendu le 9 Mars 1730 sur les Conclusions de M. Chauvelin, Avocat Général. Voici le fait.

Un Enfant avoit été baptisé à Saint Nicolas-des-Champs comme fils de François Turpin & de Marie Basset, ses pere & mere. Quelque temps après le sieur de Poix & Marie Basset ayant demandé à l'Officialité que le Registre fût réformé, en exposant que cet Enfant étoit procréé de leurs œuvres, & que le nom du sieur de Poix fût mis à la place de celui de François Turpin, Sentence intervint qui l'ordonna ainsi, & elle fut exécutée.

Deux ans après le sieur de Poix épousa Marie Basset ; l'Enfant fut reconnu, & le Mariage fut tellement public, que la femme fut depuis nommée Curatrice de son mari interdit.

Le sieur de Poix étant mort, l'état de sa femme & de l'enfant fut contesté. On interjetta appel comme d'abus de la Sentence de l'Official, & on disoit pour moyen, que le Juge d'Eglise ne peut ordonner la réformation d'un Registre destiné à constater l'état des hommes. On soutenoit d'ailleurs que Marie Basset devoit rapporter l'Extrait-mortuaire de François Turpin, déclaré son mari par l'Extrait-baptistaire.

La veuve & le fils se défendoient en rapportant une possession publique. Par l'Arrêt qui intervint sur les Conclusions de M. l'Avocat Général Chauvelin, le 3 Mars 1730, il fut dit qu'il y avoit abus ; & avant faire droit sur l'appel simple, il a été ordonné que dans un mois, à la requête de M. le Procureur Général, il seroit informé de l'existence du Mariage & du décès de François Turpin.

Arrêt qui, en pareil cas, quoiqu'il y eût une poſſeſſion publique d'état, a regardé la poſſeſſion comme devant céder à la
déclaration faite dans l'Acte de Baptême, juſqu'à ce qu'il fût
conſtant ſi le Mariage étoit vrai ou ne l'étoit pas, & on ne
s'en eſt pas rapporté aux Parties dans un cas où l'intérêt public ſe trouvoit compromis : on a ordonné qu'il ſeroit informé, à la requête de M. le Procureur Général, de l'exiſtence
du Mariage & du décès de celui qui étoit déclaré mari.
L'Arrêt eſt du 9 Mars 1730. On vient de le rapporter.

Ainſi dans le ſyſtême actuel l'enfant auroit été déclaré &
annoncé ſur le Regiſtre ſous le nom de perſonnes connues
dans leur quartier, vivans dans leur mariage avec poſſeſſion
publique d'être mariés, ayant des enfans connus, dont l'ordre & la ſuite ſe trouvent conſignés ſur le Regiſtre de la Paroiſſe : c'eſt un de ces enfans qu'il s'agit de prouver ne pas
appartenir à ces perſonnes, quoique tout dépoſe en leur faveur.
Il eſt certain que le Juge pourroit ne pas écouter cette récla-
mation, quand il y auroit le concours de ceux ſous le nom de
qui il auroit été baptiſé, & qu'ils y conſentiroient, parce qu'il
y auroit lieu à ſoupçon violent qu'ils voudroient ſe débar-
raſſer d'un de leurs enfans au profit de gens qui voudroient
l'adopter, & qu'en l'adoptant par une pareille déclaration,
toutes les Parties pourroient être coupables de ſuppoſition
de part.

Que penſera-t-on donc d'une ſimple déclaration faite par
des perſonnes qui ſe marient en l'abſence du Juge, en l'abſence de ceux-mêmes dont les noms auroient été portés ſur
l'Acte baptiſtaire comme vrais pere & mere ? Leur déclaration peut-elle prévaloir contre le contenu en l'Acte baptiſtaire,
& leur adjuger l'enfant ? L'enfant même pourroit-il invoquer dans la ſuite la plus longue poſſeſſion d'état, en avouant
que l'Acte de ſon Baptême la contrediroit ? Qui oſeroit avancer un pareil paradoxe ? Il eſt certain que toutes les Loix
s'élevent pour établir le démérite de pareilles déclarations, &
leur enlever toute croyance ; elles ne ſont dignes que de mépris. Y eût-il une poſſeſſion publique d'état de cent ans, elle
ſe trouveroit renverſée par l'aveu du titre qui réclameroit
contre.   D ij

Admettre le contraire, ce feroit autorifer le trouble & le défordre dans les familles, ébranler la foi dûe aux Actes publics qui font les plus fermes fondemens de l'état des hommes; & pour en revenir à l'efpece, l'Acte baptiftaire du pere des Parties adverfes l'annonçant fils de Claude Baſſié, Chartier, & de Simonne Drouard fa femme, lui donnant pour parrein le frere utérin de celle qui eft déclarée la mere, il eft lié dans la famille des Baſſié comme une branche de leur tronc commun, & attaché aux branches de cette famille de maniere à ne pouvoir jamais en être arraché fans renverfer l'ordre civil, auquel tout ordre naturel doit céder en pareil cas.

On voit par la difpofition de cet Arrêt, que lorfque l'Acte Baptiftaire fe trouve contredire une poffeffion d'état, il ôte à cette poffeffion le mérite qu'elle auroit de décider que la foi ne lui eft plus également dûe.

Ainfi les Parties Adverfes ne trouveront pas plus d'avantage dans cette difficulté, fi elles la propofent, que dans la précédente.

Mais pourquoi tant d'efforts de la part des Parties-Adverfes pour obfcurcir une lumiere qui décele l'état de leur pere? Cette lumiere eft telle, qu'elles ne pourront jamais l'obfcurcir. Il n'y auroit d'autre voie que celle de produire l'Extrait-Mortuaire de Louis - François Baſſié; c'eft celle à laquelle eut recours un fieur Claude Conrard de Mahé *, Gentilhomme, pour fe difcerner d'un Claude Mahé, Cordonnier, avec qui un intérêt particulier l'avoit porté à fe confondre dans un Acte, ce qui lui a occafionné une queftion d'état, dont il s'eft délivré par cette voie; mais le fieur Conrard s'applique à chercher cet Extrait-Mortuaire, parce qu'il ne pouvoit douter être étranger à l'être avec lequel il s'étoit confondu, au lieu que les Parties - Adverfes ne s'appliqueront point à une recherche dont le fuccès eft impoffible; car l'Acte Mortuaire de Louis - François Baſſié n'eft autre que celui de leur pere, comme l'Acte de fon Baptême eft auffi identiquement le même, qu'il y a toujours eu identité dans la nature & la perfonne du pere des Parties-Adverfes avec le fils de Claude Baſſié & Simonne Drouard.

* L'affaire a été jugée en 1751 à la Tournelle.

Ce moyen feroit d'autant plus expédient aux Parties-Adverfes, s'il étoit pratiquable, que perfonne ne fera la dupe du raifonnement qu'elles font relativement à l'Extrait-Baptiftaire prétendu de leur pere, qu'elles veulent diftinguer de celui de Louis-François Baffié : *ou il manque*, difent-elles, *& eft introuvable, fi on s'en rapporte au Certificat du Vicaire de S. Gervais, produit par les Appellans ; ou fon Extrait-Baptiftaire eft bien conforme à l'état de fils légitime de Claude Barré & d'Élifabeth Billard, dont il a toujours eu la poffeffion, fi on s'en rapporte à la Sentence du Bureau de la Ville du 26 Novembre 1737, produite par les Appellans.*

Sans doute, l'Extrait-Baptiftaire d'un Louis ou Claude Barré eft introuvable fur les Regiftres de Saint Gervais, non-feulement à la date du 17 Mars 1688, où le pere des Parties-Adverfes prétend l'avoir trouvé en 1737 : il étoit introuvable pour ce dernier lui-même en 1722, puifqu'il s'eft trouvé contraint d'ufer de ftratagême pour éviter de le produire à S. Furcy de Lagny, lors de fon mariage, quoiqu'il fût de toute néceffité. Par quelle circonftance fera-t-il devenu trouvable en l'année 1737, pour le faire vifer dans la Sentence du Bureau de la Ville? Difons le mot ; il eût été dangereux de produire à S. Furcy, fous le nom d'Extrait-Baptiftaire, un Acte pareil à celui qu'il a produit lors de la réception dans fa Charge.

Un pareil Acte préfenté dans la circonftance d'un mariage, doit refter en dépôt à l'Eglife, où il eft fujet à une critique continuelle de la famille, au lieu qu'on n'a pas lieu de foupçonner la critique d'un Acte qui, à la réception dans une Charge, pourroit être fuppléé par d'autres moyens.

Concluons donc l'inexactitude de la folution des Parties-Adverfes, & combien elle mérite peu d'attention, quand elle fe trouve en concurrence avec la réunion des pieces & des moyens décififs qu'on leur oppofe.

SECONDE PROPOSITION.

*Le faux Barré ne peut s'aider, pour foutenir qu'il eſt Claude ou
Louis Barré, de la déclaration faite à S. Sauveur, par les
Sieur & Dame Barré le 28 Février 1692.*

La déclaration faite par les Sieur & Dame Barré à Saint
Sauveur, dans l'Acte de célébration de leur mariage en 1692,
que de leurs faits & œuvres il leur eſt né un enfant, âgé de
quatre ans, nommé *Louis*, baptiſé à Saint Gervais, ſeroit
le principal fondement que le faux Barré, & maintenant
ſes enfans & ſa veuve, pourroient invoquer pour établir leur
ſyſtême. Mais on va voir que, loin de donner un fondement
ſolide à leur ſyſtême, en établiſſant ſur cet Acte, il préſente dans cet Acte même de quoi le renverſer, & en prouver la fauſſeté.

Une premiere réflexion à cet égard, c'eſt que quand les
Dames le Begue & Teſtard n'auroient pas de moyens pour
donner le démenti, & même comme on voit implicitement
avoué par les Parties-Adverſes à la déclaration de Claude
Barré & Eliſabeth Billard en 1692, rien n'eſt plus informe, plus ſuſpect, que l'Acte qu'on nous oppoſe pour établir
la prétention du faux Barré. Examinons-le, & on verra
quelle foi il mérite. 1°. Il eſt le dernier des Actes d'un Regiſtre, le reſte du Regiſtre étant bâtonné; par conſéquent
il ne pouvoit être placé plus avantageuſement pour les ma-
nœuvres que les gens mal intentionnés auroient voulu y
pratiquer.

2°. On ſçait qu'en conſéquence de l'Ordonnance de 1667,
à l'égard des doubles Regiſtres, le Greffe du Châtelet ſe
trouve muni d'un ſecond. Cette précaution étoit néceſſaire ;
car les Prêtres ſont plus habiles à inſtruire & conduire les
Peuples, qu'à tenir des Regiſtres, l'expérience le démontre
tous les jours. Ce double Regiſtre conſervé au Châtelet,
préſente d'ailleurs l'avantage de pouvoir ſervir de piece de
comparaiſon pour juger les choſes qui pourroient ſouffrir diffi-

culté dans ceux qui reſtent aux Archives des Egliſes. Mais on n'a pu, à cet égard, ſatisfaire ſa curioſité. Car quoiqu'on ſoit allé pluſieurs fois au Châtelet pour vérifier cet Aĉte, on n'y a point trouvé le Regiſtre de 1692, quoiqu'on y ait trouvé tous les autres antérieurs & poſtérieurs à celui-ci.

3°. Les Sieur & Dame Barré y déclarent avoir un fils âgé de quatre ans, baptiſé à Saint Gervais, provenu de leurs faits & œuvres. Mais ils n'ajoutent aucunes circonſtances, pas même les plus intéreſſantes, pour aſſurer l'état de l'enfant dont ils parlent. Il eût convenu qu'ils euſſent déclaré par qui il avoit été tenu ſur les fonts de Baptême ; ils n'en diſent pas un mot. Mais ce qu'on ne peut leur paſſer, c'eſt d'avoir omis de faire mention du mois & de la date de ſa naiſſance, ou de celle du Baptême de l'enfant prétendu.

Qui croira des peres & meres ſi peu attentifs à l'état de leurs enfans pour négliger de conſtater juſqu'à la date de la naiſſance de ces enfans ? Ils ne peuvent s'empêcher de ſentir qu'elle eſt pour eux du plus grand intérêt.

Diſons le donc ici : l'adoption qu'ils faiſoient de Louis-François Baſſié, étoit pour leur avantage & non pour le ſien. La forme de déclaration qu'ils imaginent en annonçant que cet enfant eſt provenu de leurs faits & œuvres, eſt pour donner un motif à leur mariage, adoucir l'eſprit d'un pere que ce mariage auroit révolté. Il ne falloit donc pas annoncer une date qui lui auroit découvert tout le ſtratagême, & l'auroit outré contre eux.

D'ailleurs la déclaration faite par le ſieur Barré & ſa femme, eſt tellement contradiĉtoire avec l'Extrait-Baptiſtaire du faux Barré, qu'il faut néceſſairement ſoutenir la fauſſeté de l'un ou de l'autre ; on l'a démontré dans la précédente Propoſition. Par conſéquent l'Aĉte Baptiſtaire du faux Barré étant un Aĉte certain, & à qui toute foi eſt dûe par tant circonſtances qui le conſtatent, il s'enſuit qu'on doit regarder la déclaration informe de Claude Barré & ſa femme en 1692, comme le Parlement a regardé en 1730 celle des Sieur & Dame de Poix, en l'oppoſant à des Aĉtes à qui le Parlement accordoit toute confiance.

Ce raifonnement eft décifif, fur-tout quand on démontre l'identité de l'Acte Baptiftaire que les Sieur & Dame Barré avoient en vue, en faifant leur déclaration, avec celui qui conftate l'état du faux Barré dans fa qualité de fils de Claude Baffié & de Simonne Droüard. Or cette identité à été démontrée dans la premiere Propofition.

Ajoutons à cela la conduite de Pierre Barré & Nicole Marcelle, pere & mere de Claude Barré, mari d'Elifabeth Billard, qui ne veulent pas confentir à ce mariage & l'en puniffent. S'ils ont prononcé dans leur Teftament d'une maniere fi dure contre lui, c'eft qu'ils fentoient du vicieux dans la conduite de leur fils dans toute l'affaire de ce mariage, fi même ils n'ont pas découvert tout le ftratagême imaginé pour y parvenir. Enfin ajoutons encore la précaution que prennent Claude Barré & Elifabeth Billard, (après avoir annoncé fon Baptême en 1688 à Saint Gervais fous le nom de *Louis*) de lui commencer en 1695 une poffeffion d'état fous le nom de *Claude*, poffeffion qu'ils lui cimentent dans un autre Acte public en 1697, & le 4 Octobre & 19 Décembre 1702, en un mot, par tous les Actes où ils peuvent faire mention de lui, jufqu'à la mort d'Elifabeth Billard, arrivée au mois d'Août 1705. Car ce qu'il eft important de remarquer, depuis le moment où en 1695 ils lui ont commencé cette prétendue poffeffion d'état, fous le nom de *Claude*, jufqu'à leur mort, ils n'ont point varié relativement à ce dernier nom. Difons le donc ; il falloit que le faux Barré devînt Tuteur des Dames Taconnet, le Begue & Teftard, & qu'il en prorogeât fi long-temps les fuites, pour qu'elles en fuffent fi long-temps les dupes.

TROISIEME PROPOSITION.

Le faux Barré ne peut étayer l'idée qu'il foit fils de Claude Barré & d'Elifabeth Billard, d'aucune poffeffion d'état, en quelque temps qu'il veüille la faire commencer.

La prétendue poffeffion d'état du faux Barré lui feroit une
forte

forte de reſſource, s'il pouvoit la ſaiſir. Il paroîtroit répondre aux objections inſurmontables des Dames le Begue &
Teſtard. Il s'en tiendroit au moins à oppoſer une ſorte de
preſcription contre elles, comme moyen de ſe conſerver dans
leur famille, & la part qu'il a priſe avec elles dans les Suc-
ceſſions des pere & mere de ces dernieres, ſur la fauſſe ſuppoſition qu'il étoit l'un des enfans. Il rempliroit par-là la vue
des Sieur Claude Barré & Eliſabeth Billard, en lui faiſant
tenir l'enfant né en 1695, & celui né en 1697, ſous le nom
de *Claude*, afin de lui commencer une poſſeſſion d'état, qui,
datant de loin, pût être un abri qui couvrît la fraude; il rempliroit l'intention qu'il a eu de ſe faire choiſir pour Tuteur,
afin que Maître des titres & papiers, d'ailleurs ſe montrant
ſous le caractere de Tuteur, qui impoſe le reſpect & écarte
les ſoupçons, il pût ſe former, ſans rien craindre, un état
à la faveur de la preſcription.

Mais le faux Barré ne peut avoir cette reſſource. Tout
s'éleve pour la lui enlever. Il faut qu'il rentre dans l'ordre,
que l'iniquité ceſſe, & que la juſtice reprenne ſes droits.

Il en eſt de la poſſeſſion d'état comme de la preſcription : l'une & l'autre n'ont pour objet que de terminer des
conteſtations, qui ſans ce moyen ſeroient éternelles ; mais
la Loi ne ſe propoſe pas de couvrir la fraude : dès qu'elle
ſe découvre, la poſſeſſion d'état, comme la preſcription,
devient un moyen inutile : auſſi eſt-ce une maxime uni-
verſellement connue, qu'il vaut mieux ne pas avoir de titre,
que d'en avoir un vicieux; ce qui eſt dit du cas où on voudroit couvrir le faux ou l'injuſtice par la preſcription.

En effet, l'équité eſt la baſe des Loix, & ſi par la preſcription elle punit ceux qui ont négligé leurs poſſeſſions,
afin d'empêcher les troubles qu'ils pourroient produire pour
y rentrer; ſi elle veut par-là rendre les hommes plus attentifs, la Loi eſt bien éloignée d'admettre une injuſtice qu'elle
appercevroit; elle la réprouve au contraire, & les Arrêts
rendus en pareils cas nous forment une tradition de la
ſageſſe des vues des Magiſtrats pour empêcher que ce moyen
ne couvre l'injuſtice, dès qu'ils l'apperçoivent. Ces princi-

E

pes pofés, qu'on juge de l'ufage que le faux Barré peut faire de fa prétendue poffeffion , déja trop vifiblement vicieufe elle-même, pour en mériter le nom. A quelqu'époque que le faux Barré veuille commencer à la faire courir, le commencement fera également la clef du faux qu'il veut couvrir , & la continuité , par les fraudes continuelles qu'elle préfente, ne lui en feroit pas plus utile quand on l'ifoleroit de fon principe. Quel coup d'œil préfentera-t-elle , fi on l'y réunit? Mais les Dames le Begue & Teftard vont avoir la complaifance d'entrer dans quelque détail , en peu de mots, pour rendre cette vérité plus fenfible. Elles vont examiner d'abord l'hypothefe, qui confifte à la commencer à la déclaration que contiennent les Regiftres de Saint Sauveur en 1692.

A partir de cette époque, pour ourdir la poffeffion d'état prétendue par le faux Barré , le voilà donc déclaré *Louis*, & enfant de Claude Barré & d'Elifabeth Billard ; mais malheureufement il eft dit baptifé à Saint Gervais quatre années devant ; c'eft-à-dire, qu'il eft annoncé Louis-François Baffié, baptifé le 17 Mars 1688 ; car s'il a fait l'impoffible pour ne pas produire un Extrait de cette date, qui le déceloit tel ,lors de fon mariage , où l'exhibition de fon Extrait baptiftaire étoit toutefois néceffaire , il fe place lui-même à cette date en 1737, & il fe fait donner aéte de ce qu'il l'a produit. Où eût-il pris un Extrait-baptiftaire fur les Regiftres de Saint Gervais en 1737, de la date du 17 Mars 1688 , qui le qualifie *Barré*, pendant qu'il n'avoit ofé dire en 1722, lors de fon mariage, qu'il l'eût trouvé, & s'eft exempté de le produire? Inconteftablement il n'y en a trouvé d'autre que le fien , qui le caraétérife Louis-François Baffié ; d'ailleurs cet Extrait eft fi vifiblement le fien , qu'il eft reconnu par la famille des Baffié dans la déclaration qu'ils en ont donnée.

Par conféquent quel ufage veut-il faire d'une infertion trop groffierement imaginée dans la famille des Barré, & qui d'ailleurs fe trouve contredite par une incertitude continuelle fur le nom même de ce prétendu Barré , ou de ce Barré idéal ?

Le faux Barré oseroit-il se servir d'une pareille pré en-
due possession d'état ? Ce seroit trop visiblement vouloir en
imposer ; il suffit de la présenter pour révolter les esprits
contr'elle. La Justice ne pourroit la reconnoître , elle pré-
senteroit un démenti trop sensible dès son origine. D'ailleurs
on a vu par l'Arrêt qu'on a cité plus haut , & il est établi
par tant d'autres qu'on pourroit joindre à l'appui , combien
peu la Justice a d'égard à des déclarations de gens qui se
marient , quand leurs déclarations se trouvent si visiblement
contredites & démontrées contraires à la vérité.

Mais les Dames le Begue & Testard se prêteront volon-
tiers à ne commencer la prétendue possession d'état du faux
Barré qu'en 1635. Il sera donc Claude Barré , il aura été
question de lui , pour la premiere fois au baptême de Jeanne-
Élisabeth ; il aura paru sous le même nom en 1697 au baptême d'Anne-Claude , toutes les deux fois comme parrein ;
il aura signé sous ce même nom de *Claude* les 4 Octobre
& 19 Décembre 1702.

En un mot , dans toutes les années qui se sont écoulées
depuis 1695 jusqu'à la mort d'Elisabeth Billard , qui a sur-
vêcu son mari , chaque fois qu'ils l'ont fait présenter , ils
l'ont annoncé & l'ont fait signer sous le nom de *Claude*.
Il faut même avouer qu'on n'apperçoit pas la trace d'une
erreur ou d'un oubli de leur part , qui pourroit se manifester
s'ils avoient varié , & lui avoient donné tantôt le nom de
Louis , & tantôt celui de *Claude*. Non , on le répete ; depuis
1695 qu'ils l'ont fait paroître sous ce nom de *Claude* , ils
le lui ont fait prendre uniformément & sans jamais varier
tant qu'ils ont vêcu , afin de faire oublier celui de *Louis* ,
qui lui avoit été donné à Saint Gervais par ses vrais pere
& mere le 17 Mars 1688.

Mais si les Parties adverses abandonnent l'acte de 1692 ,
comme il paroît que c'étoit le systême de Claude Barré &
d'Elisabeth Billard depuis 1695 , pour s'en tenir à cette possession d'état commencée en 1695 , 1°. on leur demandera ,
Qu'est-ce donc que ce Louis déclaré en 1692 ? Sera-ce encore un autre prétendu Barré ? Il faudra que le prétendu

Claude donne la folution à cette difficulté. 2°. Il ne fera
point (on le fent fans doute) le prétendu Barré déclaré en
1692. Il ne fera point celui qui eft né à la fin de 1692 , c'eft
Jean-François, dont l'Extrait mortuaire eft connu. Il ne fera
pas né dans le temps intermédiaire entre 1692 & 1695 , il
n'auroit pas eu l'âge fuffifant pour être parrein en 1695 ;
car il n'auroit pas eu deux ans. Il s'enfuit qu'il n'auroit ni principe avoué , ni origine qu'on pût découvrir.
3°. Enfin, on a vu qu'en 1737, lors de la réception dans
fa Charge, il s'eft reporté aux Regiftres de Saint Gervais ,
au 17 Mars 1688, où il n'avoit ofé fe reporter lors de fon
mariage en 1722. On a vu fa propre famille, les *Baffé*, le
reconnoître, raconter fon Hiftoire fi bien affortie avec fa
propre conduite.

Voilà où aboutit & aboutira toujours un tiffu de pareilles
imaginations. La vérité reprend tôt ou tard inconteftablement fes droits , & confond invinciblement l'impofture.

Mais fi la prétendue poffeffion d'état du faux Barré rentre
toujours néceffairement dans le cercle vicieux d'où on ne
peut la tirer, y a-t-il quelque chofe d'étonnant , quand on
voit qu'il en a formé la plus grande partie à l'aide d'une
tutelle, dont il a prorogé les fuites jufqu'à 35 ans par-delà
la majorité de fes pupiles? Il a été l'ouvrier d'une grande
partie de cette prétendue poffeffion d'état , & on voit que
les Dames le Begue , Teftard & la veuve Taconnet , qui
eft auffi dans l'Inftance, n'ont encore rien fini avec lui, &
qu'il eft mort ayant en main tous les titres & pieces qui peuvent les intéreffer, comme celles qui regardent la fubftitu-
tion portée dans le Teftament des grand-pere & grand-
mere des Dames le Begue & Teftard , les inventaires faits
après la mort de leur pere , & beaucoup d'autres qu'il
ne leur a jamais remis ; & comment les leur auroit-il remis ,
ayant perfonnellement befoin de les leur fouftraire pour couvrir le faux & fe pratiquer la prétendue poffeffion d'état qu'il
invoque ? Auffi a-t-il pouffé fi loin l'attention de les garder,
qu'il touchoit encore à la Ville pour les Dames le Begue &
Teftard jufqu'en 1748, & que, fans l'attention du Payeur,

qui le premier a découvert la fraude en 1748, les Dames le Begue & Teſtard n'en auroient encore aucune connoiſſance. Quels autres abus n'en a-t-il pas réſulté ? La Juſtice en aura la preuve, lorſqu'elle fixera dans la ſuite les yeux ſur les parties de compte qu'il a rendus, & ſur ceux qu'il vouloit préſenter aux Dames le Begue, Teſtard & Taconnet. On y verra des abus & des erreurs de toute eſpece ; mais ce n'eſt pas ici le lieu de les examiner. Concluons ſeulement que, quelque parti que veuillent prendre les filles du faux Barré, il eſt impoſſible qu'elles ſoutiennent le ſyſtême qu'elles prétendent faire prévaloir contre l'évidence du fait contraire.

Inutile de répondre ici aux Arrêts qu'on oppoſe pour établir le mérite de la poſſeſſion d'état. On y répondra par ce qu'on a cité des propres termes des Parties adverſes (fol. 6 de leurs Contredits) : *Dans le point de droit cette poſſeſſion devient abſolument inutile, quand il y a preuve qu'elle eſt contraire au titre, & qu'elle n'a été que l'effet de l'erreur, & de la part de ceux contre qui elle a été acquiſe, & de la ſurpriſe & des artifices de celui qui ſe l'eſt frauduleuſement procurée !* Juſques-là, ajoute-t-on, en approuvant ce qu'avoient dit les Dames le Begue & Teſtard, *rien auſſi n'eſt plus raiſonnable, & ce ſont deux vérités que nous n'avons garde de méconnoître à notre tour.*

Qu'on ceſſe donc de ſoutenir la prétendue poſſeſſion d'état du faux Barré.

On termineroit ici le Mémoire, ſi on n'avoit un mot à répondre aux reproches qu'on fait à la Dame le Begue d'avoir varié, que dans ſes défenſes du 12 Avril 1753 à la demande afin de déclarer ſur l'Appel, l'Arrêt qui interviendra commun avec elle ; que, dans ſa Requête d'intervention du 14 du même mois d'Avril, elle reconnoiſſoit le ſieur Barré pour ſon frere, & que poſtérieurement elle a entamé une nouvelle conteſtation au Châtelet, où elle ſoutient le (prétendu) Barré *Baſſié*, & non ſon frere, pour l'exclure & ſes enfans de ſa part dans les biens de la ſucceſſion : demandes dont elle a, dit-on, été déboutée par deux Sentences du Châtelet, rendues par défaut; la premiere le 20 Juillet 1761, & la feconde le 27 Février 1762.

Il eſt fort aiſé de répondre à ces difficultés. Lors de l'ex-ploit donné de la part du faux Barré aux ſieur Taconnet & ſa femme, au ſieur Briere & ſa femme, (cette derniere de-venue depuis ſa veuve, & maintenant femme du ſieur Teſ-tard) & à la veuve le Begue, les Parties Adverſes elles-mê-mes ne peuvent nier que la veuve le Begue étoit dans les ſer-res du faux Barré, qu'elle ne voyoit point ſes Sœurs & Beaux-freres, qu'elle n'avoit aucune connoiſſance de l'affaire, que le faux Barré & ſa femme agiſſoient en ſon nom & la faiſoient parler ; que tant lui, qu'enſuite ſa veuve, pour l'empêcher de les quitter, lui faiſoient 200 livres de rente qu'ils lui déli-vroient manuellement par quart à chaque quartier : rente qu'ils ont difcontinué dès qu'ils ont vu que celle-ci s'éclairoit ſur ſes intérêts. Ce ſont des faits que les Parties Adverſes ne peuvent nier.

Mais dès qu'elle a eu connoiſſance des faits, que ſes ſœurs & beaux-freres l'ont eu informé du détail des affaires, qu'elle y a apperçu les argumens invincibles qui s'élevent contre le faux Barré, ſes yeux ſe ſont deſſillés, elle a apperçu le vrai & a été dans le cas de tenir la même conduite.

Si elle n'a pas réuſſi au Châtelet ſur ſa demande, cela n'eſt pas étonnant. 1o. Les Sentences ont été toutes priſes par dé-faut & ſans défenſes ; cette réponſe ſeroit ſeule ſuffiſante. 2o. Quand elles auroient été contradiƈoires, elle auroit pu ne pas réuſſir, n'étant pas munie de Lettres de reſciſion pour re-venir contre ſon fait occaſionné par l'erreur dans laquelle elle avoit été entretenue juſques-là.

Mais aƈuellement qu'elle ſe trouve en la Cour munie de Lettres de Reſciſion du Prince, du 29 Décembre 1762, elle peut avec confiance employer avec ſes ſœurs & le ſieur Teſ-tard ſon Beau-Frere les mêmes moyens qui militent invinci-blement contre les Parties Adverſes, au moyen de ce qu'elle peut avancer ſans crainte d'être contredite, que juſqu'au mo-ment qu'elle s'eſt jointe à ſes Sœurs & à ſes Beaux-Freres, elle n'avoit abſolument aucune connoiſſance des moyens de ceux-

ci, dont ils ne lui avoient donné aucun genre de communi-
cation, puifqu'ils fe tenoient même en garde contr'elle, qu'elle
leur étoit fufpecte, qu'ils la regardoient comme féduite &
aveuglée par le faux Barré & fa femme ; de forte qu'elle n'avoit
ni vu ni entendu autre que le faux Barré qui la tenoit chez
lui dans la plus grande ignorance de fes droits ; au point
qu'elle n'a jamais fçu qu'il y ait eu une Sentence au Châtelet en 1753, qu'il y en ait eu appel par les Dames Taconnet & Briere (maintenant femme Teftard). Ainfi elle eft dans
le cas d'être relevée de tout ce qu'elle a fait en Actes d'appro-
bation du faux Barré, puifque le faux Barré lui-même agiffoit fous fon nom.

Monfieur GOISLARD, Rapporteur.

M^e. SERIEUX, Avocat.

PERDUCAT, Proc.

De l'Imprimerie de BUTARD, rue S. Jacques, à la Vérité.
Juillet 1763.

MÉMOIRE

SUR LE

COMMERCE DE LA BOUCHERIE

De Paris.

Une ordonnance royale a été rendue le 18 octobre 1829, sur l'organisation du commerce de la Boucherie de Paris.

Vainement cette ordonnance reproduisait-elle les dispositions de l'arrêté des Consuls, du 8 vendémiaire an XI et du décret impérial, de 1811, qui étaient de véritables dispositions législatives. Vainement était-elle précédée, dans la partie officielle du Moniteur, d'un rapport où sont déposés tous les documens et tous les faits recueillis à la suite d'une longue et scrupuleuse enquête de l'Autorité : elle a été, dès son apparition, l'objet des plus vives attaques ; elle a provoqué les réclamations et les critiques de la presse périodique, sans que cependant ces réclamations aient trouvé des approbateurs soit parmi les consommateurs, soit parmi les herbagers. Vivement préoccupés d'une organisation qui n'admettait point le principe de l'élection directe des Représentans du commerce, et qui réveillait ainsi le souvenir des anciennes corporations, certains esprits se sont récriés contre le rétablissement d'un Syndicat, sans examiner d'ailleurs, avec la maturité convenable, les principes et les faits qui avaient servi de base à cette organisation depuis long-temps avouée par l'expérience et en parfaite harmonie avec le quintuple intérêt de la production, de l'agriculture, de l'approvisionnement, de la consommation et de la salubrité publique.

Aujourd'hui même elle ne reçoit qu'une exécution très-imparfaite, malgré l'évidence du mal qui en résulte, sous le vain prétexte que les lois actuelles posent en principe la liberté d'industrie, et que cette ordonnance prescrit des dispositions qui ne sont pas conformes à l'esprit de ces lois.

1

On va mettre au grand jour les circonstances diverses qui font du commerce de la Boucherie, surtout à Paris, un commerce tout différent des autres, et les considérations majeures qui motivent à son égard un régime exceptionnel.

Ces observations embrassant un grand nombre de questions, seront divisées par titres, qui seront subdivisés eux-mêmes en autant de chapitres que le comporte la matière.

Ces titres, au nombre de cinq, traiteront :

1° De l'historique de la Boucherie de Paris avant et depuis 1789, jusqu'à l'époque de la publication de l'ordonnance dont il s'agit.

2° Des considérations graves sur lesquelles repose cette ordonnance.

3° De sa légalité.

4° Des résultats nuisibles aux intérêts généraux que produit son inexécution.

5° Enfin, et ce qui formera le résumé, de la nécessité de déterminer d'une manière fixe la position du commerce de la Boucherie, et de concilier définitivement et avec justice les intérêts privés et les intérêts publics.

TITRE PREMIER.

Historique de la Boucherie de Paris.

PREMIER CHAPITRE.

Avant 1789.

Avant la révolution de 1789, il n'existait à Paris que 230 Bouchers. La boucherie de l'extérieur ne venait point y vendre deux jours la semaine comme aujourd'hui.

Quels étaient les résultats de cette limitation ?

Avec 230 Bouchers et 600 mille habitans, il se consommait annuellement, d'après Lavoisier, 63 millions de livres de viande de boucherie.

Aujourd'hui avec 5oo Bouchers et 9io mille Habitans, recensement de 1836, la consommation n'est que de 81 à 82 millions de livres, tandis qu'elle devrait être, toute proportion gardée, de 95 à 96 millions.

Ainsi, avec 270 Bouchers de plus, il existe, comparativement à 1789, un déficit de 14 millions de livres, tandis qu'il devrait y avoir une augmentation notable d'après l'usage de cette denrée devenu beaucoup plus commun qu'autrefois.

Pourquoi ce déficit dans la consommation ? Parce que le Boucher débitait autrefois, *terme moyen*, 5,000 à 5,5oo livres de viande par semaine, qui réduisaient ses frais de manutention à un taux bien moindre, tandis qu'il ne débite aujourd'hui que 2,5oo livres, environ, pour supporter ces mêmes frais.

Avant 1789, le prix de la basse viande était de 6 sous : aujourd'hui, il est de 9 sous.

Les viandes élitées se vendaient 12 à 13 sous : aujourd'hui, 14.

Ainsi, avec 270 Bouchers de plus, la classe ouvrière et indigente, qui consomme les basses viandes, provenant du même animal que les viandes élitées, paye 3 sous de plus par livre qu'autrefois, et la classe aisée, un *sou seulement*, parce que le prix de ces viandes élitées que consomme cette dernière classe ne pouvant subir une plus grande augmentation, *toute surcharge qui survient* pèse nécessairement presque en entier sur celui des basses viandes, au préjudice du consommateur qui possède le moins de ressources.

Le poids *moyen* des bœufs dépassait celui d'aujourd'hui de 200 livres de viande et de 5o livres de suif au moins, par tête, parce que la solvabilité des Bouchers, résultante de leur grand débit, qui n'était lui-même que la conséquence de leur limitation en harmonie avec les besoins de la consommation, procurait à l'agriculture les plus grands encouragemens.

Le consommateur, tout en payant moins cher, était beaucoup mieux servi, et trouvait généralement dans les viandes qui lui étaient offertes, un usage plus profitable, une substance plus saine et plus nutritive qu'il ne l'obtient aujourd'hui en raison de la dégénération des espèces.

Enfin la consommation des bœufs n'allait point en décroissant comme de nos jours, pour faire place à la consommation des vaches, qui augmente dans une progression effrayante, au grave préjudice de la reproduction, et qui amène d'année en année la dépopulation du gros bétail en France.

Si comparaison est raison, rien de plus concluant, sans doute, que de semblables faits, en faveur d'une organisation en harmonie avec les besoins de la consommation.

DEUXIÈME CHAPITRE.

Depuis 1789.

La révolution est venue : tous les priviléges ayant été abolis par la loi de
1791, l'organisation de la Boucherie a dû disparaître également. C'était une
époque d'effervescence où tout précédent était condamné, où l'on voulait un
nouvel ordre de choses : toute exception, quelle que soit sa nature, était donc
interdite ; et si l'intérêt général en réclamait quelqu'une, c'était du temps seul
et de l'expérience qu'il fallait attendre cette conviction. Telle a été pourtant
la force majeure des choses, que *cinq ans tout au plus* après la désorganisation
de la Boucherie prononcée par la loi de 1791, l'Autorité a été obligée d'intervenir dans la gestion de ce commerce.

Ainsi a paru le réglement du Bureau Central du 24 floréal an IV, approuvé
par l'Administration départementale, qui prescrivait des mesures propres à
faire cesser, disait-il, *les désordres qui s'étaient introduits dans le commerce de la
Boucherie, et qui finiraient par en opérer la ruine.*

Certes, pour que ce réglement intervînt à une époque où les lois accordaient
la plus grande liberté, il fallait que les désordres fussent graves et que les intérêts généraux en souffrissent considérablement ; car si la boucherie eût dû
souffrir seule de cet état de choses, on n'aurait certainement point interverti,
pour l'intérêt seul de la Boucherie, un principe qui existait dans toute sa vigueur.

Ce réglement de l'an IV fut même immédiatement suivi d'un arrêté du 3
thermidor an V, qui avait pour but de réprimer les abus qui se commettaient
au préjudice de la salubrité publique ; il y était dit que « des particuliers qui
» n'avaient aucune connaissance de la Boucherie, exposaient journellement
» en vente des viandes insalubres, qui compromettaient la santé des citoyens,
» et que la déperdition des viandes exposées en vente pouvait être évaluée à
» un quart. »

Mais il reste démontré que les mesures adoptées par le réglement de l'an
IV, et par l'arrêté du 3 thermidor an V, ne suffisaient pas pour réprimer les
désordres, puisque le 9 germinal an VIII, intervint une ordonnance *qui ne
permit l'exercice du commerce de la Boucherie que dans des établissemens propres*

à cet usage, et spécialement autorisés par le Préfet de Police. Il fallait aussi être commissionné par ce Magistrat pour se livrer à ce commerce.

Les considérans de cette ordonnance sont trop importans pour les passer sous silence.

« Considérant qu'au mépris des réglemens, il s'est établi sur les divers points
» de cette commune des détaillans de viande de toute espèce ; qu'il arrive
» journellement qu'on en colporte dans les rues ; que la plupart du temps
» cette viande provient d'animaux morts naturellement ou n'ayant pas l'âge
» requis pour entrer dans la consommation, ou de vaches et de brebis pleines
» ou propres à la propagation, ou de porcs ladres ; que les détaillans de viande
» étant ainsi disséminés, trouvent plus de facilité pour se soustraire à l'action
» de la police, et qu'il en résulte que, sous le prétexte du bas prix, le public
» est souvent trompé et sur la qualité et sur le poids des viandes ;

» Considérant que si l'intérêt général exige impérieusement qu'il soit pris
» des mesures efficaces pour empêcher la dépopulation des différentes espèces
» de bestiaux, ainsi que pour ménager et mettre à profit toutes les res-
» sources qu'ils peuvent fournir, il n'est pas moins instant pour la santé des
» consommateurs, et surtout dans les circonstances actuelles, où des mala-
» dies épidémiques se sont manifestées dans plusieurs cantons de la Républi-
» que, de faire cesser les désordres funestes qui se sont introduits dans
» l'abattage des bestiaux, et les pertes qui résultent de la putréfaction des
» viandes, dans le temps des grandes chaleurs, d'autant que ces inconvéniens
» graves ont excité des plaintes universelles ; que le plus sûr moyen d'obtenir
» un résultat aussi salutaire, est de soumettre la vente de la viande à une
» surveillance active et rigoureuse ;

» Considérant que si l'exercice d'une industrie légale mérite une protection
» spéciale, les fraudes, la mauvaise foi et les abus de tous genres ne peuvent
» être trop sévérement proscrits et réprimés ;

» Ordonne, etc. »

Les obligations imposées par l'ordonnance du 9 germinal an VIII, sont déjà une preuve évidente que le commerce de la Boucherie ne peut être rangé dans la cathégorie des autres commerces, et qu'il doit être nécessairement régi par des lois exceptionnelles ; car dans les commerces ordinaires il suffit d'une patente pour s'établir, sans autres obligations quelconques.

Mais toutes ces dispositions, qui n'avaient pour résultat que de garantir autant que possible la salubrité publique, ne prescrivaient rien de ce qui était nécessaire pour assurer au marchand de bestiaux le payement de ses ventes, encourager l'agriculture et stimuler les approvisionnemens. Le trop grand nombre de Bouchers qui se remplaçaient successivement, faute de pouvoir tenir, l'insuffisance de leur débit beaucoup trop borné, la valeur pour ainsi dire nulle de leurs établissemens, tout constituait une insolvabilité qui faisait éprouver des pertes considérables à l'agriculture, provoquait la dégénération de l'espèce, en la forçant d'approprier ses produits à la détresse pécuniaire du commerce ; nuisait ainsi à la production des belles qualités, ne déterminait les approvisionnemens que par la nécessité d'écouler les produits, *sans les attirer naturellement par l'espoir de bonnes affaires*, et contribuait ainsi à l'élévation du prix de la viande, tout en ne procurant encore à la consommation qu'une denrée bien inférieure en qualité.

Certes, de telles considérations ne pouvaient être négligées plus long-temps, et les intérêts généraux réclamaient vivement des mesures qui les sortissent de l'état de souffrance grave où ils étaient.

Un arrêté des Consuls du 8 vendémiaire an XI, imposa donc un cautionnement aux individus qui voulaient exercer la profession de Boucher, soumit leur admission à l'autorisation du Préfet de Police, et institua un Syndicat, pour donner son avis sur les mesures à prendre dans la vue de concilier les intérêts généraux et les intérêts privés, et de surveiller la Caisse des cautionnemens, qui devaient garantir aux marchands de bestiaux le payement de leurs ventes.

Le Boucher qui n'aurait *pu fournir son cautionnement* dans le délai prescrit par l'arrêté, ne pouvait point continuer l'exercice de sa profession : tant il est vrai qu'on avait reconnu l'indispensable nécessité que l'obligation du cautionnement fût de rigueur.

Mais 5oo Bouchers se présentèrent, et furent admis. Les besoins de la consommation n'en comportait point un si grand nombre ; aussi l'état de choses qui avait précédé l'arrêté du 8 vendémiaire an XI, se reproduisit pour ainsi dire avec les mêmes conséquences, parce que c'était toujours même insuffisance de débit, même dépréciation des étaux, même insolvabilité ; que les cautionnemens qui n'étaient que de 1ooo, 2ooo et 3ooo francs, étaient beaucoup trop faibles pour constituer par eux-mêmes les garanties nécessaires ; que les fonds avancés par la Caisse des cautionnemens étaient remis aux Bouchers eux-mêmes pour payer leurs marchands, mais que souvent ils donnaient une toute autre destination à ces fonds, d'où il résultait des crédits toujours onéreux, qui souvent se convertissaient en faillite au préjudice de l'agriculture ; enfin, parce qu'il manquait la mesure importante, la seule et unique qui pouvait établir un parfait équilibre dans les rapports des intérêts généraux avec ceux du commerce, celle qui devait être le complément de l'arrêté du 8 vendémiaire an XI, et que toute autre mesure quelle qu'elle fût, ne pouvait remplacer : *la mise en harmonie du nombre des Bouchers avec les besoins de la consommation, c'est-à-dire une limitation* qui, accroissant leur débit et donnant une certaine valeur à leurs étaux, constituât à elle seule la véritable solvabilité du commerce.

Le Gouvernement, comprenant cette lacune importante qui existait dans toutes les précédentes dispositions, rendit son décret du 6 février 1811, qui limitant le nombre des Bouchers à 300, eut pour résultats inévitables de diminuer au profit de la consommation les charges qui pesaient sur la denrée, en augmentant sensiblement le débit de chacun d'eux ; de faire descendre au prix de 30 cent. la livre, le prix des basses viandes que la classe ouvrière et moins aisée paye aujourd'hui 45 et 50 cent. ; de donner le moyen de créer une Caisse, celle de Poissy, qui, trouvant dans la solvabilité du Boucher, conséquence naturelle de la limitation, les garanties nécessaires, fût chargée de payer elle-même comptant aux herbagers, chaque marché, le montant intégral de leurs ventes ; de stimuler par cela même les approvisionnemens et de les rendre plus abondans; d'encourager l'agriculture en mettant un terme à la dépréciation des bestiaux de belle qualité ; enfin de garantir la santé des citoyens en substituant partout de bonnes viandes à celles de chétive qualité, souvent même insalubres, que le désordre, la pénurie du commerce, le dépérissement de la production et l'insuffisance du débit du Boucher avait introduites dans la consommation.

Aussi peut-on affirmer, sans crainte d'être démenti, qu'il n'y eut jamais d'époque depuis 1789, où les intérêts généraux furent dans une situation plus prospère, malgré les invasions ennemies et les ravages qui les accompagnent, que pendant les onze à douze années qui suivirent le décret de 1811. Ce décret était la reproduction du système de 1789, approprié aux besoins de la consommation d'alors ; c'étaient *les mêmes résultats avantageux*, favorables sous tous les rapports, tandis que ceux produits par la désorganisation dans l'intervalle de 1789 à 1811 avaient été constamment en sens tout-à-fait inverse, ainsi qu'il a été démontré précédemment.

Le caprice ou l'erreur sont venus renverser un système qui conciliait parfaitement les intérêts généraux et ceux du commerce. Une ordonnance royale parut le 12 janvier 1825, qui prononça l'illimitation du nombre des Bouchers. On verra dans le titre III que cette ordonnance n'avait point le droit d'abolir les dispositions d'un décret qui avait été confirmé par l'article 68 de la charte de 1814.

Quoiqu'il en soit, cette ordonnance n'a pas été plus tôt mise en vigueur que les marchands de bestiaux qui l'avaient sollicitée, dans l'espoir d'accroître la concurrence des Bouchers sur les marchés, présentèrent à l'Autorité un mémoire tendant à ce qu'elle fût modifiée, vu que l'augmentation de leur nombre restreignait considérablement leur débit, *produisait un effet tout-à-fait contraire à celui qu'ils avaient attendu*, et par *cela même était destructive de leurs intérêts*, plutôt qu'elle ne les servait.

C'est ainsi qu'une baisse survenue dans le prix des bestiaux, qui profitait d'ailleurs à la consommation, imputée faussement à une organisation dont tous les élémens tendaient au bien-être général, provoqua, sans motif plausible, sans utilité aucune, et pour l'unique plaisir d'innover, une ordonnance qui ne devait avoir d'autre résultat que de substituer le mal au bien, ainsi que l'expérience l'a prouvé.

Pour s'en convaincre, il suffit de lire le rapport qui précède l'ordonnance du 18 octobre 1829, et ses considérans en ce qui touche l'ordonnance de 1825.

En résumé, dit le rapport, après avoir signalé les fâcheux résultats de l'ordonnance de 1825 :

« De quelque manière que l'on considère le système adopté par cette or-
» donnance, on est forcé de reconnaître qu'il a trompé toutes les espérances
» de l'Administration ; qu'il a jeté une funeste perturbation dans le commerce
» de la Boucherie de Paris ; qu'il y a créé une sorte de monopole, au lieu d'y
» introduire une plus grande concurrence ; qu'il a nui à l'engrais, produit la
» dégénération de l'espèce, porté préjudice aux herbagers et suscité leurs
» plaintes en même temps que celle des Bouchers ; qu'il a dénaturé l'approvi-
» sionnement de la Capitale, enlevé à la classe aisée la faculté de se procurer
» la même viande qu'autrefois, et que la classe ouvrière et indigente a payé
» beaucoup plus cher une nourriture moins saine ; enfin que les bœufs amenés
» sur les marchés publics, diminuent progressivement en nombre et en poids.

Et plus bas, dans l'ordonnance de 1829 :

« Considérant que l'ordonnance du 12 janvier 1825 avait eu pour objet
» d'encourager la production et l'engrais des bestiaux, et en même temps de
» réduire à un taux très-modéré le prix de la viande dans la ville de Paris ;
» mais qu'au lieu d'amener ce double résultat, elle a produit des effets contraires,
» ainsi que le démontrent les faits recueillis et constatés pendant les cinq der-
» nières années.

« Voulant faire cesser un état de choses qui tend à affecter d'une manière
« grave les sources de la reproduction des bestiaux, à compromettre la sûreté
« de l'approvisionnement de Paris et à détruire les garanties de la qualité des
« viandes livrées à la consommation, etc. »

Indépendamment de ces fâcheux résultats pour les intérêts généraux, cette
ordonnance de 1825 a porté atteinte à des droits acquis, en permettant à de
nouveaux Bouchers de rouvrir à leur profit, et sans indemnité préalable, les
étaux fermés avec les fonds des anciens, d'après les ordres du Gouvernement.

Enfin, cette même ordonnance de 1825, en prononçant l'illimitation du
nombre de Bouchers, laissa peser sur eux les mêmes obligations, les mêmes
conditions onéreuses qu'ils supportaient sous le régime de la limitation, et
qui du moins, sous ce régime, étaient compensées par l'avantage d'un plus grand
débit, telles que *l'autorisation préalable, la nécessité d'un cautionnement,
l'obligation d'acheter sur les marchés de Sceaux et de Poissy, celle de verser leurs
fonds dans les mains de la Caisse de Poissy, pour payer leurs vendeurs,* et autres
mesures évidemment inconciliables avec la liberté d'industrie : elle laissa subsister ces mêmes obligations comme garantie des intérêts généraux, parce que
l'absence de ces dispositions aurait renouvelé avec la même intensité tous les
désordres de 1789 à 1811; mais en invoquant *le droit commun* en ce qui blessait
les intérêts du commerce, devait-elle le répudier en ce qui pouvait les servir?

Non, une telle mesure était illégale, était injuste ; car l'organisation
détruite, toutes les obligations dont elle était la compensation, devaient
tomber avec elle.

Le système adopté par l'ordonnance de 1825, ne pouvait donc tenir
contre l'évidence et la gravité du mal qui en résultait.

Aussi, le Gouvernement, après un examen approfondi de la question de
limitation des Bouchers, reconnut la nécessité de revenir au principe posé
par le décret de 1811. Il rendit son ordonnance du 18 octobre 1829, qui
limita à 400 le nombre des Bouchers de Paris. Certes, à cette époque, le
Gouvernement n'était point porté à traiter avec défaveur les intérêts de la
grande propriété ; et s'il s'est déterminé à rapporter l'ordonnance de 1825,
c'est qu'il a jugé avec parfaite connaissance de cause qu'elle était subversive
de l'ordre et du bien-être des intérêts généraux.

C'est cette ordonnance de 1829 qui est l'objet du présent Mémoire.
Exécutée dans tout son entier jusqu'au moment de la révolution de 1830,
elle a cessé de l'être dans ses principales dispositions, sous prétexte qu'elle
était incompatible avec l'esprit de la charte.

On va développer le plus succinctement possible les circonstances diverses qui, après avoir graduellement déterminé le réglement du 24 floréal an IV, l'arrêté du 3 thermidor an V, l'ordonnance du 9 germinal an VIII, ont fait adopter en définitive l'arrêté des Consuls du 8 vendémiaire an XI, le décret impérial de 1811, enfin l'ordonnance de 1829, reproduite de ces arrêtés et décret.

TITRE DEUXIÈME.

Des considérations graves sur lesquelles repose l'ordonnance royale du 18 octobre 1829.

PREMIER CHAPITRE.

Position particulière de Paris.

On cite souvent, pour combattre l'organisation de la Boucherie à Paris, la ville de Londres, où le nombre des Bouchers est, dit-on, illimité. Mais il faut considérer que les Bouchers de cette ville peuvent aller acheter des bandes de bestiaux dans les provinces les plus éloignées, en raison de ce qu'ils sont à même de les amener et de les nourrir dans les nombreux pâturages qui existent aux portes de la ville; ils peuvent y entretenir un approvisionnement permanent susceptible de répondre au fur et à mesure de la consommation, soit aux besoins de leurs étaux, soit à ceux de leurs confrères qui n'ont pas les ressources suffisantes pour être tout ensemble bouchers et nourrisseurs. Ainsi Londres possède continuellement à ses portes-mêmes de quoi satisfaire à tout instant du jour aux exigences de sa consommation en bestiaux.

Il n'en est pas de même de Paris. Ses environs n'offrent aux Bouchers aucune des facilités que nécessite l'opération dont il s'agit; il faut des marchés où l'on puisse encourager l'arrivage des bestiaux nécessaires pour l'approvisionnement de la semaine, on pourrait même dire pour l'approvisionnement de trois jours seulement, afin d'éviter le dépérissement qui aurait lieu si l'abattage n'était point immédiat. Si cet arrivage est abandonné au hasard et s'il n'est point stimulé par des dispositions sagement combinées, l'approvisionnement peut être trop restreint, et la consommation en subit la fâcheuse conséquence jusqu'à ce qu'un autre marché soit mieux approvisionné ; et cependant, il ne faut pas que l'approvisionnement dépasse les besoins de la semaine, et même de trois jours, car l'excédant ne serait point vendu, vu que faute de localités où les Bouchers puissent les entretenir et les nourrir, ils ne peuvent acheter au-delà du nécessaire, ni spéculer en aucune manière sur cet objet.

Cette position toute particulière de la ville de Paris, explique comment la liberté du commerce de la Boucherie tant à l'étranger que dans les principales villes de France, ne peut être applicable à la capitale. Ces principales villes sont environnées de fermes, de métairies, et la proximité des herbages y procure sans cesse une grande affluence de bestiaux. Aussi, point de nécessité de dispositions aucunes pour assurer et faciliter les approvisionnemens. Paris au contraire, séparé de 50, 100, 150 lieues des pays producteurs ; Paris, qui ne produit rien et qui ne peut même entretenir, qui consomme quatre et cinq fois plus qu'aucune ville, réclame impérieusement une bonne organisation de son commerce de la Boucherie, pour que sa consommation en bestiaux soit toujours assurée le plus abondamment possible.

DEUXIÈME CHAPITRE.

Garanties des approvisionnemens, fondée sur l'organisation du commerce.

Ainsi qu'on l'a dit plus haut, la position de Paris, qui est toute exceptionnelle, nécessite deux marchés d'approvisionnement, le lundi et le jeudi.

Ces deux marchés ne peuvent être bien approvisionnés qu'autant que l'herbager, en y amenant ses bestiaux, ne sera point exposé à des crédits souvent aventurés, toujours onéreux, à des pertes résultant de non payemens et de mauvaises affaires des Bouchers; en un mot qu'autant que l'herbager, qui ne connaît point la solvabilité des acheteurs, est certain de recevoir immédiatement et d'emporter avec lui le prix intégral de ses ventes. C'est ce payement comptant, affranchi de toute démarche, de tout soin, de toute inquiétude, qui peut seul l'encourager à amener ses bestiaux de 5o, 1oo et 15o lieues.

Ce payement comptant ne peut avoir lieu par le fait direct du Boucher; car quels que seraient ses moyens pécuniaires, quelque facilités qu'il aurait à se procurer les fonds nécessaires, à telle banque que ce soit, si ce payement comptant est abandonné à sa volonté seule, s'il n'est point obligatoire, s'il n'existe point une disposition quelconque qui en assure l'exécution immédiate et positive, plus de certitude de payement comptant, et dès-lors plus de garantie, plus d'encouragement pour l'approvisionneur.

Il faut donc une caisse quelconque, une caisse administrative, chargée d'effectuer ce payement comptant, une caisse où l'herbager puisse se présenter, sans autre formalité, pour toucher le prix intégral de ses ventes, et où le Boucher soit tenu de verser à cet effet les fonds nécessaires, si son crédit est épuisé.

Mais cette caisse elle-même ne peut exister si le Boucher n'est pas solvable; car il faut toujours un gage quelconque au prêteur; et si le Boucher ne fait point assez d'affaires, si son étal ne présente point de valeur, si un cautionnement triple au moins du cautionnement actuel n'est point déposé, ce qui ne serait encore qu'un gage illusoire, s'il a trop peu de débit pour le remplacer ou le compléter au fur et à mesure des crédits qu'on lui fait, la caisse ne peut ni lui avancer, ni payer pour lui.

Il résulte donc de ce fait que la garantie et la bonification de l'approvisionnement reposent, non pas sur l'établissement d'une caisse quelconque, qui ne peut rien par elle-même, mais sur le payement comptant, obligatoire, immédiat et assuré par les mains d'une caisse administrative, lequel payement comptant ne repose et ne peut reposer à son tour que sur la solvabilité des Bouchers; et pour que cette solvabilité existe, il est évidemment nécessaire que leur nombre soit en harmonie avec les besoins de la consommation; ce qui constitue la limitation, seule bonne organisation, seule susceptible de profiter à tous les intérêts ainsi que l'ont prouvé les résultats du décret de 1811, et telle enfin que l'a rétablie l'ordonnance de 1829, reproduite de ce décret.

TROISIÈME CHAPITRE.

Solvabilité des Bouchers, fondée sur la limitation de leur nombre.

On a démontré dans le précédent chapitre que l'approvisionnement ne peut être assuré et bonifié qu'autant que le Boucher sera solvable.

Comment peut s'établir cette solvabilité ?

C'est en combinant le débit du Boucher par rapport aux besoins de la consommation , de telle manière que ce débit soit assez considérable pour qu'il puisse remplir les obligations qui lui sont imposées ; et comme la nature du commerce de la Boucherie est toute spéciale par rapport aux graves intérêts qui s'y rattachent , cette combinaison, qui ne peut être d'obligation à l'égard des autres commerces , le devient positivement à l'égard de celui de la Boucherie.

Le décret impérial de 1811 l'avait bien compris, et l'expérience en démontre de plus en plus la nécessité , car *l'inexécution* de l'ordonnance de 1829 reproduit les fâcheux résultats qui ont suivi l'ordonnance de 1825, et qu'elle était appelée à réparer.

En effet, *sans débit suffisant*, point de concurrence d'acheteurs sur les marchés d'approvisionnement , parce que le Boucher qui ne débite *qu'un* bœuf ou *deux* par semaine , ne va pas s'absenter de sa maison et se rendre à Sceaux ou à Poissy pour une si faible acquisition : ce qui lui serait avantageux s'il débitait 4 à 5 bœufs, lui devient onéreux n'en débitant que le quart ou la moitié. Il en résulte donc que les marchés ne sont plus fréquentés que par un très-petit nombre de Bouchers qui alimentent tous les autres. L'importance de leurs acquisitions , leur situation pécuniaire et surtout le défaut de concurrence , arrachent en leur faveur des concessions aux herbagers dont les intérêts se trouvent ainsi gravement compromis.

Ce fait est prouvé par le rapport de la Commission des pétitions fait le 13 mai 1826, à la Chambre des Députés ; après avoir signalé les effets désastreux de

l'ordonnance de 1825, qui s'étaient déjà fait sentir. « Il serait peut-être avan-
» tageux, disait le rapport, que les Bouchers fussent obligés ou au moins
» trouvassent un grand intérêt à aller eux-mêmes sur les marchés, où la
» concurrence s'établirait au profit de l'agriculture ; mais il faudrait alors que
» leur nombre fût tel que leurs achats pussent être faits par eux sans trop de
» dommage. »

Ainsi, une année seule, 1825 à 1826, avait suffi pour convaincre les herbagers
que cette ordonnance avait restreint la concurrence au lieu de l'augmenter,
et cependant, il s'était établi 100 nouveaux Bouchers dans le courant de l'année.
Tant il est vrai que dans le commerce de la Boucherie, rien ne touche de plus
près au véritable monopole que l'illimitation, qui ruine la masse des Bouchers,
et finit par livrer l'approvisionnement de la capitale entre les mains d'un petit
nombre, au détriment de l'agriculture et de la consommation.

Sans débit suffisant, pénurie extrême du commerce, et force au Boucher de
s'approvisionner de bestiaux de qualité inférieure, pour soutenir la concurrence.
De-là dépréciation naturelle des bœufs de qualité, et découragement de
l'agriculture : abattage des vaches et brebis pleines ou propres à la propagation,
par l'obligation de proportionner le prix de ses achats à sa gêne pécuniaire,
par conséquent, dépopulation des différentes espèces de bestiaux : imperfec-
tionnement des engrais par la dépréciation des bœufs de qualité, par
conséquent dégénération des espèces et obligation de remplacer par un plus
grand nombre de têtes le déficit qui existe dans le poids ; de-là, anticipation
sur la production, qui détermine les surenchérissemens et porte les plus
graves atteintes à l'économie rurale.

C'est encore un fait attesté par le rapport qui précède l'ordonnance
de 1829, que sous l'empire de l'ordonnance de 1825, le poids des bœufs a
diminué, voire même leur consommation, tandis que celle des vaches, ce
bétail si essentiel à la reproduction, n'a fait que s'accroître d'une manière
inquiétante pour l'agriculture.

Sans débit suffisant, les étaux mal approvisionnés, n'offrant aucun choix au
public, viandes avariées et malsaines, ne pouvant être renouvelées aussi
souvent qu'il le faudrait, souvent perdues faute d'être débitées en temps
utile ; et un fait digne surtout de l'attention de l'Autorité, c'est que le prix
des morceaux de choix ne pouvant subir d'augmentation à cause de la grande
disproportion qui existe déjà entre leur prix et celui des morceaux inférieurs,
le Boucher, au fur et à mesure de la diminution de son débit, est obligé de
faire peser l'augmentation nécessaire, pour couvrir ses frais, sur le prix de la

basse viande, au grave préjudice de la classe ouvrière et moins aisée, qui la consomme ; c'est ce qui est arrivé par suite de l'ordonnance de 1825, et ce qui a lieu aujourd'hui par le fait de l'inexécution de l'ordonnance de 1829; sous le régime du décret de 1811, ce prix était descendu à six sous la livre. Depuis 1825, il s'est élevé successivement à huit et neuf sous, et telle est la nature de ce commerce, que cette funeste augmentation, d'ailleurs inévitable, porte nécessairement sur la classe qui a moins de ressources; aussi la consommation s'est-elle ralentie au lieu de s'étendre. C'est un fait consigné dans le rapport officiel qui précède l'ordonnance de 1829, et confirmé par l'expérience de nos jours.

Il est donc de toute importance que le Boucher jouisse d'un débit assez considérable pour satisfaire à toutes les exigences de l'approvisionnement, de l'agriculture et de la consommation. Ce débit ne consiste que dans une répartition de la consommation entre un nombre raisonnable et déterminé de Bouchers, ce qui conduit naturellement à la limitation de leur nombre, prescrite par l'ordonnance de 1829, à 400, eu égard au chiffre actuel de la consommation, limitation qui leur donnerait *un médium* de commerce de 4000 à 4500 livres de viande par semaine, si l'ordonnance était exécutée ; tandis que *le médium actuel* n'est tout au plus que de 2500, tout-à-fait insuffisant comparativement à leurs charges aussi considérables sur ce faible débit que sur un qui serait moitié plus étendu.

QUATRIÈME CHAPITRE.

Limitation du nombre des Bouchers, fondée sur la nature du commerce de la Boucherie.

La limitation du nombre des Bouchers n'est pas seulement une compensation équitable des charges énormes qu'ils ont à supporter et des nombreuses obligations qui leur sont imposées dans la vue de satisfaire aux exigences de l'agriculture et à celles de l'approvisionnement, dans l'intérêt d'une population immense, la limitation est encore une conséquence forcée de la nature du commerce de la Boucherie.

La production des bestiaux en état d'être livrés à la consommation est l'œuvre de six à huit années. Il n'en est point de cela comme des objets dont la fabrication dépend de la volonté de l'homme, et que l'on reproduit suivant les besoins. S'ils sont dépassés par une trop grande fabrication, ces objets sont de garde et peuvent se conserver jusqu'au moment de leur écoulement ; quelque chose qui arrive, ils trouvent tôt ou tard leur emploi ; s'il y a surabondance, la société en profite : s'il y a rareté, elle disparait du jour au lendemain, par la facilité et le pouvoir de reproduire.

Il n'en est point de même de la viande de boucherie, inutile de dire que si elle est susceptible de se conserver à quelques époques pendant deux à trois jours, il en est beaucoup d'autres où vingt-quatre heures suffisent pour la corrompre, et quelquefois même douze à quinze heures.

Si le débit est donc réparti entre un nombre trop considérable de Bouchers, le placement de cette denrée, dont ils sont obligés de s'approvisionner en assez grande quantité pour offrir du choix au public, et se *former un achalandage en rapport avec leurs charges*, ne peut avoir lieu en temps utile, parce que telles concessions ruineuses qu'ils seraient même tentés de faire pour la vendre afin d'en éviter la perte, ils ne peuvent forcer la consommation : il en résulte par conséquent *déperdition de cette denrée.*

La production, déjà sujette par elle-même à des altérations plus ou moins considérables, ne s'opère ensuite qu'avec le temps, si au *lieu de consommer, on perd*, il est évident que les remplacemens successifs et forcés qui sont la conséquence de ces déperditions de viandes, *ruinent ses ressources, amènent la rareté et déterminent les surenchérissemens;* résultats qui ont eu lieu à la suite de la révolution de 1789, et même sous le régime de l'ordonnance de 1825.

Dans les professions ordinaires, l'approvisionnement est toujours assuré, parce que l'on peut *emmaganiser* et produire à volonté. Dans le commerce de la Boucherie, qui ne produit rien, qui est obligé de tirer les matières premières qu'il débite de 50, 100 et 150 lieues, qui ne peut acheter au-delà des quantités nécessaires pour l'approvisionnement *de trois jours*, vu que les bestiaux *non abattus* dépériraient faute de pâturages, et que la viande, si on les abattait, tomberait en corruption, qui ne peut se remplacer qu'autant que l'approvisionnement a lieu, il est *de la dernière urgence qu'il offre aux approvisionneurs toute la sécurité possible* pour les engager à amener leurs produits.

Quelque soit la cherté des bestiaux, quelque perte qu'il éprouve dans son débit par suite de cette cherté, ainsi qu'il arrive pendant des mois entiers, il faut que le Boucher garnisse son étal de viandes, à peine de le voir fermer pendant six mois : disposition établie dans le but de forcer le Boucher à s'approvisionner dans les temps de cherté comme dans ceux d'abondance, et d'empêcher ainsi que, pour se soustraire aux pertes qu'il doit encourir, il ne restreigne la concurrence au grave préjudice du consommateur, aux époques même où elle est le plus nécessaire.

C'est dans ce même but que le Boucher ne peut abandonner son étal avant d'en avoir fait sa déclaration à l'Autorité, ni retirer son cautionnement qu'après en avoir obtenu l'autorisation. Dans quel état un commerçant ne peut-il cesser son commerce, surtout lorsqu'il est ruineux pour lui, sans démarche, sans formalité aucune ?

C'est encore dans ce but qu'il est interdit au Boucher d'exploiter plus d'un étal, et qu'il lui est enjoint de l'exploiter par lui-même. Autrement, l'approvisionnement d'un quartier pourrait se trouver renfermé dans les mains de deux ou trois Bouchers riches, qui le régleraient à leur gré, et deviendraient les maîtres d'imposer au consommateur des conditions qui ne seraient plus en rapport avec le cours des marchés.

Dans les commerces ordinaires, que des produits de mauvaise qualité tels que draps, étoffes ou tous autres objets qui se fabriquent, soient offerts et livrés à la consommation, c'est à l'acheteur à les reconnaître et à en supporter la conséquence, s'il est trompé ; son intérêt, il est vrai, en souffre, mais non *pas sa santé ;* ici la salubrité publique exige que la gestion du Boucher, abandonnée à elle-même à la suite de 1789, soit soumise à une surveillance spéciale et aux conditions particulières qui en dérivent.

Le Boucher ne peut acheter ses bestiaux partout où il lui plairait : il faut qu'il s'approvisionne *sur des marchés autorisés et désignés, et point ailleurs,* quelque défavorables que puissent être pour lui les conséquences de cette obligation ; mais elle est imposé dans la vue de centraliser la vente des bestiaux afin d'en faire diminuer le cours par leur affluence sur un même point, dans l'intérêt de la consommation, comme aussi dans la vue de les soumettre à un examen de leur bonne ou mauvaise qualité, afin de ne point compromettre la salubrité publique.

Il ne peut abattre ses bestiaux que dans des *établissemens qui lui sont imposés,* et à des prix deux fois plus élevés que ceux qu'il payerait s'il lui était permis d'abattre dans telle localité qu'il lui conviendrait. Indépendamment de ces plus hauts prix, il y est gêné dans ses travaux, exposé à des pertes qu'il ne supporterait point ailleurs, et forcé à une augmentation dans ses frais de manutention , par le grand éloignement de ces établissemens ; mais la sûreté publique est intéressée, dit-on, au maintien de cette mesure.

Quoique patenté, quoique possesseur d'un établissement de commerce , quoique propriétaire d'un cautionnement par lui déposé , le Boucher, après avoir acheté ses bestiaux, avoir traité de leur prix avec l'herbager, ne peut payer *lui-même son vendeur ;* il est obligé de faire connaitre ses transactions à une Caisse, la Caisse de Poissy, de lui déclarer ses achats et leur prix, de lui verser les fonds nécessaires, pour qu'elle-même à son tour libère le Boucher vis-à-vis de son vendeur. Cette mesure qui n'existe dans aucun autre commerce, où tout acheteur se libère lui-même directement, est imposée dans le but d'assurer et de stimuler les approvisionnemens , en garantissant aux approvisionneurs un payement comptant, immédiat, en espèces, *qui autrement pourrait être éludé.*

Tout acquéreur est libre de vendre et de tirer de sa marchandise le meilleur parti possible. Ici le Boucher ne le peut point ; les issues blanches et rouges qui font partie des bestiaux par lui achetés, il ne peut les débiter lui-même, ni les faire entrer dans ses viandes de débit, parce que ces issues étant d'un service bien inférieur à celui des viandes, seraient payées le même prix par le consommateur, tout en lui profitant beaucoup moins ; il faut que le Boucher en traite bon gré malgré avec les tripiers.

Il ne peut point s'établir dans un local qui lui conviendrait sous le rapport *de la modicité du prix,* si ce local ne présente point la condition de hauteur, largeur et profondeur, et l'air transversal exigés. Dans l'intérêt de la salubrité publique, il faut, en demandant l'autorisation d'exercer , qu'il présente un local vaste, bien aéré , dégagé de tout ce qui pourrait le rendre contraire à la conservation des viandes, dallé même, et *par conséquent beaucoup plus dispendieux* que tout autre local qui ne comporterait aucune de ces dispositions.

On ne parlera point d'autres conditions imposées à sa gestion, et qu'il serait trop long d'énumérer ici.

L'exposé qui précède doit suffire sans plus ample commentaire, pour démontrer évidemment que dans le commerce de la Boucherie, il n'y a rien qui puisse l'assimiler aux autres commerces, nulle spéculation à faire, nulle liberté d'agir comme dans les autres commerces, et qu'il est assujéti, par sa nature toute spéciale, à des conditions de tous genres dont les autres commerces sont affranchis.

Il faut donc à la Boucherie une compensation de ces mêmes conditions, de ces mêmes entraves qui le retiennent dans un cercle d'où il lui est défendu de sortir ; autrement tout est charge pour elle, et rien ne la dédommage.

Cette compensation, c'est un débit qui la mette à même de répondre à tout ce que l'on exige d'elle. Ce débit est indispensable même pour la garantie des intérêts généraux. L'organisation seule en harmonie avec les besoins de la consommation, c'est-à-dire la limitation seule du nombre des Bouchers, peut procurer ce débit ; c'est donc sur l'intérêt public qu'est fondée l'organisation de la Boucherie de Paris.

TITRE TROISIÈME.

Légalité de l'ordonnance royale du 18 octobre 1829, concernant la Boucherie de Paris.

Avant 1789, le nombre des Bouchers était limité, non-seulement en raison de la nature de la profession et des intérêts qui s'y rattachent, mais encore par suite du principe de la limitation numérique appliqué indistinctement à toutes les professions. Les Maîtrises et Jurandes furent abolies par l'article 7 de la loi des 2 et 17 mars 1791. Le principe de limitation du nombre des Bouchers disparut par l'effet de cette loi.

Toutefois l'expérience ne tarda pas à démontrer qu'il était des professions qui réclament une surveillance toute particulière de la part de l'Autorité administrative, et le Législateur lui-même signala d'une manière spéciale les professions de Boucher et de Boulanger, dans les articles 13 et 30 de la loi des 19 et 22 juillet 1791, comme exigeant des mesures restrictives de la liberté d'industrie. La constitution de l'an III, article 356, posa aussi en principe, comme restriction de la liberté indéfinie des professions, que la loi surveille particulièrement celles qui intéressent les mœurs publiques, la sûreté *et la santé des citoyens*. Enfin l'article 605 du code pénal du 3 brumaire an IV, §§. 5 et 6, dont les dispositions ont été reproduites par les articles 475, n° 14 et 479 n° 6 du nouveau code pénal, vint confirmer les principes posés par les lois précédentes. Néanmoins ces lois n'avaient rien organisé ; et c'est dans les documens officiels, et notamment dans le rapport qui précède l'ordonnance du 18 octobre 1829, qu'il faut voir quelles conséquences funestes avait entraînées, pour la salubrité publique, le défaut de lois et réglemens spéciaux sur la profession de Boucher.

Le 8 vendémiaire an XI (3e septembre 1802), c'est-à-dire à une époque de liberté, intervint un arrêté du Gouvernement qui, sous le titre de réglement relatif à la profession de Boucher, vint poser les bases de l'organisation nouvelle de ce commerce, telle qu'elle existe encore aujourd'hui, avec quelques modifications. L'article 4 de cet arrêté est ainsi conçu :

« A l'avenir, nul ne pourra être admis à exercer la profession de Boucher, » sans en avoir obtenu la permission du Préfet de Police.... »

Cette disposition, en supposant qu'elle ait excédé les limites du pouvoir exécutif, ne fut point attaquée par les pouvoirs constitutionnels compétens ; elle fut même confirmée par la disposition générale de l'article 484 du code pénal de 1810 ; elle a donc doublement acquis force de loi.

Il était facile de voir que, par la disposition précitée, le Gouvernement se réservait un pouvoir discrétionnaire, non-seulement quant aux conditions de la concession des autorisations, mais aussi quant au nombre de ces autorisations.

Le 6 février 1811, le Gouvernement alla plus loin encore. La Caisse de Poissy, supprimée par une *loi* des 15 et 20 mai 1791, fut rétablie *par décret*, comme garantie de l'approvisionnement de Paris ; et, en même temps, il fut statué par l'article 34 de ce décret, que les étaux lors existans seraient rachetés jusqu'à réduction du nombre des Bouchers à 300 ; et que, jusqu'à cette réduction, *nulle permission ne serait donnée par le Préfet de police à aucun nouveau Boucher de s'établir ou d'ouvrir un étal.*

Ainsi se trouva consacré le principe de la limitation du nombre des Bouchers. Ce décret était exécuté depuis plus de trois années, lorsque fut promulguée la charte de 1814, dont l'article 68 confirmait les lois et réglemens alors en vigueur, et d'immenses sacrifices avaient été faits par le commerce de la Boucherie, pour obtenir la réduction des étaux au nombre fixé par ce décret.

Cet état de choses fut remplacé en janvier 1825, par une ordonnance dont les résultats désastreux, ainsi que l'ont démontré les faits précédemment exposés, ont provoqué nécessairement l'ordonnance de 1829, dont il s'agit.

Cette ordonnance est-elle légale ? Telle est la question judiciaire à résoudre.

Pour soutenir la négative on invoque d'abord la loi des 2 et 17 mars 1791, dont l'article 7 porte : « Qu'il sera libre à toute personne de faire tel négoce, » ou d'exercer telle profession ou art qu'elle trouvera bon. »

Cette loi a proclamé, il est vrai, un principe général, par suite duquel les professions ont joui momentanément d'une liberté absolue. Mais cette loi a en même temps reconnu les restrictions que l'expérience devait apporter au principe qu'elle proclamait. C'est ainsi que ce même article 7 ajoute : « Qu'on sera tenu de se conformer *aux réglemens de police qui sont* ou QUI POURRONT « ÊTRE FAITS. »

Or, il est précisément intervenu des réglemens de police dont l'expérience a démontré la nécessité. Tel est notamment le réglement du 8 vendémiaire an XI, qui soumet à une autorisation préalable du Préfet de Police l'exercice de la profession de Boucher. Ce réglement est donc obligatoire, en vertu de la loi même sur laquelle on entend s'appuyer pour démontrer l'illégalité de la prescription d'une autorisation préalable.

Mais, dira-t-on, la loi n'a pu vouloir que les réglemens de police fussent contraires au principe même qu'elle a proclamé. Et d'abord la permission préalable n'a rien d'inconciliable avec les principes de la liberté d'industrie ; car on conçoit très-bien que, quand les conditions prescrites par les réglemens sont exécutés, la permission exigée ne puisse être refusée. Mais aller jusqu'à prétendre qu'on ne peut soumettre à aucune condition, à aucune formalité, l'exercice d'une profession qui intéresse la salubrité publique, c'est nier la nécessité incontestable d'une police. L'ordonnance de 1825 elle-même, en proclamant l'illimitation du nombre des Bouchers, n'a pas été si loin ; elle n'a point affranchi de la nécessité d'une permission toute personne voulant ouvrir un étal. Elle a, au contraire, dans son article 4, reproduit la disposition de l'arrêt de l'an XI qui exige l'autorisation du Préfet de Police.

En supposant d'ailleurs que le principe de l'autorisation préalable posé par l'arrêté de l'an XI fût contraire au principe de la loi du 17 mars 1791, qu'en résulterait-il ? C'est que cette loi aurait été abrogée par un acte devenu loi par le silence des pouvoirs constitutionnels, qui n'en ont pas demandé l'annulation dans les formes prescrites par la constitution de l'an VIII.

Donc la nécessité de l'autorisation préalable exigée par l'article 4 de l'arrêté de l'an XI, reproduite par le même article de l'ordonnance du 12 janvier 1825, et enfin par l'article 3 de l'ordonnance du 18 octobre 1829, est à l'ab. de tout reproche d'illégalité.

Reste à examiner la question de limitation.

L'idée de la limitation numérique des personnes qui peuvent exercer une profession, se concilie moins facilement peut-être que la nécessité de l'autorisation préalable, avec le principe de la liberté d'industrie.

Mais c'est ici qu'il faut se souvenir que les Législateurs de 1791 ont eux-mêmes reconnu la nécessité d'une législation spéciale pour ces professions qui, pour se servir des expressions de la constitution de l'an III, *intéressent la santé des citoyens.*

Il faut en outre ne pas perdre de vue que la limitation des Bouchers s'applique *à la ville de Paris seulement*, qui, pour toutes les questions, même constitutionnelles, comporte, à tous égards, de nombreuses exceptions.

Or, il a été jugé utile à l'approvisionnement de la capitale de rétablir le principe de la limitation numérique des Bouchers. C'est là un véritable réglement de police ; car il s'agit d'une mesure locale et non universelle ; c'est là une de ces mesures de police qui a pu entrer dans la prévision de l'article 7 de la loi du 17 mars 1791, et que le texte de cet article semble en effet autoriser.

C'est dans ces termes qu'a été décidée la question que nous examinons par un jugement de la sixième Chambre du Tribunal de police correctionnelle de la Seine, rendu le 22 juin 1831, et rapporté dans la *Gazette des Tribunaux* du 24 du même mois *.

Supposons d'ailleurs encore la contradiction formelle de la limitation du nombre des Bouchers avec le principe de la liberté du commerce, il n'en est pas moins incontestable que cette limitation a été établie par l'article 34 du décret du 6 février 1811, c'est-à-dire par un acte qui a véritablement acquis force de loi, comme le décret du 5 février 1810, sur la limitation du nombre des imprimeurs à Paris.

On ne s'arrêtera pas, en effet, à démontrer ici, après la jurisprudence constante de la Cour de Cassation confirmée par un arrêt célèbre de la Cour des Pairs, à l'occasion du décret du 15 novembre 1811, sur la nécessité d'une autorisation de l'Université pour ouvrir une école (arrêt Montalembert du 20 septembre 1831), que les décrets qui ont précédé la charte, et qui ont été exécutés comme lois, doivent conserver le même caractère, même sous l'empire de là charte de 1830. C'est là un point sur lequel la controverse est désormais épuisée.

---

* « Attendu, porte ce jugement, que le commerce de la Boucherie, soit pour l'abattage des bestiaux, soit pour le débit et le détail des viandes, intéresse gravement la salubrité publique ; que l'exploitation des industries privées est et doit être subordonnée à ce qui intéresse la salubrité générale ; *que cette sage réserve a été formellement reconnue par l'art. 7 de la loi de 1791 sur la liberté du commerce ;*

« Adoptant les motifs des premiers Juges, condamne Lamy et Moisson chacun à 6 fr. d'amende et aux frais ; ordonne la fermeture de leur étal. »

En résumé, il reste démontré que l'autorisation préalable est nécessaire pour l'exercice de la profession de Boucher à Paris, et que le nombre des étaux est limité, et cela parce que, d'après l'article 7 de la loi du 17 mars 1791, les professions n'ont été déclarées libres que sous la condition de se conformer aux réglemens de police à intervenir; que l'arrêté de l'an XI, le décret de 1811 et l'ordonnance de 1829, ont le caractère de réglemens de police, tant en raison de l'objet de salubrité sur lequel ils statuent, qu'en raison de leur application à une localité déterminée; qu'enfin, en supposant même qu'ils fussent contraires au texte de l'article 7 de la loi du 17 mars 1791, les réglemens de 1802 et 1811 ont par eux-mêmes force de loi; qu'ils ont dès-lors abrogé, en ce qui concerne la ville de Paris, la loi du 17 mars 1791; qu'ainsi, comme le disait l'organe du Ministère public, lors du procès jugé le 22 juin 1831, par la sixième Chambre du Tribunal correctionnel de la Seine : « L'illégalité dont on excipe n'est pas dans l'ordonnance de 1829, qui, « en rétablissant la limitation, est revenu aux dispositions de la loi; mais bien « dans l'ordonnance de 1825, qui s'élevait formellement contre le texte de « l'arrêté des Consuls et du décret de 1811, c'est à-dire contre de véritables « dispositions législatives. »

TITRE QUATRIÈME.

Des résultats nuisibles aux intérêts généraux que produit l'inexécution de l'ordonnance royale du 18 octobre 1829.

CHAPITRE PREMIER.

Réduction du nombre des étaux.

Art. 1ᵉʳ de l'ordonnance. — Si la réduction du nombre des étaux avait lieu, *le terme moyen du débit* du Boucher serait de 3,500 à 4,000 livres de viande par semaine, tandis qu'il n'est aujourd'hui que de 2,500 livres.

Les frais de manutention seraient les mêmes; car ils ne sont pas moins considérables sur un débit de 2 à 3 bœufs ou vaches, veaux et moutons en proportion, que sur un de 4 à 5.

Ces frais seulement, qui s'élèvent à 200 f. par semaine, produisent une surcharge de 8 c. par livre sur un débit de 2,500 livres de viande, tandis qu'il n'en produirait qu'un de 4 à 5 c. sur un débit de 3,500 à 4,000 livres.

Voilà déjà qu'avec la non-réduction du nombre des étaux, il s'opère, en ce qui touche les frais de *manutention seulement*, une augmentation de 3 à 4 c. par livre de viande; *moyenne* . . . . 3 c. 1/2

Ajouter les frais qui ne sont pas compris dans ceux de manutention, tels que *frais d'entretien des familles, éducation des enfans, frais de maladies, pertes de viandes dans les chaleurs et dans les temps mous et humides, non payemens*, et autres frais divers et imprévus, qui font, en raison du trop faible débit de 2,500 livres de viande par semaine, une autre surcharge de 1 c. par livre, ci 1

Total . . . . . 4 c. 1/2

Cette augmentation de 4 c. et demi par livre fait peser sur la consommation de Paris 4 *à* 5 *millions de francs par an* DE PLUS qu'elle ne devrait payer.

Et ce qu'il y a de plus grave dans cet état de choses, c'est qu'on *ne peut pas augmenter le prix déjà élevé des viandes d'élite,* et que toute surcharge pèse nécessairement sur les basses viandes provenant du même animal. Ainsi les 4 c. et demi par livre que la consommation paye en plus par le fait de la non réduction du nombre des étaux, tant pour *les frais de manutention,* que pour *ceux en dehors,* font une surcharge de 9 c. sur les viandes inférieures, vu qu'elles ne forment que moitié du produit en viande de l'animal.

Ainsi d'une part, c'est la classe moins aisée qui consomme ces basses viandes, *qui paye un et deux sous par livre plus cher;* de l'autre cette plus grande élévation de leur prix, restreignant leur débit, arrête l'essor de la consommation en général, vu qu'on ne peut point acheter de bestiaux sur pied ni les abattre pour satisfaire uniquement à la consommation des viandes élitées, attendu qu'il en résulterait déperdition d'une partie des viandes inférieures, qui sont en quantité plus considérable que les autres.

En fait de commerce de la nature de celui de la Boucherie, il est constant qu'un trop faible débit, tel qu'il en existe beaucoup de deux bœufs ou vaches et même d'un bœuf la semaine, est beaucoup plus nuisible à l'intérêt du consommateur, qu'il ne peut lui être utile; car il est physiquement impossible au

Boucher qui ne possède que ce débit, d'offrir du choix au public, de renouveler ses viandes en temps utile et de lui faire des concessions dans la vente : ce débit nuit donc, sans utilité aucune, à celui des autres étaux, et paralyse les avantages qui seraient acquis aux consommateurs par la fusion de ces petits débits dans des exploitations moins restreintes.

***

La trop grande multiplicité des étaux produit un autre inconvénient très-grave, celui de déprécier les établissemens de boucherie. Cette dépréciation ne laissant au Boucher aucun espoir pour l'avenir, le met dans *la nécessité de rechercher autant que possible, dans son débit, le bénéfice nécessaire* pour se procurer un moyen d'existence lorsque l'âge et la fatigue le forceront d'abandonner sa profession ; tandis que la réduction donnant *au fur et à mesure à son établissement une plus value, qu'il ne pourrait maintenir et accroître* qu'en servant bien le public, l'engagerait naturellement à toutes les concessions possibles, en le mettant à même de ne chercher qu'à nourrir et produire sa famille pendant le temps de son exercice, certain de trouver ensuite une retraite convenable dans le prix de son étal.

D'ailleurs la solvabilité de la Boucherie ne consiste que dans la valeur des étaux, qui ne peuvent en avoir qu'autant qu'il y a fixation de leur nombre proportionnée aux besoins de la consommation : si cette fixation proportionnelle n'existe pas, toute solvabilité disparaît comme aujourd'hui, et les intérêts généraux en reçoivent les plus graves atteintes, comme on l'a vu avant 1811, et comme on ne le voit que trop aussi de nos jours.

***

Enfin, la trop grande multiplicité des étaux force les Bouchers à s'approvisionner de tout ce qu'il y a de plus inférieur *en qualité*, pour soutenir la trop grande concurrence qui existe dans le débit de la viande.

De cette nécessité, il résulte naturellement la dépréciation des bestiaux de belle qualité. L'agriculture, *tout en vendant fort cher*, ne trouve point dans le prix de ses bœufs engraissés, le bénéfice qu'elle devrait obtenir, parce qu'elle achète elle-même fort cher les matières premières, et que la détresse du commerce lui impose de plus l'obligation de restreindre ses prétentions, toutes fondées qu'elles pourraient être. Elle n'a plus d'intérêt à donner à ses bestiaux, à l'engrais, tout le développement que comporterait leur nature, et

4

les bestiaux ne produisant alors en *poids moyen* que les trois quarts de ce qu'ils devraient produire, il s'ensuit un déficit qui détermine des anticipations sur la production, pour satisfaire autant que possible aux besoins de la consommation : ces anticipations répétées sur une production subordonnée à l'œuvre du temps, déterminent peu-à-peu la rareté des bestiaux, l'affaiblissement des approvisionnemens, et par contre-coup la cherté de la denrée.

Le commerce *en gros*, dont il est parlé plus loin, contribue singulièrement à cette dégénération de l'espèce ; le trop faible débit du plus grand nombre des Bouchers, ne leur permettant pas d'acheter sur les marchés d'approvisionnement, ce commerce *non autorisé*, qui n'a en vue que la spéculation, ne peut augmenter sa clientelle qu'en lui offrant des produits aux plus bas prix possible. Aussi, plus ce commerce, que tous les réglemens, tant anciens que nouveaux ont réprouvé, acquerra d'extension, plus l'agriculture en subira la funeste influence.

CHAPITRE DEUXIÈME.

Graves inconvéniens du commerce en gros.

Art. 14 de l'Ordonnance. — Cet article qui défend expressément la revente *ni sur pied ni à la cheville*, des bestiaux achetés sur les marchés d'approvisionnement, n'est point exécuté.

Cette inexécution, qui provient, dit-on, de ce que sur les 500 Bouchers qui existent à Paris, il y en a un très-grand nombre qui font trop peu d'affaires pour acheter sur les marchés d'approvisionnement, est très-préjudiciable tant à l'agriculture qu'à la consommation elle-même.

En effet, le commerce en gros, qui se compose de 15 à 20 Bouchers, va sur les routes au-devant des bestiaux, et notamment des moutons; il traite *de l'achat de bandes considérables*, et toutes ces bandes achetées d'avance ne paraissent point *en totalité* sur le marché : il en achète même la veille, soit à Sceaux, soit à Poissy, qu'il fait entrer dans Paris, sans les présenter sur le marché du lendemain comme le veulent les réglemens. *Ces fréquens et nombreux détournemens diminuent l'approvisionnement des marchés,* tant en nombre qu'en qualité, et y *déterminent nécessairement un surenchérissement de prix notable,* au détriment du commerce régulier. Des abus aussi graves gênent singulièrement ce dernier commerce, celui qui se conforme aux réglemens; ils lui rendent ses acquisitions de plus en plus difficiles et onéreuses, et le forcent trop souvent à s'adresser au commerce en gros, à lui payer même des rétributions pour obtenir ce qu'il n'a pu se procurer directement par suite de ces détournemens illicites.

D'un autre côté, le commerce en gros arrache à l'agriculture des concessions ruineuses pour elle, et lui seul en profite, parce que ces concessions, importantes par rapport à la quantité de ses acquisitions, *sont trop minimes dans le détail* pour y faire participer le Boucher à la cheville.

Ainsi, le surenchérissement qu'il a déterminé sur les marchés au détriment du commerce régulier, servant de régulateur pour la vente à la cheville, et lui donnant les moyens d'élever ses prétentions vis-à-vis de ses acheteurs, l'effet du surenchérissement devient général; et après avoir bénéficié sur l'agriculture, par l'intermédiaire des marchands vendeurs, il vient bénéficier sur la consommation par celui des Bouchers devenus ses tributaires; c'est ce véritable état de choses sur lequel il ne faut point s'abuser, et que ce commerce cherche à dénaturer, pour soutenir un système aussi favorable à ses intérêts privés qu'onéreux pour les intérêts publics.

Ces graves inconvéniens se font plus sentir encore dans le temps de cherté des bestiaux, parce que l'insuffisance des approvisionnemens met le commerce en gros plus à même d'exercer sa funeste influence sur les marchés.

Quel est son véritable intérêt? C'est d'étendre ses spéculations le plus qu'il lui est possible; et que lui importe que le nombre des Bouchers soit trop considérable, et qu'ils ne fassent pas leurs affaires; plus il y aura de Bouchers, plus il y aura d'acheteurs à la cheville, et plus la détresse du commerce ira croissant, plus il y aura de Bouchers qui s'arrièreront avec lui. Ces arriérés ne l'intimident point : c'est une espèce de titre pour leur vendre plus cher; les facilités apparentes qu'il leur procure, tournent à leur détriment, précipitent leur ruine, et pour se libérer ils n'ont plus d'autre moyen à prendre que d'abandonner leurs établissemens au commerce en gros, qui les acquiert ainsi à très-bon marché, en raison du prix toujours plus élevé qu'il leur vendait à la cheville. C'est ainsi que ce commerce possède un grand nombre d'étaux qu'il exploite au moyen de prête-noms.

Quelle est aussi sa pensée ? C'est qu'il n'existe plus de Caisse *pour le payement comptant* des marchands de bestiaux, par conséquent plus de crédit aux Bouchers, certain que l'absence de cette Caisse *forcerait le commerça régulier qui va encore sur les marchés, à s'en éloigner définitivement, et que ces marchés ne seraient plus exploités que par lui, commerce en gros.* D'une part il s'aboucherait avec des maisons de Banque pour obtenir les fonds nécessaires au payement de ses acquisitions ; mais ces payemens seraient subordonnés d'abord au bon ou au mauvais succès de ses opérations, et ensuite au désir de se soustraire le plus possible aux interêts à payer pour les prêts qu'on lui ferait. Par conséquent des retards, des crédits qui pourraient se convertir en faillites, et qui, en tout état de choses, jetteraient l'agriculture dans un découragement désastreux. De l'autre part, le commerce en gros, seul maître du champ de bataille, imposerait aux herbagers telles conditions qu'il voudrait ; ceux-ci, forcés d'écouler leurs produits, se verraient dans la nécessité de s'y soumettre. Dégoûtés, découragés par les crédits, par les non-payemens et par la dépréciation de leurs produits, ils n'approvisionneraient plus avec le même zèle, et ce refroidissement provoquerait de plus en plus la rareté des approvisionnemens.

C'est ainsi que le commerce en gros (le grand commerce composé de 8 à 10 bouchers), après avoir écrasé ses concurrens, le commerce régulier, et certains petits fournisseurs en gros hors d'état de s'associer à ses vastes spéculations, libre de faire la loi aux marchands de bestiaux et de venir ensuite le faire dans les abattoirs à tous les Bouchers, qu'il tiendrait dans sa dépendance, exploiterait et réglerait à son gré l'approvisionnement en bestiaux de la capitale, au grave préjudice de l'agriculture et de la consommation.

CHAPITRE TROISIÈME.

Marchés d'approvisionnemens.

Aux termes des réglemens et de l'arrêté même du 30 ventôse an XI, tous les bestiaux amenés par les marchands de bestiaux dans le rayon de 20 lieues de Paris, et ceux même achetés au-delà de ce rayon par des Bouchers de la capitale, doivent être présentés sur les marchés de Sceaux et de Poissy, afin que leur concentration sur un même point contribue à faire fléchir le cours au profit de la consommation.

Malgré des dispositions aussi formelles et aussi sages, des bandes de bestiaux sont arrêtés dans leur marche, vendues sur la route, interposées dans des auberges ou détournés pour des villes circonvoisines, selon que les marchands ou les commissionnaires le jugent convenable po·ur ne former sur l·s marchés de Sceaux et de Poissy qu'un approvisionnement qui leur réponde d'un prix de vente avantageux.

Le commerce en gros, de son côté, ainsi qu'on l'a dit dans le précédent chapitre, n'amène sur les marchés qu'une partie des achats qu'il fait à l'extérieur.

De plus, il se fait des achats et des reventes de bestiaux *sur pied* sur le marché même, soit pour le compte de commissionnaires, soit pour celui de marchands Bouchers.

Tous ces abus déterminent des surenchérissemens extrêmement nuisibles à la consommation, parce que tout nouvel acquéreur bénéficie nécessairement sur son vendeur.

On conçoit que des Bouchers, en achetant hors des marchés, forment le contrepoids des spéculations que les marchands de bestiaux voudraient entreprendre pour affaiblir les approvisionnemens; mais pour que ce contrepoids produise son effet, il faut encore une fois que les achats des Bouchers viennent en totalité sur les marchés ; autrement la mesure serait illusoire, *comme aujourd'hui*, par rapport à l'intérêt public, et ne profiterait qu'à l'intérêt privé.

En fait d'approvisionnement en·viande d'une ville comme Paris, la liberté des opérations commerciales doit être soumise à de sages restrictions, parce que l'intérêt particulier ne doit point l'emporter sur celui des masses.

Ainsi, des réglemens bien pondérés, établis dans la vue d'assurer les approvisionnemens les plus abondans possibles, de fixer les heures d'ouverture et de fermeture des ventes de manière à concilier respectivement l'intérêt du vendeur et de l'acheteur, et de défendre toute entrée dans les marchés avant les heures prescrites, sont un devoir et une preuve de bonne administration de la part de l'Autorité chargée de la surveillance importante des approvisionnemens.

CHAPITRE QUATRIÈME.

Bouchers forains.

Le Boucher forain doit venir vendre *à Paris en détail*, pour former une concurrence en faveur du consommateur. Au lieu de cela, il n'y vient que *pour vendre en gros* à des Bouchers de Paris, parce qu'il y trouve plus d'avantage qu'à la détailler, la presque totalité des viandes qu'il apporte.

D'un côté, le public ne profite aucunement de sa concurrence, puisqu'il n'achète *que de seconde main* ce qu'il devrait acheter directement du Boucher forain ; et l'on conçoit que tout *achat de seconde main* n'est qu'un regret qui entraîne toujours le surenchérissement de la marchandise.

D'un autre côté, le Boucher forain, en raison de la facilité d'agir comme bon lui semble, achète dans les fermes, sur les foires extérieures, *des quantités considérables de veaux ;* il les abat chez lui et les vient revendre en gros dans Paris.

Ces accaparemens énormes diminuent, comme on le conçoit, l'affluence de ce bétail sur les marchés, où s'approvisionne le Boucher de Paris, et en fait monter le prix à 3 et 4 sous par livre plus cher qu'il ne devrait être, tandis que lui, Boucher de la banlieue, les a obtenus à meilleur compte.

Sachant le *prix beaucoup plus élevé du marché,* le Boucher forain vend en conséquence, et profite *de la différence* du cours qu'il a provoqué lui-même au prix que le bétail lui a coûté. Ceux des Bouchers de Paris qui les leur achètent, sont obligés de bénéficier à leur tour sur le Boucher forain, et le consommateur, pour qui la concurrence devient illusoire par ce fait, paye cette viande de veau dans les étaux de Paris, des 3 et 4 sous par livre de plus qu'il ne payerait sans le surenchérissement que les accaparemens du forain déterminent sur les marchés.

Il n'en est point de même du bœuf et du mouton, parce qu'il achète ces bestiaux sur les marchés de Sceaux et de Poissy, comme le Boucher de Paris ; aussi, n'ayant pas sur ces deux sortes de bétail le même avantage, ni les mêmes facilités que sur celui du veau, il n'apporte que très-peu et quelquefois pas du *tout des deux premiers surtout dans les temps de cherté,* parce qu'il n'y trouverait aucun bénéfice, et il apporte toujours et considérablement de l'autre, parce que son bénéfice est assuré. Est-ce là l'esprit des réglemens ? L'intention a été sans doute de favoriser le consommateur, et non de sacrifier ses intérêts à celui des Bouchers forains : pourquoi tolérer un semblable abus, et ne pas les contraindre *à vendre en détail ?* Avec cette obligation, qui remonte à l'arrêté même du 25 brumaire an XII, le prix continuellement excessif du veau, qui préjudicie au public pour ne profiter qu'au Boucher forain, disparaîtrait immédiatement.

CHAPITRE CINQUIÈME.

Étaux sans approvisionnement.

L'Article 10 de l'ordonnance dit que tout étal qui cessera d'être garni de viande pendant trois jours consécutifs, sera fermé pendant six mois.

Cette condition n'est point observée : si un Boucher laisse son étal dégarni, on le ferme pendant quelques jours ; il le rouvre quand bon lui semble avant l'expiration des six mois : avec cette latitude, il peut suspendre son approvisionnement pendant les temps de cherté, pour se soustraire à tout sacrifice, et restreindre ainsi la concurrence au préjudice du consommateur dans le temps même où elle serait le plus nécessaire, pour rouvrir lorsque la cherté serait passée : tandis que la fermeture obligée de son étal pendant six mois, le mettrait dans la nécessité de supporter le mauvais temps comme le bon, dans l'intérêt du consommateur.

D'un autre côté, s'il ne rouvre point au bout des six mois, il devrait être interdit de sa profession et sa permission devrait être retirée, comme renonçant à l'exercer. Point du tout, il conserve la faculté de la garder pour l'exploiter quand bon lui semblerait, ou la vendre s'il trouvait une occasion favorable.

Telle n'a point été l'intention du Législateur ; car c'est faire d'un commerce de première nécessité, un *trafic*, un *tripotage*, si l'on peut se servir de ce terme, que toute bonne Administration doit désavouer. Il y a des Bouchers qui vendent, achètent et revendent ainsi des permissions, comme s'il s'agissait d'affaires de bourse.

Mais voudrait-on dire, puisqu'il y a trop d'étaux, la fermeture de ceux-là profite aux autres ? Singulier avantage, lorsqu'elle n'apporte aux voisins qu'un accroissement de sacrifices, pour lui ravir les moyens de les récupérer plus tard !

Que l'article 10 soit exécuté et que le Boucher soit interdit, et sa permission annullée si, à l'expiration des six mois, il ne rouvre point immédiatement, le Boucher voisin peut faire au consommateur les sacrifices que veulent les circonstances, parce qu'il agit avec connaissance de cause, et que l'accroissement de son débit *n'est point que momentané ;* mais lui faire supporter, sans dédommagement aucun, les conséquences de la mauvaise gestion ou du mauvais vouloir d'un autre, c'est un acte contraire aux règles de l'équité et d'une bonne politique. Le consommateur y perd, parce que le Boucher ne peut lui faire des concessions momentanées qui doivent tourner en pure perte pour lui.

CHAPITRE SIXIÈME.

Commerce illicite de viandes dans Paris.

Un commerce défendu par les réglemens et exploité par des individus qui n'ont aucune qualité, s'est établi pour la vente des aloyaux.

Sous le prétexte de n'acheter et vendre qu'à titre de commission les filets de bœuf, il achète des aloyaux entiers, les dépose dans des chambres, les y découpe et les débite ensuite, soit en les colportant dans Paris, soit en les vendant dans ces mêmes chambres qui sont autant de petits étaux clandestins.

Toutes ces quantités de viandes achetées dans les halles, ou dans des étaux de Paris et dont ces colporteurs font encore un trafic particulier entre eux, n'arrivent au consommateur soit bourgeois, soit ouvrier, soit traiteur, qu'après avoir passé par deux, trois, et quatre mains qui doivent bénéficier respectivement les unes sur les autres : il en résulte nécessairement un surenchérissement notable dans ces parties de viandes au préjudice du public, à qui le premier bénéfice serait acquis s'il les achetait directement au premier débitant.

Ce trafic donne lieu à un autre inconvénient non moins grave : toutes ces viandes amoncelées, entassées dans des chambres privées d'air et dépourvues des précautions exigées pour la salubrité des étaux, se corrompent en peu de temps : le mercandage, qui fait son profit de ces dépôts clandestins, y apporte aussi toutes sortes d'autres viandes de mauvaise qualité, malsaines, insalubres même qu'il se procure de tous côtés, voire même dans les abattoirs, *où le commerce en gros lui livr* des vaches atteintes de maladies, des veaux et des moutons insalubres, etc. Elles sont vendues à la classe ouvrière et indigente, sous l'appât du bas prix ; et tous ces alimens, partie avariés, partie corrompus, que la surveillance de l'Autorité ne peut atteindre, qui passent même dans le public à l'abri de la tolérance dont on use malheureusement envers *ce commerce illicite dit de commission*, compromettent la salubrité publique, et peuplent journellement nos hospices d'une foule de malades.

Si le débit du Boucher n'était point aussi restreint, ce désordre n'aurait point lieu, parce qu'il ne serait point forcé de chercher à faire des affaires à tel prix que ce soit; il traiterait de gré à gré avec ses confrères, soit par échange, soit par vente, comme autrefois, de ce qu'il ne pourrait point écouler dans son étal; ces transactions lui profiteraient plus, en même temps qu'au public, qui recevrait ces viandes de *première main*, et la santé des citoyens ne serait point journellement exposée par le fait *de ce commerce clandestin*, aussi odieux qu'incompréhensible dans une ville comme Paris.

Mais la position malheureuse du Boucher, *conséquence de son trop peu d'affaires*, ne permet plus ces transactions, parce que de cette position vraiment désastreuse naissent des variations nombreuses, successives, dans les débits des 500 Bouchers, qui ne permettent plus de reconnaître où, quand et avec qui l'on peut faire ces transactions.

Il est constant qu'avant l'intervention de ce commerce clandestin, les pièces d'aloyaux se trouvaient habituellement dans tous les étaux de Paris, pour le prix de 60 à 65 c. la livre, et qu'aujourd'hui le Boucher qui a besoin de s'en procurer ne peut le faire à moins de 70 à 75 c.

On peut évaluer de 12 à 15 cent mille livres de viandes par an *le colportage dit de commission*, ce qui grève la consommation d'un surcroît de prix de 130 à 140 mille francs par an.

Pourquoi tolérer un commerce aussi nuisible, aussi dangereux? Pourquoi le laisser exercer par des individus qui n'ont point qualité, qui ne payent point patente, qui ne versent point de cautionnement? Pourquoi leur permettre un débit dans des chambres sans air, hors de toute surveillance, quand on prescrit aux Bouchers des locaux spacieux, aérés, extrêmement dispendieux par ce fait, séparés de tout âtre, de toute chambre à coucher, dallés même? Pourquoi le leur permettre quand ils ne supportent aucune des obligations imposées aux Bouchers de Paris?

Ne serait-il pas beaucoup plus juste, plus utile au bien public et plus conforme aux vues d'une bonne administration, de poursuivre, d'abolir ce commerce illicite, et de fournir au commerce de la Boucherie les moyens qui doivent lui être acquis, *de traiter avec lui-même* de tout ce qui concerne cet état, et de défendre expressément à qui que ce soit, qui n'a point qualité, de s'immiscer dans un commerce qu'il n'a point le droit d'exercer.

CHAPITRE SEPTIÈME.

Cession clandestine d'étaux, exploitation sous prête-nom.

Un Boucher ne doit exploiter qu'un étal dans l'intérêt du consommateur. Divers Bouchers appartenant notamment au grand commerce en gros, en possèdent chacun plusieurs, que leurs titulaires ont été forcés de leur abandonner, et qu'ils exploitent par prête-noms.

Cet état de choses est grave, parce qu'il peut concentrer l'exploitation de plusieurs étaux d'un même quartier dans les mains d'un seul Boucher. En effet, que ce Boucher ait 3, 4 *et* 5 *étaux dans un quartier*, il peut aisément faire la loi au consommateur, lors même qu'un *Boucher voisin serait son concurrent*, parce que ce Boucher voisin, hors d'état de lutter avec une si grande exploitation, élevera son prix au niveau de cette dernière, soit pour éviter le plus de perte possible dans les temps de cherté, soit pour obtenir un plus grand bénéfice dans son petit débit.

En tolérant cet abus, qu'elle peut en être la conséquence? Le commerce en gros, qui s'accroît de jour en jour, puisque sur dix Bouchers, par exemple, qui succèdent, huit à neuf vont à la cheville, peut devenir propriétaire d'un grand nombre des étaux de Paris, et exercer toute l'influence qu'il voudra sur tous les autres, du moment que l'exploitation des marchés d'approvisionnement serait abandonnée à lui seul; quelle concurrence opposer à ce véritable monopole qui, maître sur les marchés et maître dans les abattoirs, serait parfaitement libre de rançonner à son gré l'agriculture et la consommation, par l'intermédiaire de l'herbager et du Boucher détaillant.

Enfin des Bouchers *cèdent* ou *ferment* même leurs étaux, pour continuer librement ou se livrer sans autre préoccupation au commerce en gros, quand ils ne sont plus Bouchers et qu'ils n'ont plus le droit de venir sur les marchés ni dans les abattoirs pour acheter et revendre.

Doit-on s'étonner, après tant d'abus qui produisent un désordre inexprimable, de la cherté continuelle des bestiaux, du haut prix de la viande et des graves atteintes portées journellement à la salubrité publique, quand on n'exécute rien de ce qui est prescrit par les réglemens pour y remédier.

RÉSUMÉ.

PREMIER POINT.

Il a été démontré jusqu'à l'évidence, par tout ce qui précède : 1° Que le commerce de la Boucherie de Paris doit être nécessairement soumis à un régime exceptionnel, en raison de sa nature toute spéciale et de la position toute particulière de la capitale, qui comporte à tous égards de nombreuses exceptions.

2° Que toutes les fois que l'on a voulu s'écarter de ce système, tant à la suite de 1789 qu'en 1825, les graves intérêts de l'agriculture et de l'approvisionnement, de la consommation et de la salubrité publique en ont éprouvé les plus notables dommages.

3° Que l'illimitation, au lieu de produire la liberté du commerce de la Boucherie, produit, *en ruinant la masse des Bouchers*, le seul et véritable monopole qui soit à redouter, celui qui livre l'approvisionnement des marchés de la capitale entre les mains d'un petit nombre, au préjudice de l'agriculture et de la consommation.

4° Que la limitation n'est point un acte qu'on puisse qualifier de privilége, mais bien une organisation commandée par la force même des choses, et telle que la réclament les intérêts généraux pour établir la solvabilité des Bouchers, en leur garantissant un débit suffisant, et en donnant une certaine valeur à leurs étaux.

5° Que l'ordonnance de 1829, qui a reproduit le système adopté par l'arrêté des Consuls du 8 vendémiaire an XI, et complété par le décret impérial de 1811, est légale et conforme aux lois actuellement en vigueur.

6° Que l'inexécution de cette ordonnance ne laisse plus subsister qu'un *simulacre* d'organisation qui tue le commerce et le ruine, ce qui est souverainement contraire aux règles de l'équité, parce qu'à *l'abri de cette organisation apparente*, on laisse peser sur un commerce des charges exorbitantes, et notamment *des obligations onéreuses de tout genre*, qui ne devraient point exister, du moment qu'elles ne sont plus compensées par les justes avantages qui avaient déterminé l'application de ces obligations dans la vue du bien public.

7° Enfin que cette même inexécution, qui détermine l'insolvabilité de la Boucherie, en raison de l'insuffisance de son débit et de la dépréciation de ses établissemens, produit, *ainsi qu'il est démontré dans les sept chapitres composant le titre 4 du présent Mémoire*, l'effet de décourager l'agriculture, d'entraîner la dégénération et la dépopulation même du gros bétail en France, *de déterminer plus que toute autre chose la cherté excessive qui existe depuis plus de quinze mois*, d'engendrer une infinité d'abus qui amènent les surenchérissemens, de faire peser sur la consommation, et notamment sur la classe moins aisée, une surcharge dans le prix de la viande de 10 à 15 c. par livre, de forcer l'emploi de produits de mauvaise qualité, insalubres même, pour balancer, autant que possible, la cherté, de dénaturer généralement le régime alimentaire, de jeter le désordre et la perturbation dans le commerce, et de compromettre au-delà de toute expression la salubrité publique *.

Tous ces faits ne peuvent être contestés, ils sont d'une telle gravité que la cherté excessive qui en résulte, met la France, ce pays si riche par la beauté de son climat, par la fertilité de son sol, par l'abondance et l'excellence de ses pâturages, dans la quasi-nécessité de recourir à l'importation des bestiaux étrangers pour nourrir ses habitans; importation toujours onéreuse à la nation qui y a recours, parce qu'elle vivifie l'industrie de celle qui vend pour affaiblir et peut-être même détruire par la suite celle de la nation qui importe, en l'empêchant de faire ses efforts pour se créer les moyens de marcher d'elle-même.

Telles sont les conséquences de ce funeste désir d'innover, qui est devenu le système du jour, qui relègue dans l'oubli les plus sages traditions consacrées par l'expérience et qui, désorganisant tout, a brisé l'équilibre qui

---

* Les saisies de viandes journalières et multipliées, qui ont lieu dans Paris, attestent *l'insalubrité* d'une partie des produits offerts à la consommation; et combien de ces produits échappent encore à la surveillance de l'Autorité, dans une ville comme Paris, malgré toute l'activité qu'elle y apporte!

Qu'on interroge aussi les fournitures *de la garnison de Paris*, viandes provenant de vaches malsaines, atteintes de maladies; de bestiaux étiques, *qui n'ont tout au plus que leurs droits*, c'est-à-dire qui n'ont juste que ce qu'il faut pour échapper à la saisie; viandes dépourvues de tout suc nutritif, tellement *improfitables*, qu'elles ne laissent, après leur cuisson, que des os, des nerfs et quelques chairs sans consistance. Telle est, en grande partie le service des garnisons, service immoral, impolitique, qu'il faut attribuer aussi bien à la dégénération et à la cherté des bestiaux, qu'à la trop grande concurrence qui existe dans le débit de la viande.

existait pour le bien de la société en général, dans les rapports de l'agriculture et de la production avec le commerce et la consommation.

Il devient physiquement impossible que les choses restent dans l'état où elles sont ; le commerce de la Boucherie est dans un état de détresse qu'il est impossible d'exprimer. Les intérêts généraux souffrent au plus haut point, et il est temps enfin de mettre un terme à cette position qui n'est plus tenable.

La démonstration suivante suffit pour en convaincre.

Depuis plus de quinze mois, et notamment depuis le 1er janvier 1838, *le prix moyen des bœufs sur pied*, s'est élevé, d'après les mercuriales dressées par l'Autorité, à . . . . 57 c. la l. *

Ajouter les droits de 43 f. 90 c., qui sur un bœuf de 650 liv. (poids moyen), donne par livre 6 3/5

Plus les frais de manutention seulement, qui s'élèvent à 200 f. par semaine, et qui, sur un débit de 2,500 livres, font 8

Total 71 3/5

A déduire :

L'abat, se composant du cuir, du suif et des issues compris la langue, qui forme la somme de 69 f. 5 c., et par conséquent une diminution sur le prix d'acquisition de 10 3 5

La viande de bœuf revient dans l'étal à 61

Elle est vendue au public depuis 70 c. jusqu'à 45 c., moyenne 57 1/2

Perte par livre sur le bœuf 3 1/2

Et il est important de remarquer que dans les frais de manutention ci-dessus ne sont pas compris les frais de maladie, d'éducation des enfans, non-paiemens, et autres frais extraordinaires imprévus.

---

* Dans ce prix moyen de 57 c., est compris le prix des bestiaux de troisième qualité, servant aux fournitures des hospices, des prisons, de la garnison, des halles et marchés.

Le retranchement de cette troisième qualité porterait le prix des première et deuxième qualités à 60 et 64 c.

Aussi, indépendamment de ces frais imprévus, qui ne sont pas compris dans la perte ci-dessus, le Boucher perd 3 c. 1/2 par livre sur le bœuf, 6 c. sur le veau, et 7 c. sur le mouton dépourvu de sa toison : le compte de ces deux dernières espèces peut être justifié s'il est nécessaire.

Et malgré *ces pertes du Boucher*, le consommateur, et notamment la classe moins aisée, qui ne paye sa viande que 6 et 7 sous en temps ordinaire, et qui ne la payerait que ce prix, si tout était exécuté, la paye 9 et 10 sous.

DEUXIÈME POINT.

D'après l'exposé qui précède, on ne peut sans injustice se refuser à reconnaître qu'il faut absolument de deux choses l'une :

Ou que les dispositions de l'ordonnance de 1829 reçoivent enfin leur exécution, ou que l'ordonnance soit totalement rapportée, et qu'alors une liberté entière, absolue, soit donnée au commerce de la Boucherie, telle qu'en jouissent tous les autres commerces.

Si l'on rapporte l'ordonnance de 1829, les Bouchers doivent avoir la faculté :

1° De s'établir au moyen d'une patente, sans permission préalable de la Préfecture.

2° D'acheter partout où bon leur semblera, sans obligation d'acheter sur les marchés prescrits.

3° D'abattre hors des abattoirs, s'ils le désirent, sans s'inquiéter s'ils laissent ou non ces établissemens sans emploi.

4° D'exploiter en leur propre nom autant d'étaux qu'ils le voudront, en observant seulement la salubrité des locaux.

5° De cesser leur commerce et de fermer dans les temps de cherté, pour ne rouvrir que quand et s'ils le jugent convenable, et lorsqu'ils n'auront plus de sacrifices à faire pour approvisionner.

6° De retirer leur cautionnement et de ne déposer aucune garantie de leur gestion.

7° D'être affranchis de l'intermédiaire de toute Caisse administrative dans leurs rapports avec les marchands de bestiaux, de les payer *eux-mêmes directement et de leurs propres mains, comptant ou non comptant*, suivant leurs convenance respectives, et de régler avec eux, sans aucun contrôle administratif, des crédits qu'ils voudront en obtenir, et des tempéramens qu'ils auront à demander pour se libérer. Peu leur importera en effet que des faillites, que des crédits souvent aventurés, toujours onéreux, que des démarches continuelles, que des procès que nécessiteront aux marchands les rentrées de fonds; enfin, que l'incertitude des payemens refroidissent les approvisionneurs, et contribuent à restreindre les approvisionnemens que *stimule aujourd'hui la mesure du payement comptant.*

8° De faire entrer leurs issues rouges et blanches dans leurs viandes de débit, sans être obligés de les vendre aux tripiers : peu importera que le débit de ces issues ne soit point profitable au consommateur.

9° D'accaparer telles quantités de bestiaux que leur permettront leurs moyens pécuniaires, *sans être forcés de les faire paraître sur les marchés d'approvisionnement, ni d'en justifier à qui que ce soit ; de n'en faire entrer ensuite dans Paris que telle quantité qu'ils voudront, pour les revendre aux prix qu'ils jugeront convenables à leurs intérêts*, soit aux Bouchers *dits à la cheville*, soit à ceux qui n'auront pu s'en procurer sur pied. Qu'importe après tout que dix à quinze Bouchers riches, coalisés entre eux, *après avoir contraint le commerce régulier à déserter les foires et les marchés, soit spéciaux soit publics*, à force de le gêner et de lui nuire dans ses acquisitions, et après s'être rendus maîtres de tout l'arrivage des bestiaux, mettent l'herbager et le commerce de la Boucherie dans la dure nécessité de se livrer à eux pieds et poings liés? L'avide spéculation une fois lancée ne s'arrête plus, et l'agriculture et la consommation deviendront forcément ses tributaires.

10° D'agir avec toute la liberté des autres commerces, et de faire toutes les spéculations que leur dicteront leurs intérêts, toutes défavorables, toutes onéreuses qu'elles pourront être pour les intérêts généraux.

11° Enfin, comme il est de toute justice que les droits à percevoir soient proportionnés au débit, et que ce débit serait insuffisant, *comme il l'est aujourd'hui*, pour répondre à l'énormité de ces droits, ce serait un acte d'équité, un devoir indispensable de la part du Gouvernement, de leur faire subir une diminution notable, puisque le système de limitation en raison duquel on les avait appliqués, n'existerait plus.

Les résultats de cette liberté feront de nouveau connaître lequel des deux systèmes est le plus favorable à l'intérêt public : du système d'une organisation bien calculée, bien réfléchie, c'est-à-dire de la limitation en harmonie avec les besoins de la consommation, ou de celui d'une illimitation qui n'admet pas de restrictions, et qui pose en principe *un-laissez-faire* éminemment attentatoire, ainsi que l'expérience l'a déjà prouvé, éminemment subversif des intérêts les plus graves de la société.

Car, encore une fois, il faut bien se persuader que toute ordonnance nouvelle qui voudrait établir un système *demi-libéral, demi-absolu*, tel par exemple que l'avait adopté l'ordonnance de 1825, *aussi illégale à l'égard du commerce que désastreuse dans ses résultats pour les intérêts généraux*, serait souverainement injuste ; et de fait, un système qui invoque le droit commun pour tout ce qui blesse les intérêts d'un commerce et qui le répudie pour tout ce qui peut les servir, serait une anomalie monstrueuse que le Gouvernement, que les Chambres elles-mêmes, ne sauraient admettre consciencieusement.

Si au contraire l'ordonnance de 1829 est reconnue utile, indispensable pour assurer le bien-être des intérêts généraux, il est nécessaire de ne pas reculer plus long-temps devant l'exécution des dispositions qui doivent y concourir.

Ainsi, réduction du nombre des étaux, non pas réduction forcée, le bon sens et l'équité s'y opposent, mais réduction de ce qu'on *peut appeler le trop plein*, c'est-à-dire *réduction volontaire*, telle que le Boucher qui serait *dans l'impossibilité de continuer l'exploitation de son étal*, et qui ne *trouverait point à le vendre pour être exploité*, en raison de l'insuffisance de son débit, pût le céder au commerce pour être supprimé ; réduction évidemment conforme aux règles les plus strictes de l'équité, de l'humanité même, puisque d'une part on ne mettrait point le Boucher dans la nécessité de consommer sa ruine, et que de l'autre on le préserverait de l'extrême misère qui accompagne l'homme au moment de l'abandon forcé de son commerce.

Suppression et interdiction du commerce en gros, et défense de revendre sur pied ni à la cheville.

Exécution stricte et rigoureuse des réglemens qui prescrivent l'arrivage sur les marchés de Sceaux et de Poissy, de tous les bestiaux amenés dans le rayon de 20 lieues de Paris, qui défendent toute vente hors de ces marchés dans ledit rayon, et qui veulent que tout achat fait par des Bouchers au-delà même de ce rayon, paraisse sur lesdits marchés.

Défense expresse aux Bouchers forains de venir vendre à Paris autrement qu'en détail et au public.

Exécution formelle de la disposition qui prescrit la fermeture, pendant six mois, de tout étal qui cesse d'être garni de viande trois jours consécutifs, et retrait de la permission de tout Boucher qui ne rouvrirait point immédiatement à l'expiration des six mois.

Interdiction absolue du colportage des viandes et de tous commerce illicite qui s'immisce clandestinement dans la vente des viandes de Boucherie, au détriment même du consommateur et de la salubrité publique.

Fermeture de tout étal que le Boucher titulaire louerait ou vendrait clandestinement, et défense à tout Boucher d'exploiter plus d'un étal.

Telles sont les principales dispositions qu'il serait important de remettre en vigueur, et dont l'inexécution compromet au dernier point tous les intérêts publics.

La nomination des Représentans de la Boucherie par une élection directe, répondrait au vœu général du commerce, et ferait disparaître quelques difficultés que suscite le mode actuel de cette nomination.

Mais, dira-t-on peut-être, ces diverses dispositions de l'ordonnance présentent quelque chose d'incompatible avec le régime actuel?

Qu'importe. Qui doit-on préférer de l'intérêt public ou d'un principe? Faut-il admettre que tout doit être bien, *quelque soit l'intensité du mal*, du moment qu'un principe est sauvé?

D'ailleurs, la forme d'un Gouvernement doit-elle tirer à conséquence en ces sortes de matières? Ce qui était utile, indispensable dans l'intérêt public, sous tel Gouvernement peut-il cesser de l'être sous tel autre? Les lois actuelles peuvent-elles moins vouloir le bien général que les lois précédentes?

Et de fait, la nature du commerce de la Boucherie est-elle changée? Les besoins de la consommation ne sont-ils pas les mêmes? Paris produit-il plus, et son éloignement des pays de la production est-il moins considérable? La reproduction des bestiaux dépend-elle plus qu'auparavant de la volonté de l'homme, et peut-elle être assimilée davantage à la reproduction des objets manufacturés? La viande est-elle plus de garde? La nécessité n'est-elle pas la même de prévenir, par de sages restrictions, des abus et des pertes de la denrée qui en altèrent la source? Enfin, ne sont-ce pas les mêmes précautions à prendre, les mêmes garanties à exiger pour assurer *et surtout stimuler* l'approvisionnement de Paris, et la salubrité publique n'exige-t-elle pas de même que l'on surveille la gestion du Boucher, et que l'on poursuive avec activité le mercandage, qui naît toujours et s'alimente par le désordre?

Si rien de tout cela n'est changé, pourquoi refuser l'exécution d'un acte qui réunit toutes les conditions voulues pour la prospérité des intérêts généraux, pour l'unique et vain désir de sauver un principe?

Mais soit qu'on veuille adopter le système de la limitation du nombre des Bouchers, soit qu'on veuille soumettre la Boucherie au droit commun, avec la liberté entière, absolue que comporte ce principe; *car tout terme moyen* serait souverainement injuste, un simple réglement de police, une ordonnance royale même ne saurait plus suffire. Une loi est indispensable pour consacrer l'un ou l'autre système. Elle l'est encore pour consacrer *l'existence ou l'abrogation* de la Caisse de Poissy, *l'existence ou l'abrogation* des cautionnemens et de toutes les obligations imposées à la Boucherie, et aussi *l'existence ou l'abrogation* du droit de consommation résultant du fait de la Caisse de Poissy. En un mot elle est nécessaire pour résoudre d'une manière définitive et durable la grande question de l'approvisionnement de la capitale.

Depuis 1789, le commerce de la Boucherie a été livré à toutes les vicissitudes, à tous les caprices des pouvoirs qui se sont succédés. Sur la foi des promesses de l'Autorité, il a fait, sous l'empire du décret de 1811, d'énormes sacrifices pour opérer l'extinction des étaux : ces sacrifices sont restés sans effet comme sans indemnité, par suite de l'ordonnance illégale de 1825, qui a porté un coup mortel à la Boucherie, et détruit en même temps toutes les garanties des intérêts généraux. Il est temps enfin qu'une des professions les plus utiles, et cependant la plus surchargée d'entraves, d'impôts et de restrictions de toute nature, soit organisée avec fixité et de manière à concilier avec justice les intérêts privés et les intérêts publics.

Signé : **LEPECQ**, *Syndic.*

INGÉ, DOLBEL, PARGET, ÉVRARD,

ROUX et **FAYEL**, *Adjoints,*

Paris, juin 1838.

Imprimerie de LEBEGUE, rue des Noyers, 8.

RÉP̧CAISE.

MINISTÈRE COMMERCE.

RÉPUBLIQUE FRANÇAISE.

MINISTÈRE DE L'AGRICULTURE ET DU COMMERCE.

DÉCRET.

Le Gouvernement de la Défense nationale
DÉCRÈTE: 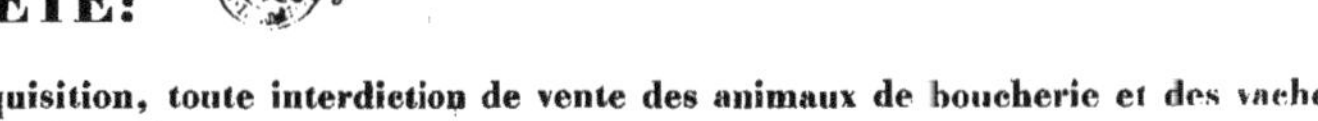

ART. 1ᵉʳ. Toute réquisition, toute interdiction de vente des animaux de boucherie et des vaches laitières est levée à partir de ce jour.

Le commerce de ces animaux pourra s'opérer librement à partir de la promulgation du présent décret résultant de son insertion au *Journal officiel.*

ART. 2. Le marché aux bestiaux de la Villette sera ouvert tous les jours, comme par le passé, pour l'exposition et la vente des animaux de boucherie et des porcs.

ART. 3. La vente à la criée en gros des viandes abattues est rétablie à la halle des Prouvaires et fonctionnera comme précédemment. Une autre vente en gros à la criée des viandes abattues pourra être installée au marché aux bestiaux de la Villette. Elle sera faite par des agents publics spéciaux, désignés par l'administration municipale.

DÉCRÈTE:

ART. 1er. Toute réquisition, toute interdiction de vente des animaux de boucherie et des vaches laitières est levée à partir de ce jour.

Le commerce de ces animaux pourra s'opérer librement à partir de la promulgation du présent décret résultant de son insertion au *Journal officiel*.

ART. 2. Le marché aux bestiaux de la Villette sera ouvert tous les jours, comme par le passé, pour l'exposition et la vente des animaux de boucherie et des porcs.

ART. 3. La vente à la criée en gros des viandes abattues est rétablie à la halle des Prouvaires et fonctionnera comme précédemment. Une autre vente en gros à la criée des viandes abattues pourra être installée au marché aux bestiaux de la Villette. Elle sera faite par des agents publics spéciaux, désignés par l'administration municipale.

ART. 4. L'abatage des animaux achetés par les bouchers aura lieu, comme par le passé, dans les échaudoirs affectés à chacun d'eux aux abattoirs en exercice, sans préjudice néanmoins des mesures qu'il serait nécessaire de maintenir pour assurer l'approvisionnement des boucheries municipales.

ART. 5. La vente de la viande sera libre dans tous les étaux de boucherie de la Capitale. Les bouchers ne pourront vendre qu'au prix de la taxe, qui sera établie tous les quinze jours d'après la moyenne des prix de vente sur le marché de la Villette.

ART. 6. Tant que cela sera nécessaire, les boucheries municipales établies et fonctionnant par les soins des Maires d'arrondissement seront maintenues en nombre suffisant. Elles seront approvisionnées, et la distribution des viandes et autres aliments continuera d'y avoir lieu, sur la présentation des cartes de boucherie, dans les conditions de prix et de quantités déterminées par les autorités municipales.

ART. 7. Le Ministre de l'Agriculture et du Commerce, le Maire de Paris et les Maires d'arrondissement sont chargés, chacun en ce qui le concerne, de l'exécution du présent décret.

Fait à Paris, le 7 Février 1871.

Général **TROCHU**, Jules **FAVRE**, Jules **FERRY**, Ernest **PICARD**.

RÉPUBLIQUE FRANÇAISE

LIBERTÉ — ÉGALITÉ — FRATERNITÉ

N° 297

COMMUNE DE PARIS

TAXE
DE LA VIANDE DE BOUCHERIE
POUR
LES BOUCHERIES MUNICIPALES

A partir du 11 mai, la viande de bœuf et de mouton sera taxée pour être vendue dans les prix et

DE LA VIANDE DE BOUCHERIE

POUR

LES BOUCHERIES MUNICIPALES

A partir du 11 mai, la viande de bœuf et de mouton sera taxée pour être vendue dans les prix et conditions ci-dessous :

ART. 1er. Les citoyens marchands bouchers ne pourront mettre qu'un quart d'os par livre de viande à titre de réjouissance.

TAXE DU BŒUF.	Le kilogr.	TAXE DU BŒUF.	Le kilogr.	TAXE DU MOUTON.	Le kilogr.
1re CATÉGORIE.		**3e CATÉGORIE.**		**1re CATÉGORIE.**	
	fr. c.		fr. c.		fr. c.
Aloyau		Poitrine de bœuf		Gigot	
Train de côte	2 00	Collier	1 40	Carré mouton	2 40
Tranche au petit os		Rond de gite		Filet mouton	
Gite à la noix		Surlonge			
Tranche grasse		Graisse de rognon		**2e CATÉGORIE.**	
Culotte				Épaule mouton	1 80
2e CATÉGORIE.		LA VIANDE DE BŒUF DÉSOSSÉE SERA TAXÉE COMME SUIT :			
Paleron		Entre-Côte	2 75	**3e CATÉGORIE.**	
Talon, Collier	1 80	Faux Filet	2 75	Poitrine mouton	1 20
Plat de côte		Filet	3 30		
Bavette d'aloyau					

MEMOIRE

POUR Bocquet, Fermier & Boucher à Sarcelles, sa femme, sa fille & ses deux Chartiers, ci-devant détenus ès prisons des grand & petit Châtelets, d'où ils ont été élargis en vertu d'Arrêt rendu sur le vû des charges & informations respectives, le 21 Octobre 1758, Intimés & Appellans.

CONTRE les Sieurs Durivault & de Cheftret, Fermier & Directeur de la Caisse de Poissy, Appellans ; prenant le fait & cause de leurs Commis, Accusés.

EST sans droit, sans titre, sans aucun jugement, & même par un attentat formel à l'autorité de la Cour, que le Fermier & ses Commis ont poursuivi, accablé & maltraité Bocquet, sa famille & ses domestiques, jusqu'à mettre Arbricour, l'un d'eux, dans le plus grand danger de sa vie ; ainsi leurs demandes paroîtront aussi justes, que favorables aux yeux de la Cour, toujours protectrice des Citoyens opprimés.

FAIT GENERAL.

Les Edit & Déclaration du Roi de Décembre 1743 & Mars 1755, portant établissement & continuation de la Caisse de Poissy, qui sont enregistrés en la Cour, & qui font nécessairement la loi des Parties, & la seule sur cette matiere, ne contiennent aucune disposition qui oblige directement ni indirectement les Bouchers de campagne d'acheter dans les marchés de Seaux & de Poissy, les bestiaux qu'ils peuvent débiter ; à plus forte raison cette loi n'oblige point les Fermiers & Laboureurs, de n'avoir chez eux que des moutons achetés dans les marchés de Seaux & Poissy.

Pendant les douze années du premier bail commencé en vertu des Edit & Déclaration de 1743, & qui ont fini en 1756, le Fermier du

A

fol pour livre exigeoit de ceux des Bouchers de campagne qui venoient, quand ils le jugeoient à propos, (ils n'y étoient point du tout
aftraints) acheter dans les marchés de Seaux & de Poiffy, le droit de
fol pour livre, fans payer pour eux le prix des beftiaux achetés : de
maniere que le Fermier recevoit le droit fans faire l'avance, qui eft le
prix de ce droit, fuivant qu'il eft formellement expliqué par les Edit
& Déclaration du Roi. Le prétexte du Fermier étoit que les Bouchers
de campagne ne devoient pas être regardés comme folvables pour lui
rendre fes deniers dans les trois femaines fixées par la Déclaration
du Roi.

La Cour pour empêcher un auffi grand abus, a ordonné par fon
Reglement du mois de Février 1756 (article premier) que le crédit
ordonné par les Edit & Déclaration de 1743 & 1755, en faveur des
Bouchers & autres Marchands folvables, aura lieu pour les Bouchers
folvables, domiciliés hors la ville & fauxbourgs de Paris, dans l'arrondiffement qui fera à cet effet fixé ; & que par provifion le crédit aura
lieu en faveur defdits Bouchers folvables, domiciliés hors la ville &
fauxbourgs de Paris, qui juftifieront s'être fournis, jufqu'au jour du
Reglement rendu par la Cour, aux marchés de Seaux & de Poiffy, ou
qui feroient contraints de s'y fournir.

Il eft notoire qu'à l'égard des Bouchers de Paris qui ont été & font
dans la néceffité de fe fournir dans ces marchés, le Fermier refufe le
crédit à la majeure partie d'entr'eux, & n'en perçoit pas moins le fol
pour livre, fans bourfe délier de fa part, fous prétexte qu'il ne regarde comme folvables que le petit nombre qui lui plaît, & c'eft toujours
aux plus accrédités de leur Communauté qu'il fait ce crédit, en le refufant à tous les autres qui n'ont ni la force ni les moyens de fe rédimer de cette injuftice.

Entraîné par la même cupidité, il s'eft formé depuis 1757 le plan
de vouloir aftraindre tous les Bouchers de campagne qui font dans la
diftance de vingt lieues, à venir acheter aux marchés de Seaux & Poiffy,
fans pouvoir faire aucun achat de bœufs, veaux ni moutons, ni des Laboureurs voifins, ni dans les marchés des Villes & Bourgs diftans de
vingt lieues.

Une pareille entreprife a révolté avec raifon les Seigneurs propriétaires des terres où il y a des marchés établis, les Fermiers & les Laboureurs, & les Bouchers de la campagne. On fent la gêne, & le préjudice
que les uns & les autres fouffriroient, fi l'entreprife du Fermier étoit
tolerée. La Cour toujours attentive au bien public & particulier,
arrêtera le cours d'une prétention auffi injufte, en fixant l'arrondiffement qui fait l'objet de l'article premier du Reglement de 1756.

Le Fermier, pour remplir fes vûes, & refufant d'attendre que cet arrondiffement foit fixé, a troublé de toute part les Propriétaires, les Fermiers & Bouchers de campagne. Ses troubles ont fait naître pendant
le cours de l'année 1758, une foule de conteftations dont aucu-

nes ont été jugées devant M. le Lieutenant Général de Police, d'autres
font indécifes devant lui, & en la Cour où l'appel de fes Sentences eft
porté depuis & aux termes de l'Arrêt d'enregiftrement de la Déclaration de 1756. Les Bouchers de Limours, les Moliers, d'Hyeres, Villiers-fur-Marne & autres lieux dans la diftance de 20 lieues de Paris,
ont été troublés & vexés par le Fermier au-deffus de tout ce qu'on peut
imaginer ; & fur fa prétention de vouloir les forcer à venir aux marchés de Seaux & de Poiffy, il a arrêté leurs beftiaux dans les champs, il
a fait des vifites dans leurs maifons, il a enlevé leurs beftiaux, les a vendus à tel & fi bas prix qu'il a voulu, au préjudice de ces Bouchers,
qui fe font trouvés hors d'état de lui réfifter.

On fe bornera à rappeller ici quelques-unes des conteftations dont
la Cour eft faifie, & fur lefquelles elle a prononcé des Défenfes formelles & réitérées qui lioient les mains au Fermier, & devoient
l'empêcher de continuer fes entreprifes.

Le nommé Vilvaudé, Marchand Boucher au Village d'Hyeres, a
obtenu le 20 Décembre 1757, Arrêt portant défenfes d'exécuter
les Sentences que le Fermier avoit obtenues à la Police du Châtelet,
par lefquelles il avoit fait prononcer la validité d'une faifie qu'il avoit
fait faire par fes Commis ambulans, de deux bœufs achetés au marché
de Nangis appartenant au Comte de Guerchy.

Le nommé Blanchard, Boucher à Boiffy-Saint-Leger, & ledit Vilvaudé, ont obtenu un fecond Arrêt de la Cour, le 6 Mars 1758,
portant auffi défenfes d'exécuter de pareilles Sentences de Police.

Le nommé Courtois, Boucher du Village de Villiers-fur-Marne,
a auffi obtenu le 15 Avril 1758, Arrêt de la Cour, portant défenfes d'exécuter une pareille Sentence de Police, qui déclaroit valable
une faifie faite fur lui, de beftiaux qu'il n'avoit pas achetés aux marchés de Seaux & de Poiffy.

La Cour a accordé l'Audience fur l'appel de Vilvaudé, & il y a eu
appointement à mettre, prononcé & inftruit fur la demande hafar-
dée par le Fermier en main-levée de défenfes accordées audit Courtois : l'une ni l'autre de ces deux affaires n'ont été décidées. Il y a
eu des Mémoires fournis & des conférences, (a) dont le réfultat a été
(le Fermier n'oferoit en difconvenir,) qu'il cefferoit tous troubles
& entreprifes contre les Bouchers de Campagne, jufqu'à ce que la
Cour eût fixé l'arrondiffement mentionné dans l'art. premier de fon
Réglement de 1756.

Le Fermier manquant à la promeffe qu'il avoit faite, & com-
mettant attentat à l'autorité de la Cour, elle a accordé, toujours
fur les Conclufions de M. le Procureur Général, trois Arrêts, les
7 & 20 Septembre dernier, aux nommés Courtois, Guittard &

____

(a) M. de Chavanne, Confeiller en la Cour, & M. Boullenois, Subftitut de M. le Procureur Général, ont été préfens & informés du tout.

Buiſſon , portant itératives Défenſes de faire aucunes pourſuites, intenter aucune action directement ou indirectement , juſqu'après le jugement définitif de la conteſtation d'entre le Fermier & les Bouchers de campagne. Un de ces Arrêts condamne le Fermier à réintégrer les moutons qu'il avoit ſaiſis & fait enlever.

Les ordres réitérés de la Cour n'ont point arrêté le Fermier dans toutes les voies odieuſes par lui employées : ſaiſies de beſtiaux dans les champs & paccages, perquiſitions dans les maiſons de Bouchers de campagne, enlevemens de leurs beſtiaux , & même ventes faites à vil prix, tout a été commis par le Fermier au mépris des Arrêts de la Cour. Les campagnes gémiſſent ſous le poids de ces vexations , n'y ayant aucune Loi qui l'autoriſe à obliger tous les Bouchers de campagne à n'acheter qu'aux marchés de Seaux & de Poiſſy.

FAIT PARTICULIER.

Le 23 Septembre dernier les Inſpecteurs & Commis du Fermier en continuant leurs attentats à l'autorité de la Cour, * vinrent à Sarcelles chez Bocquet, qui eſt un Fermier & Laboureur exploitant avec ſept charrues, qui paye annuellement environ 3000 liv. de taille & autres impoſitions, & qui eſt en même-temps Boucher ; ils entrerent chez lui pour conſtater , dirent-ils , la conſommation des moutons qu'il peut faire par chaque ſemaine, & le punir de ce qu'il n'achetoit pas tous ceux qu'il avoit chez lui dans les marchés de Seaux & de Poiſſy : il en avoit dans ſon échaudoir neuf ou dix , tant bons que mauvais , tirés du troupeau d'environ mille qu'il a toujours pour l'exploitation de ſes deux fermes, & qui étoient deſtinés, ſoit pour vendre, ſoit pour la nourriture de ſa famille nombreuſe, de ſes Chartiers, Bergers & Domeſtiques, & autres ouvriers pour le labour & la vendange. Son fils qui travailloit dans ſa boucherie répondit à ces Commis , qu'ils ne lui notifioient pas le droit qu'ils prétendoient avoir de fouiller chez lui , & de le ſaiſir, & leur déclara qu'il s'oppoſoit à tout ce qu'ils prétendoient & vouloient faire.

Si Bocquet avoit bien fait alors, il eût pris conſeil pour recourir à l'autorité de la Cour qui auroit eu la bonté de lui accorder, comme elle avoit fait à tant d'autres Bouchers de campagne, des défenſes contre les vexations du Fermier. Il reſta dans l'inaction, n'imaginant pas que le Fermier ſe portât aux excès dont on va voir les ſuites.

Le trois Octobre (c'eſt ainſi qu'ils l'alléguent dans leur procès-verbal) quatre Inſpecteurs ambulans & Commis du Fermier, avec trois Archers de Robe-courte , ayant bayonnette au bout du fuſil, & ſuivis de deux Bergers avec trois chiens, vinrent chez Bocquet, & demanderent où étoient ſes moutons ; ſa femme qui étoit ſeule

* La Cour a accordé le 7 Octobre , Arrêt à Bocquet, comme aux autres Bouchers de campagne , portant itératives défenſes aux Fermiers d'exercer aucune eſpéce de contrainte contre Bocquet.

(lui

(lui & ſes enfans , Chartiers & autres Domeſtiques , étoient
à travailler dans les champs,) leur répondit qu'ils étoient à la pâture, &
qu'ils n'avoient qu'à les chercher ; & qu'elle ne pouvoit imaginer à
quel titre ils vouloient lui enlever ſon troupeau.

Cette cohorte parcourut le village & les champs voiſins , & trouva
le troupeau dans un paccage près d'un moulin qui eſt à demi quart de
lieue du village , attenant le grand chemin & près des vignes où ſe faiſoient les vendanges. Cette cohorte environne le troupeau ; les bergers amenés exprès lâchent leurs chiens , & emmenent ce troupeau
malgré les cris du Berger de Bocquet ; un mouton eſt tué, d'autres
eſtropiés. Le troupeau étoit déja ſur le grand chemin , lorſque
Bocquet , ſa femme , ſes enfans & ſes chartiers qui avoient été
avertis de cet enlévement , arrivérent ſur le chemin qui eſt entre les
vignes, & où il y avoit un grand nombre de perſonnes qui travailloient.
Bocquet & tous ceux qui vinrent avec lui n'avoient aucune arme ;
quelques-uns d'eux prirent ſeulement des échalas à leurs mains. Le
Berger de Bocquet ſe voyant ſecouru , rendit à un des Bergers
amenés un coup de bâton tel qu'il en avoit reçu de lui. Bocquet
demanda cent & cent fois qu'on lui notifiât un Titre , une Ordonnance ou un Jugement en vertu duquel ils emmenoient ſon troupeau.
La troupe continuant ſes voyes de fait en menaçant & blaſphêmant , forçoit & faiſoit toujours avancer le troupeau. Bocquet ne
diſſimulera pas que lui & les ſiens s'y oppoſérent. Le nommé
Arbricourt , un de ſes chartiers qui témoignoit le plus de zéle
pour ſon maitre & ſon troupeau , fut preſque mis à mort : un
de la bande lui donna des coups de croſſe de fuſil ſur la tête, & un
autre deux coups de bayonnette dans le bas-ventre, d'où ſes entrailles ſortoient. Il eût péri ſur le champ , s'il n'avoit pas été promptement emporté ſur un cheval chez le Chirurgien du village. Cette
cohorte tira des coups de fuſils à balle , dont une fut portée & entra
dans le derriere des reins d'un particulier qui ſe retiroit , après avoir
été ſpectateur de cette malheureuſe ſcéne.

Que le Fermier & ſa cohorte ne diſent pas qu'il y avoit un attroupement d'une multitude d'habitans ameutée contre eux ; il eſt certain qu'il n'y a que le berger de Bocquet , qui après avoir reçu des
coups de bâtons de l'un de ceux qui avoient été amenés , lui en rendit avec le ſien. Aucun des particuliers de cette cohorte n'a reçu aucune eſpéce de bleſſure. La cohorte termina ſa courſe criminelle
par attacher aux pieds & aux mains le nommé Cannat, auſſi chartier de Bocquet, & l'emmena comme en triomphe, toujours en menaçant & blaſphêmant, en préſence & au milieu de tous les aſſiſtans,
qui , s'ils avoient été ameutés & avoient voulu agir , étoient en nombre ſuffiſant pour empêcher ces violences & voyes de fait. Arbricourt, chartier de Bocquet, bleſſé ſi dangereuſement par les coups
de bayonnette dans le bas ventre, rendit le même jour, étant dans

son lit, plainte devant le Juge de Sarcelles *, où il a fait informer & obtenu une provision alimentaire contre cette troupe accusée.

Bocquet accourut le même jour trois Octobre à Paris, soit pour sçavoir ce que devenoit Cannat son chartier, qui avoit été si inhumainement enlevé, soit pour rendre plainte devant M. le Lieutenant-Général de Police, des voyes de fait & violences commises pour lui enlever son troupeau & ses domestiques; un Commissaire du Châtelet alla le soir même trois Octobre à la prison du Petit Châtelet, où on apprit que Cannat chartier avoit été conduit.

Le Procès-verbal du Commissaire constate que le sieur de Chanaufontaine qui étoit à la tête de cette cohorte, avoit dans sa qualité, dit-il, d'Inspecteur Général de la Caisse de Poissy, donné ordre de mettre Cannat au secret, où il a réellement été pendant trois jours.

Bocquet rendit le jour même trois Octobre sa plainte devant le même Commissaire, & dès le cinq il fit entendre, en vertu de l'Ordonnance de M. le Lieutenant Général de Police, rendue le quatre au matin, dix-huit témoins qui doivent avoir déposé les faits tels qu'on vient de les exposer.

Le Fermier en récriminant & pour faire diversion, rendit plainte postérieurement, & fit informer de son côté; son information est, dit-on, composée de ceux que Bocquet & Arbricourt son chartier, ont accusés, & qui, soit par la voye de répétition du contenu en leur Procès-verbal ou autrement, n'auront pas manqué de déposer en leur faveur; mais quelques choses qu'ils ayent dites & faites, ou que le Fermier ait pu pratiquer, leur course criminelle & attentatoire à l'autorité de la Cour, leurs voyes de fait, & leurs violences ne peuvent être mises à couvert, ni excusées en aucune maniere.

Par un contraste bien étrange, l'information faite à la requête de Bocquet, à la Police du Châtelet, antérieurement à celle du Fermier, a été mise à l'écart. Il paroît que le Fermier toujours vif & ardent a fait faire usage de la sienne; aussi Bocquet, sa femme, ses enfans, ses chartiers & autres domestiques, se sont trouvés depuis le 11 Octobre, accablés dans leurs personnes & dans leurs biens, de la maniere la plus affligeante & la plus funeste.

Le Fermier a, dans la nuit du 11 au 12 Octobre, envoyé une seconde cohorte d'environ trente hommes qui sont venus au village de Sarcelles à hautes armes, en faisant grand bruit & clameur; ils ont mis tout le Village en rumeur & en émotion, menaçant tous ceux qu'ils ont rencontrés, même ceux qui étoient aux fenêtres. Bocquet étoit parti pour la campagne avec deux de ses enfans. Cette nouvelle cohorte a enfoncé avec des pieux & de longs bois toutes les portes de la maison de Bocquet. Sa femme, sa fille qui étoient dans leur lit, ont été emmenées presque sans habits. La troupe a tout renversé dans

---

* Procédures extraordinaires à Sarcelles & à la Police du Châtelet.

la maison ; elle a fait plus : elle a inhumainement tiré du lit Arbri-court qui n'en étoit pas forti depuis neuf jours , à caufe des bleffures qu'il avoit reçues le trois Octobre. La femme , la fille de Bocquet & Arbricourt emmenés , après avoir reçu plufieurs coups de pieds & de poings , ont été conftitués prifonniers au Grand Châtelet. On a fait la grace à Arbricourt de le mettre à l'infirmerie ; la mere & la fille ont été mifes au fecret pendant plufieurs jours. Tous les chartiers & domeftiques de Bocquet fe font abfentés ; lui & fes enfans n'ofoient reparoître dans leur maifon : leurs chevaux & autres beftiaux ont été abandonnés , le labour & les femences de fes fermes font demeurés fufpendus , dans un tems fi néceffaire & fi précieux pour la culture.

C'eft dans cette cruelle pofition que la procédure a commencé en la Cour.

Bocquet a fait fignifier le 13 Octobre un Arrêt de la Cour , qui le reçoit appellant de toute la procédure extraordinaire faite contre lui & contre les fiens , devant M. le Lieutenant Général de Police , & qui ordonne l'apport en la Cour , tant des plainte & information que lui Bocquet a rendues & fait faire devant M. le Lieutenant Général de Police , que de celles faites à la requête du Fermier en recriminant & poftérieurement à celles de Bocquet , & enfin des plainte & infor-mation rendues & faites devant le Juge de Sarcelles à la requête d'Ar-bricourt.

La Cour , fur le vû des charges & informations refpectives , a rendu le 21 Octobre 1758. Arrêt , par lequel il a été ordonné que les em-prifonnés feroient élargis fur le champ ; défenfes ont été faites d'exécu-ter les Décrets rendus par M. le Lieutenant Général de Police : il a a été ordonné que les procédures extraordinaires commencées à Sar-celles , & au Châtelet , feroient continuées en la Cour , à la requête de Bocquet , & d'Arbricourt fon chartier : il a été adjugé à Arbricourt 300. liv. de provifions ; enfin la Cour a par ce même Arrêt fait un Ré-glement provifoire , portant des défenfes au Fermier de faire aucune faifie fur les bouchers de campagne , hors la Ville & Banlieue de Paris.

M O Y E N S.

Il eft démontré , par les Memoires fournis en la Cour de la part des Bouchers des Campagnes , que le Fermier de la caiffe prétend in-juftement les affujettir à venir acheter les moutons & autres beftiaux , qu'ils debitent dans leurs boucheries , aux marchés de Seaux & de Poiffy ; la Cour eft humblement fuppliée de prendre lecture de ces Memoires.

Le Fermier ayant voulu , fans refpect pour le Réglement de 1756. , exercer fes chimériques prétentions fur les campagnes dans la diftance de vingt lieues de Paris , a employé toutes fortes de voies ; mais la Cour les a arrêtées dans toutes les occafions par fes Arrêts de défenfes ; Bocquet en a cité plufieurs ; le Fermier ne peut pas les nier. Il en réfulte que c'eft fans droit, fans titre, fans Ordonnance de Juftice, & par un attentat formel à l'autorité de la Cour que le Fermier a envoyé le 23 Septembre 1758, fes Commis chez Bocquet à Sarcelles, éloigné de 5 à 6 lieues des Marchés de Seaux & de Poiſſy, pour viſiter chez lui. Le Fermier n'avoit pas plus de droit ni d'Ordonnance, du moins il n'en a non plus fait voir le 3 Octobre, jour auquel fes Commis accompagnés d'Archers, de Bergers & de chiens, font venus enlever de force un troupeau d'environ mille moutons, qui paiſſoit dans les paturages du Marquis d'Hautefort, Seigneur de Sarcelles, dont Bocquet eſt Fermier; il l'eſt auſſi de . . . .

Le procès-verbal dreſſé par cette cohorte le trois Octobre, dont elle a laiſſé feulement copie à Cannat, chartier de Bocquet, le 4 entre les deux guichets, n'énonce aucun Jugement ni Ordonnance qui eût autoriſé la faiſie & enlevement de ce troupeau; on n'y voit que la volonté & la prétention du Fermier qui a jugé, de ſa propre autorité, Bocquet contrevenant & amendable; pourquoi le Fermier a voulu lui enlever fon troupeau, comme il avoit ci-devant fait à d'autres Bouchers de campagne, auſquels la Cour a accordé des défenſes, en ordonnant que les beſtiaux faiſis feroient réintégrés. Bocquet & les fiens n'ont donc fuivi que la voye naturelle en empêchant l'enlevement du troupeau.

Les informations faites à la requête de Bocquet doivent prouver qu'il a toujours demandé à la cohorte de lui juſtifier de Jugement, Ordonnance, ou autre autorité légitime, en vertu deſquels on lui enlevoit fon troupeau, & que lui & les fiens, qui n'ont fait de réſiſtance que pour empêcher l'enlevement du troupeau, ont été menacés, pourfuivis, battus & excedés par cette troupe armée de batons, fufils & bayonnettes; & au contraire Bocquet & les fiens n'avoient que des échalas pris dans les vignes qui font aux deux côtés du chemin par lequel la cohorte emmenoit de force & violence le troupeau.

Les informations faites à la requête d'Arbricourt & les rapports du Chirurgien doivent conſtater qu'il a été mis dans le plus grand danger de ſa vie par les coups de fufil & de bayonnette qui lui ont été portés fur la tête & dans les entrailles.

L'information faite à la requête du Fermier, compoſée par ſa cohorte, ne doit & ne peut contenir au plus que ce qui eſt porté dans le procès-verbal de faiſie rédigé par cette cohorte, & dont elle n'a laiſſé copie à Cannat mis en prifon, que le 4. Or ce procès-verbal fait par gens qui ont agi fans aucune autorité légitime, & par une violence dont il n'y eût jamais d'exemple, ne contient pas même contre Bocquet & les fiens, aucun fait capable d'avoir autoriſé le Fermier à faire informer comme il l'a fait, en récriminant, & décréter les véritables Plaignans. La lecture feule de cet exploit nul & irrégulier par lui-même prouve cette vérité; tout ce qui y eſt dit de plus fort, c'eſt qu'un des deux Bergers amenés par la cohorte a reçu des coups de bâtons du Berger de Bocquet, dont il n'a pas été blessé ; celui-ci n'en a donné à l'autre que parce qu'il lui en avoit donné le premier.

A quel titre le Fermier a-t'il donc pû faire amener pieds & mains liés au petit Châtelet, Cannat chartier de Bocquet, & le mettre, de l'autorité de son Inspecteur ambulant, pendant trois jours au secret, ainsi qu'il est constaté par le procès-verbal du Commissaire Chenon, fait à la requête de Bocquet le 3 Octobre neuf heures du soir ? La copie de l'écrou de Cannat, qu'on n'a eu qu'avec grande peine (on a été obligé d'obtenir Arrêt de la Cour qui l'a ordonné) porte que Cannat a été emprisonné en vertu des Arrêts du Conseil & Lettres-Patentes (a) qui autorisent les Commis des Fermes du Roi de constituer prisonniers tous rebellionnaires, ainsi qu'il est constaté par le procès-verbal du 3 Octobre. L'écrou est du 4, & n'a été délivré que le 7, jour de l'Arrêt qui l'a ordonné.

Le sieur Durivault, ou autres de ses Co-fermiers, qui ont sans doute été employés à la perception des droits d'Aydes & d'entrées, se sont volontairement mépris, & veulent évidemment abuser du respect & de l'autorité attachée aux Arrêts & Lettres-Patentes en vertu desquelles Cannat est dit avoir été emprisonné. La Cour en voyant ces Arrêts & Lettres-Patentes reconnoîtra cette vérité. Il s'agissoit de droits établis formellement de l'autorité du Prince, & de rébellions préméditées & faites jusques dans le Bureau des Commis ; ici c'est une course faite par une cohorte du Fermier, sans aucun titre ni ordonnance de Justice, & sur la volonté & prétention du Fermier, & même par un attentat formel à l'autorité de la Cour, consignée dans le Réglement de 1756 ; & dans les différens Arrêts rendus en 1758, sur les conclusions de M. le Procureur Général, en faveur de plusieurs Bouchers ; sur lesquels le Fermier exerçoit ses vexations, également contraires au public & à la tranquilité des Citoyens. Qu'a fait autre chose Cannat, que d'aider son maître à empêcher l'injuste enlèvement du troupeau ?

Suivant l'expédition qu'on n'a pû avoir que le 15 Octobre de l'écrou de la femme Boquet, de sa fille & d'Arbricourt amenés prisonniers dans la nuit du 11 au 12, il paroît qu'ils ont été décretés de prise de corps par M. le Lieutenant Général de Police, devant lequel Bocquet leur mari, père & maître avoit rendu plainte & fait informer avant le Fermier. Quel est le crime de ces trois autres emprisonnés avec tant d'inhumanité ? Ce ne peut être que ce prétendu prétexte de rebellionnaire ; vain prétexte. Ni eux, ni Cannat ne sont rebellionnaires contre la perception des droits du Roi, les raisons en ont été dites ci-dessus. La femme Bocquet n'a fait que répondre aux commis qu'ils n'avoient pas droit de faire enlever son troupeau ; elle n'a, comme son mari & ses enfans, fait autre chose, sans frapper aucun coup, (elle n'avoit ni verge ni bâton) que de demander aux Commis de justifier par quel titre

* 30 Septembre 1719, 16 Mars 1720, & 1723.

ils enlevoient son troupeau. Arbricourt est dans le cas des battus qui payent l'amende. Il fait informer des excès qui l'ont mis aux portes de la mort ; il fait décréter la cohorte devant le Juge où le délit a été commis : cette cohorte décrétée est condamnée en une provision alimentaire. Néanmoins on le tire de son lit d'où il n'étoit pas sorti depuis neuf jours ; ses playes se fermoient à peine, la couture n'étoit pas encore affermie, & on l'entraîne en prison où l'on est forcé de le mettre à l'infirmerie. Quelle barbarie !

Bocquet lui-même a été obligé de se cacher & d'abandonner sa maison, son commerce & une ferme considérable, pour se dérober à la cohorte, qui est allée le chercher plusieurs fois à Sarcelles, & qui a fait contre lui les menaces les plus terribles, quoiqu'il ne fût coupable que d'avoir empêché l'enlévement de son troupeau.

Dans de pareilles circonstances, les Demandeurs reclament la justice de la Cour contre des voies de fait odieuses & révoltantes. Ils se flattent que la Cour ne permettra pas qu'ils soient les victimes des violences & de la dureté du Fermier, & qu'elle leur accordera des réparations & dommages-intérêts capables de les indemniser des souffrances, torts & préjudices que ce Fermier leur a causés dans leurs personnes & dans leurs biens.

L'Arrêt provisoire qu'ils ont obtenu de la Cour le 21 Octobre dernier, sur le vû des charges & informations, est le gage de celui qu'ils ont lieu d'attendre de l'équité de la Cour, des procédés qui, dans le tems, ont révolté les Magistrats & le Public, n'ont pas depuis changé de nature.

A ce premier objet, commun aux accusés, vexés, emprisonnés & maltraités, il s'en joint un second propre & personnel à Bocquet, Boucher à Sarcelles, Laboureur & Fermier du Marquis d'Hautefort, Seigneur de cette Paroisse ; c'est sous ces différentes qualités qu'il invoque, pour l'avenir, la protection de la Cour, contre les énormes prétentions du Fermier de la caisse, qui voudroit ravir aux Bouchers de campagne, & aux Propriétaires, Laboureurs, Nourrisseurs, &c. des environs de Paris, le droit & la liberté dont ils ont toujours joui, les premiers d'acheter, en tels lieu, Foire & Marché qu'ils jugeoient à propos, les bestiaux dont ils ont eu besoin pour leurs boucheries de campagne ; les seconds de vendre leurs bestiaux soit chez eux, soit dans tout autre lieu, à leur choix : liberté dans laquelle les uns & les autres n'ont jamais été troublés ; liberté enfin à laquelle on ne pourroit donner atteinte, sans décourager les Fermiers, Cultivateurs, Nourrisseurs, &c. & sans porter un coup fatal à l'agriculture.

DESJORBERT, Procureur.

A PARIS, chez P. G. SIMON, Imprimeur du Parlement, 1759.

OBSERVATIONS

SUR l'arrondissement que la Cour , par son Arrêt de Réglement rendu, toutes les Chambres assemblées, le 6 Février 1756, a ordonné être fait au sujet du crédit qui doit être fait par la Caisse des Marchés de Seaux & de Poissy, crédit ordonné par les Edit & Déclaration de 1743 & 1755.

ES termes de l'*Article* 1 du Réglement de 1756, ouvrage des lumieres & de la justice de la Cour , ne permettent pas de douter que l'objet de cet article du Réglement est d'obliger le Fermier de la Caisse à accorder le crédit en faveur *des Bouchers, & autres Marchands solvables , domiciliés hors la Ville & Fauxbourgs de Paris* , ainsi que ce crédit est ordonné par les Edit & Déclaration de 1743 & 1755 , registrés en la Cour.

Avant ce Réglement, le Fermier percevoit, comme il perçoit actuellement , le sol pour livre du prix des bestiaux vendus aux *Bouchers & autres Marchands domiciliés hors la Ville & Fauxbourgs de Paris*, qui venoient acheter aux Marchés de Seaux & de Poissy, sans que le crédit eût lieu en leur faveur.

C'étoit une injustice de la part du Fermier , directement contraire aux motifs, aux vœux & aux dispositions formelles des Edit & Déclaration portant établissement de la Caisse , suivant lesquels le Fermier doit avoir un ou plusieurs Bureaux ouverts à Seaux & à Poissy tous les jours de Marchés, pour payer & avancer aux Marchands Forains , *dans l'instant de la Vente , le prix des Bestiaux qu'ils ameneront dans ces Marchés , art.* 1. *de l'Edit de* 1743.

Le prétexte sur lequel le Fermier ne payoit pas pour les Bouchers domiciliés hors la Ville & Fauxbourgs de Paris , c'est que de sa seule volonté & autorité il ne les réputoit pas solvables , ou les tenoit pour *insolvables :* de là il s'ensuivoit que les Marchands Forains , qui vendoient à ces Bouchers domiciliés hors la Ville & Fauxbourgs de Paris , n'étoient pas payés comptant du prix de leurs Bestiaux ; les choses étoient à cet égard comme avant l'établissement de la Caisse.

Le bien public, désiré par l'établissement de la Caisse pour l'appro-

A

visionnement de Paris, n'étoit pas rempli ; il n'y avoit que le Fermier de la Caisse qui tiroit avantage, en recevant le sol pour livre des marchandises du prix desquelles il ne faisoit pas l'avance, en refusant le crédit ordonné par les Edit & Déclaration regist és en la Cour.

Ce fut pour faire cesser un pareil abus commis par le Fermier, que la Cour arrêta par *l'article premier de son Reglement de 1756*, que le crédit aura lieu pour *les Bouchers solvables, domiciliés hors la Ville & Fauxbourgs de Paris*; ces mots sont l'interprétation de *l'art. premier de l'Edit de 1743*, qui porte *qu'il y aura plusieurs Bureaux ouverts pour payer & avancer aux Marchands Forains, dans l'instant de la Vente, le prix des Bestiaux qu'ils vendront aux Bouchers & aux Marchands solvables.*

La Cour ne voulant pas laisser subsister contre le Fermier une obligation générale & indéfinie sur le crédit, a ordonné que, pour fixer l'espace & distance dans laquelle le crédit auroit lieu en faveur des Bouchers domiciliés hors la Ville & Fauxbourgs de Paris, il seroit fait *dans six mois un arrondissement, à l'effet de quoi il sera dressé une Carte Géographique qui sera déposée au Greffe de la Cour, & Copies collationnées d'icelle envoyées dans chacun des Bureaux des Marchés de Seaux & de Poissy.*

La Cour a voulu, en vertu de cet arrondissement, que les Bouchers qui y seront compris, jouissent du crédit ordonné par les Edit & Déclaration de **1743** & **1755**; & afin qu'en attendant cet arrondissement le Fermier ne continuât pas, comme il avoit fait, pendant les douze premieres années du Bail de la Caisse, son refus de crédit à tous les Bouchers domiciliés hors la Ville & Fauxbourgs de Paris, qui sont, par la proximité des Marchés, dans le cas d'y venir acheter leurs bestiaux, la Cour a, par ce même article premier de son Réglement de **1756**, prononcé un Réglement provisoire en ces termes; *& cependant par provision, ledit crédit aura lieu en faveur desdits Bouchers solvables, domiciliés hors la Ville & Fauxbourgs de Paris, qui justifieront s'être fournis jusqu'à ce jour aux Marchés de Seaux & de Poissy, ou qui seroient contraints de s'y fournir.*

Cette derniere partie de l'article premier du Réglement de la Cour acheve de démontrer que tout l'article n'a eu pour objet que de faire exécuter par le Fermier en faveur des Bouchers domiciliés hors la Ville & Fauxbourgs de Paris, le crédit ordonné par les Edit & Déclaration de **1743** & **1755**, régistrés en la Cour; les Bouchers justifiant qu'avant ce Réglement de la Cour, ils s'étoient fournis aux Marchés de Seaux & de Poissy, le crédit doit avoir lieu provisoirement en leur faveur. Le Fermier a été obligé d'avancer pour ceux qui feroient la justification de leur fourniture dans ces Marchés.

C'est aussi un point certain & incontestable, que ce Réglement de la Cour n'impose à aucuns des Bouchers domiciliés hors la Ville & Fauxbourgs de Paris, l'obligation de se fournir aux Marchés de Seaux & de Poissy; ils sont restés, comme de tous les tems, & notamment dep is 1743 , avec la liberté naturelle de leur commerce , de venir, ou ne pas venir à ces Marchés : aucuns de ces Bouchers, habitans des lieux voisins de Seaux & de Poissy, y venoient pour y acheter leurs bestiaux ; le Fermier refusoit de leur faire l'avance. La Cour, en suivant les motifs des Edit & Déclaration par elle enregistrés , a voulu que le crédit eût lieu en faveur de ces Bouchers , qui venoient & justifieroient être venus dans ces Marchés avant le Réglement. C'est là assurément tout ce qui en résulte , & le Réglement de la Cour contient seulement une modification sur la maniere en laquelle le crédit doit avoir lieu.

Il est bien constant d'ailleurs que les Edit & Déclaration de 1743 & 1755 , ne contiennent aucune disposition qui oblige directement ni indirectement , formellement ni implicitement aucun des Bouchers, domiciliés hors la Ville & Fauxbourgs de Paris , à venir acheter leurs bestiaux dans les Marchés de Seaux & de Poissy ; au contraire toutes les dispositions de ces Loix, enregistrées en la Cour, se réunissent pour démontrer que le Fermier n'a aucun droit de coaction sur aucun des Bouchers domiciliés hors la Ville & Fauxbourgs de Paris.

Les motifs exprimés dans le préambule de l'Edit de 1743, sont, pour qu'il y ait un fond suffisant dans les jours de Marchés pour payer tous les Forains en argent comptant & dans l'instant de la vente , afin d'empêcher l'augmentation du prix de la viande dans la Ville de Paris , & même le diminuer.

L'article premier de l'Edit de 1743 ordonne l'établissement de Buraux aux Marchés de Seaux & de Poissy , pour payer aux Forains le prix des bestiaux qu'ils vendront aux Bouchers & autres Marchands solvables, dont il sera fait déclaration.

Suivant l'article 2. les Vendeurs de bestiaux payeront le sol pour livre du prix des bestiaux , encore que la bourse ne l'ait pas avancé.

Suivant l'Article 3 , il est permis au Fermier d'établir des Commis aux entrées & sur la place des Marchés , pour recevoir les déclarations.

L'Article 4. contient des défenses de faire entrer aucuns bestiaux en fraude, & d'en acheter des Marchands Forains , que dans les jours de Marchés & dans les places & lieux destinés pour la vente, à peine de confiscation & d'amende.

L'Article 5. porte que le Fermier aura un Bureau à Paris pour y recevoir les sommes qu'il aura avancées aux Forains.

Telles sont en substance les dispositions de l'Edit, qui se résument toutes à procurer un payement prompt aux Forains, & à assurer au Fermier le sol pour livre de tous les bestiaux amenés aux Marchés , & à empêcher que les bestiaux ne soient achetés, ailleurs qu'à ces Marchés.

Une caisse ouverte pour payer dans l'instant de la vente , aux Forains, le prix des bestiaux qu'ils y amenent, à la déduction du sol pour livre ; le droit de sol pour livre sur tous les bestiaux ; peine contre les fraudes qui pourroient être faites pour éviter le payement de ce droit, en achetant des Forains ailleurs qu'aux Marchés ; Bureau du Fermier établi à Paris pour y recevoir le remboursement des sommes par lui avancées ; c'est sur ces points uniques que le Législateur a ordonné. Il n'y a nulle innovation sur le commerce des bestiaux destinés pour les Boucheries de campagne, il n'en est pas même question. Le Législateur n'a eu pour objet, dans l'établissement de la Caisse, que l'approvisionnement de Paris.

Il est donc de plus en plus évident que le Réglement de 1756 rendu sur les Edit & Declaration enregistrés en la Cour, n'a eu pour objet que d'assurer *aux Bouchers domiciliés hors la Ville & Fauxbourgs de Paris*, qui venoient aux Marchés de Seaux & de Poissy, le crédit que le Fermier leur refusoit entierement.

Passons à un autre arrondissement que le Fermier dit devoir être fait en sa faveur pour astraindre les Bouchers domiciliés hors la Ville & Fauxbourgs de Paris, à venir acheter aux Marchés de Seaux & de Poissy, tous les bœufs, moutons & veaux qu'ils peuvent débiter dans leurs Boucheries.

Entre les Bouchers qui sont dit en général, *domiciliés hors la Ville & Fauxbourgs de Paris*, il en faut distinguer de trois classes ; les uns habitent des lieux voisins des Marchés de Seaux & de Poissy, & ils sont comme dans le cas nécessaire de venir s'y fournir ; d'autres ou habitent la banlieue de Paris, ou sont sur les routes des Provinces d'où les Forains amenent les bestiaux pour la provision de Paris, & d'autres sont hors la banlieue & éloignés des Marchés de Seaux & de Poissy & ne sont pas sur ces grandes routes.

Les Edit & Déclaration portant établissement de la Bourse pour ces Marchés, n'obligent aucuns Bouchers de ces trois classes à venir à Seaux & à Poissy acheter leurs bœufs & moutons. Leur commerce est libre, ils peuvent acheter ou & de qui ils veulent, pourvû que ce ne soit pas des Marchands Forains qui amenent des bestiaux des Provinces éloignées pour la provision de Paris. Les Foires & Marchés établis en différens endroits, dans la distance de vingt & trente lieues de Paris où ils sont à portée d'aller acheter dans les différens tems de l'année, ne leur sont point interdits ; ils peuvent y aller, comme ils ont fait de tous les tems ; ils peuvent acheter des Laboureurs, Fermiers & Proprietaires habitans des campagnes leurs voisins, des bestiaux dans les tems & occasions favorables ; autrement le détail de leur commerce en seroit trop long & inutile. Personne n'ignore ce qui se passe dans les campagnes entre les uns & les autres, sur un commerce essentiel aux besoins de la vie ; très-souvent un Fermier ou Laboureur propriétaire est en même tems Boucher ; ce seroit un renversement total s'ils ne pouvoient vendre & acheter entr'eux, ou qu'ils fussent tous obligés d'aller aux Marchés de Seaux & de Poissy, les uns pour acheter, & les autres pour vendre. Sur laquelle de ces trois classes de Bouchers, le Fermier veut-il faire tomber l'arrondissement par lui prétendu ? Sur laquelle que ce soit, il doit convenir qu'avant tout, il est nécessaire

qu'il

qu'il y ait une Loi enregiftrée en la Cour, pour mettre des Citoyens dans le cas d'être forcés à aller aux Marchés de Seaux & de Poiffy, & d'être exclus de tous autres Marchés, Foires & endroits.

S'il n'entend cet arrondiffement en fa faveur que fur ceux pour lefquels la Cour a ordonné l'arrondiffement pour le crédit, c'eft à la fageffe, équité & lumieres de la Cour de décider fi l'arrondiffement pour le crédit doit emporter celui de l'obligation d'acheter à ces Marchés, & l'interdiction de pouvoir acheter en aucun autre endroit. Les Bouchers qui feront compris dans l'arrondiffement pour le crédit & toutes les Parties qui font intéreffées, telles que les Fermiers, Propriétaires & Laboureurs, qui, ne pouvant vendre aux Bouchers des lieux qu'ils habitent, feront forcés d'aller aux Marchés, fouvent pour quelques moutons, efperent tous que la Cour rejettera la prétention du Fermier qui eft dictée uniquement par fa cupidité & l'appas d'un gain exceffif. N'eft-ce pas affez qu'il perçoive, comme il fait, le fol pour livre du prix, fans l'avoir même débourfé, de tous le beftiaux qui font vendus dans les Marchés, & y font amenés des Provinces éloignées, fans vouloir forcer ces Bouchers domiciliés hors la Ville & Fauxbourgs de Paris, à y venir acheter tous ceux dont ils ont befoin pour les campagnes.

Indépendamment des moyens généraux, les Bouchers de la troifieme claffe, (ceux qui ne font pas voifins des Marchés qui font hors la Banlieue de Paris, & qui ne font pas fur les grandes routes), en ont de particuliers en leur faveur, eu égard à leur pofition.

1°. La majeure partie de ces Bouchers de campagne ne font point leur capital de la boucherie; ils font Fermiers & Laboureurs, & font prefque tous valoir des Terres qui les obligent à avoir du beftial blanc, & à faire par conféquent des éleves qui les fourniffent en partie de bons moutons, & pour confommer les fourages de leur récoltes & faire des fumiers pour amander les Terres : ce feroit donc une injuftice de les obliger de conduire aux Marchés des moutons qu'ils ont élevés chez eux pour en tirer feulement les droits au profit du Fermier. L'intention du Prince n'a jamais été telle.

Dans l'établiffement de la caiffe du fol pour livre, l'on n'a pas eu d'autre vûe que de procurer l'abondance à la Ville de Paris, non en ruinant les campagnes, mais en mettant par le payement qui fe fait dans l'inftant, de la vente des marchandifes, les Forains en état d'en faire revenir d'autres plus ponctuellement & de fournir aux Marchands Bouchers de Paris, à la faveur des droits qu'en tire le Fermier, un crédit dont ils peuvent avoir befoin, vû l'étendue de leur commerce & les avances confidérables qu'ils font obligés de faire.

2°. Les Bouchers de campagne ne font pas affez de commerce pour qu'on puiffe les affujettir à une pareille gêne qui eft prefqu'impoffible; la plus grande partie demeurent à 3, 4, 5, 6, 7, 8 & même douze lieues des Marchés de Seaux & de Poiffy, & ne tuent dans plus des

B

deux tiers de l'année que deux , quatre , huit ou dix moutons par Semaine pour les plus forts , & d'autres prefque point du tout , & dans le
peu qu'ils en confomment , la plus grande partie eft d'une forte fi mé-
diocre , pour ne pas dire mauvaife , que la plûpart n'achetent dans les
Fermes que des rebuts qui ne feroient pas en état d'être conduits aux
Marchés , & encore bien moins de retourner chez les Bouchers qui les
acheteroient , fi on ne les reportoit en voiture , ce qui coûteroit beaucoup plus qu'ils ne vaudroient.

Et comment veut-on que les Bouchers de campagne à qui il en faut
fi peu , puiffent faire leurs achats aux Marchés de Seaux & de Poiffy ,
où il n'y a fouvent que de grandes troupes de moutons & quelques
petits lots fi fatigués , qu'ils ne feroient pas en état de refaire de fi lon-
gues routes , puifqu'ils ont fouvent bien de la peine à arriver à
Paris.

En outre les Bouchers de campagne , fuivant l'ufage , n'ont pas le
droit de lotir avec les Marchands Bouchers de Paris , & quand même
on leur accorderoit ce droit , les lots fouvent fe trouveroient trop
forts , & le lotiffage n'en pourroit toujours être fait qu'après que les
moutons du Marché auroient été conduits au parquet des Fauxbourgs
de Paris , ce qui ne peut fe faire pour le plûtôt que le lendemain en
Eté , & le furlendemain en Hyver ; ainfi les Bouchers de campagne
auroient le tems de manger en partie la valeur de leurs moutons en les
attendant.

Outre ces raifons affez puiffantes pour rendre cet affujettiffement impoffible , il s'en trouve une fi importante , qu'elle intéreffe tout l'Etat :
c'eft celle de la maladie contagieufe & épidémique , à laquelle les
moutons font feuls fujets & que l'on nomme le claveau , dont l'unique
reffource de ceux qui ont le malheur d'en voir leurs troupeaux attaqués , pour en éviter les fuites & la perte de plus de moitié , eft de les
vendre aux Marchés pour être confommés ; & fi l'on ne prenoit ce
parti , cette maladie feroit des progrès confidérables , tant elle eft fubtile
à fe communiquer. Tous ceux qui connoiffent ce beftial blanc , fça-
vent que fans être mêlé l'un avec l'autre , cette maladie peut fe gagner
l'inftant feul de s'approcher ou de paffer dans les chemins où ont été
les moutons attaqués de la maladie.

L'on a même eu la fâcheufe expérience de reconnoître que le vent
avoit apporté le mauvais air d'un troupeau malade fur un autre qui ne
l'étoit pas , c'eft ce qui engage tous les gens bien fenfés qui font conduire des moutons aux Marchés , & particulierement les Laboureurs
d'en faire plûtot le facrifice à vil prix , que de s'expofer à remporter
chez eux le mauvais air , & fi l'entreprife du Fermier de la caiffe
réuffiffoit , bientôt tous les lots de moutons venant des Marchés ,
répandus de tous les côtés , infecteroient la campagne , les Bouchers fe verroient pourfuivis de toutes parts en garantie & dommages-intérêts par les Laboureurs & même les Seigneurs qui font

valoir leurs terres, & les confommeroient en frais, qui fe feroient de part & d'autre, bientôt les progrès & déchets de cette maladie, feroient venir les moutons à un prix exceffif, & par une longue fuite de tems on en verroit diminuer l'efpece de plus de moitié en la totalité.

On oppoferoit en vain contre ces obfervations qui font dans l'exacte vérité, que les Bouchers de Paris encourent les mêmes rifques; il eft aifé de voir que leur pofition eft entierement différente en ce qu'ils jouiffent feuls de toute la Banlieue, & qu'en conféquence leurs troupeaux ne peuvent communiquer avec d'autres à qui cela puiffe faire aucun tort, & qu'ils en font la confommation à fur & mefure qu'ils les achetent, au lieu que toute la campagne eft remplie de troupeaux d'éleves, compofés la plûpart de brebis & d'agneaux qui périroient indubitablement par cette maladie; bien loin de fournir par ce projet auffi intéreffé que mal concerté de la part du Fermier, l'avantage public & l'abondance, ainfi qu'il affecte de l'annoncer, il opéreroit l'entiere deftruction de l'efpece.

Enfin il eft conftant que dans la Banlieue refervée pour les Bouchers de Paris, il n'y a pas un Fermier qui ait ni puiffe avoir un troupeau.

C'eft néanmoins contre ces Bouchers domiciliés hors la Banlieue de Paris que le Fermier du fol pour livre, guidé par un fordide intérêt & par la cupidité (paffion fatale à la Société), a exercé pendant le cour des années 1757 & 1758, des pourfuites, des contraintes & exactions par lefquelles il les a mis tous aux abois. Ils font en Inftance contre lui en la Cour; où ils demandent tant la nullité des Procès-verbaux de perquifitions, de faifies & d'enlevemens de leurs bœufs & moutons, que la reftitution des différentes fommes qu'il les a contraints de lui payer, fous prétexte de contraventions, amendes & confifcations encourues, dit-il, par eux, pour n'être pas venus acheter aux Marchés de Seaux & de Poiffy, tous les bœufs, moutons & veaux qu'ils ont débités dans leurs boucheries.

Leur demande ne peut être fufceptible de difficulté; toutes les contraintes & voies employées par le Fermier, n'étoient point autorifées par une loi ni par aucune autorité légitime : elles font même directement oppofées aux Edit & Déclaration portant établiffement de la Caiffe, enregiftrés en la Cour, & au Reglement de 1756 rendu toutes les Chambres affemblées : les moyens de ces Bouchers de campagne font expliqués dans leur Mémoire imprimé fur leur caufe contre le Fermier indécife en la Grand'Chambre.

Le Fermier a, dit-on, pris pour prétexte fecret un Arrêt provifoire du Confeil du 29 Mars 1746, qui porte que tous les Marchands forains, Laboureurs & autres feront tenus de conduire & mener directement leurs bœufs, vaches, veaux, moutons & autres beftiaux à pied fourché, aux marchés de Seaux & de Poiffy, fans les pouvoir conduire ailleurs, & fait des défenses aux Bouchers de Paris, Châtre, Saint-Germain, Nanterre, Argenteuil, Versailles, Clamard, Châtillon, & autres des environs de Paris, d'en acheter ailleurs qu'aux Marchés de Seaux & de Poissy.

Le Fermier s'est volontairement abusé ; sa cupidité lui a fait oublier que la Cour s'est réservé la connoissance de l'exécution de la Déclaration de 1755, portant continuation de l'établissement de la Caisse ; il a agi de sa propre autorité, & même par attentat formel à l'autorité de la Cour, qui a non-seulement fait le Reglement de 1756, mais aussi accordé nombre d'Arrêts de défenses à ces Bouchers de campagne pendant les années 1757 & 1758.

L'Arrêt du Conseil de 1746, & ceux de 1707, 1710 & 1733, qui y sont énoncés, n'ont point eu d'exécution pendant les douze années du premier Bail de la Caisse, finies en 1756.

D'ailleurs le Fermier ne s'est pas borné à poursuivre les Bouchers qui habitent les lieux mentionnés dans l'Arrêt du Conseil de 1746.

Que le Fermier ne dise pas que les termes, *& autres lieux des environs de Paris*, doivent comprendre les campagnes : non seulement une contrainte onéreuse aux particuliers & au Public, ne s'établit point par une énonciation vague, mais les endroits expressément nommés dans l'Arrêt, ne sont qu'à deux & trois lieues, & sur les routes des Provinces d'où les Forains amenent les bestiaux.

Le lieu Châtre, compris dans l'Arrêt du Conseil de 1746, est éloigné de Paris de sept lieues, mais il y a relativement à ce lieu, deux raisons particulieres, qui ne militent point contre les autres campagnes.

Châtre est le passage des bœufs qui viennent de l'Auvergne, du Bourbonnois, du Limosin ; on y a peut-être voulu empêcher tout entrepôt. Il y avoit à Châtre un Marché de bestiaux qu'on avoit pour objet particulier d'interdire.

Ces autres campagnes n'ont point de Marchés de bestiaux, & ne font point le passage des bœufs ; ainsi point de conséquence à tirer de la contrainte imposée aux Bouchers de Châtre, pour en imposer une semblable aux Bouchers des autres campagnes qui ne sont pas nommés dans ces Arrêts du Conseil.

Ces Arrêts qui ont évidemment eu pour objet l'approvisionnement de Paris, n'ont jamais eu une véritable exécution, & n'ont servi qu'au Fermier pour inspirer une terreur avantageuse pour sa Caisse.

En effet, il subsiste encore plusieurs Marchés de bestiaux dans les vingt lieues, & notamment celui de Nangis. Si on ne vend plus de bœufs à celui de Châtre, c'est moins en conséquence de l'Arrêt du Conseil, que par la suite des Réglemens généraux de Police, qui défendent de vendre en route aucune des Marchandises destinées pour l'approvisionnement de Paris ; cela est si vrai, qu'on vend encore

chaque

chaque jour à Châtre des vaches , veaux & porcs , contre la difpofition de l'Arrêt. Toutes les femaines il y a des marchés à Saint-Germain où fe vendent les porcs.

Il eft encore conftant que , depuis cinquante ans que le premier
de ces Arrêts a été rendu ; le commerce des veaux s'eft toujours fait
librement dans la campagne , & que malgré l'interdiction de tout
commerce de moutons dans les vingt lieues hors des Marchés de
Seaux & de Poiffy, ils ont continué de fe vendre dans les Fermes
comme auparavant. Ces Arrêts n'ont donc point eu d'exécution, du
moins par rapport aux Bouchers de campagne.

Il en eft de même du Commerce des porcs , qui fe fait publiquement dans ces mêmes Marchés, où il eft interdit par les Arrêts du
Confeil de 1707 & 1746.

Par rapport aux veaux , on fent que l'exécution de ces Arrêts feroit
impoffible & barbare. Pour qu'elle eût lieu, il faudroit qu'un fermier,
ou même un petit ménager, qui n'auroit qu'un veau, vînt de 20
& quelquefois 25 lieues pour le vendre à Seaux ou à Poiffy , & qu'il
confommât en frais le prix du veau. Tout Commerce étant interdit
dans les 20 lieues, il ne pourroit le vendre à aucun Marchand ; d'un
autre côté il faudroit que le Boucher du Village même où fe trouveroit ce veau , fût chercher bien loin de chez lui ce qu'il auroit à fa
porte , & qu'au lieu d'une viande fraiche & délicate, telle que le veau
doit être , il n'eût à plus grands frais qu'une viande fatiguée , rouge
& d'une qualité infiniment inférieure.

A l'égard des moutons , il eft une raifon fimple qui ne permet pas
aux Fermiers d'aller toujours mener à 20 lieues de chez eux ceux
dont ils veulent fe défaire.

Quand il s'agit d'un troupeau entier , ou même d'un nombre confidérable de bêtes, le fermier peut les faire conduire au loin , & s'y
tranfporter lui-même pour les vendre. Les frais du voyage repartis
fur la quantité , ne font plus un objet ; mais quand ce fermier ne veut
fe défaire que de 10, 15 , 20 ou 30 moutons ou moins, c'eft en perdre la moitié que de faire 6 , 7 , 8 , 10 , 15 , 20 , 25 & 30 lieues pour
les aller vendre ; ainfi il eft impoffible qu'une Loi l'exige.

Il faut encore dire qu'il n'y a que les moutons actuellement gras
qui foient de défaite aux Marchés de Seaux & de Poiffy, & que fouvent
l'état des pâturages oblige le laboureur de diminuer fon troupeau
avant qu'il foit gras , alors il vend fes beftiaux à moitié gras aux Bouchers voifins qui achevent de les engraiffer pour les tuer enfuite ; &
ce feroit le ruiner que de le forcer à conduire aux Marchés de Seaux
& de Poiffy une marchandife qui n'y convient pas.

Qu'on ne dife pas que c'eft un bien que le fermier foit forcé d'a-
mener aux Marchés de Seaux & de Poiffy ce qu'il eft obligé d'y donner à bon marché, car ce n'eft qu'un avantage momentané pour les
marchés. Le fermier , qui prévoit qu'il ne pourra pas fe défaire à fon
gré de fa marchandife , néglige d'en élever ; & pour vouloir avoir

une denrée à bon marché, on manque de la denrée même.

Enfin il eſt de l'intérêt public d'éviter ces différens frais de voyage & de la marchandiſe & des vendeurs & des acheteurs, parce qu'ils forment néceſſairement ou une augmentation du prix de la denrée, ou une perte conſidérable pour le nourriſſeur : deux inconveniens qui méritent la plus grande attention.

Le véritable objet de ces Marchés, c'eſt l'approviſionnement de Paris ; ainſi Paris & ſa Banlieue ſont leur véritable arrondiſſement. Tout le reſte des environs de Paris ne doit point être aſſujetti à ſe fournir à ces deux Marchés. L'aſſujettiſſement n'auroit pour but que de faire valoir l'impôt aux dépens de la liberté publique.

La ſeule gêne qu'on doive impoſer au Commerce, eſt la défenſe d'acheter en route, à une certaine diſtance de Paris, des beſtiaux deſtinés pour l'aproviſionement de cette Ville.

De cette ſeule regle il ſuivra que rien n'altérera l'abondance des Marchés de Seaux & de Poiſſy, puiſque tout ce qui leur ſera deſtiné, ne pourra être arrêté en route : en conſéquence le bœuf, qui n'eſt point un produit des Provinces voiſines de Paris, ne ſera jamais acheté qu'à Seaux & à Poiſſy.

Les troupeaux des vaches graſſes viennent auſſi des Provinces éloignées. Si par haſard le fermier ou le ménager des environs de Paris en vendent quelques-unes, c'eſt quelque accident (la ſtérilité ou la vieilleſſe) qui les y déterminent. Ces vaches alors ne doivent point paſſer par les Marchés de Seaux & de Poiſſy. Il n'eſt pas même poſſible qu'elles y paſſent, car une vache qui peut être vendue ſur le lieu ne ſçauroit ſupporter les frais d'un voyage de 30 ou 40 lieues, que le fermier ou le ménager ſeroit obligé de faire pour la conduire à ces Marchés ; elle doit donc néceſſairement être vendue ſur le lieu même au Boucher voiſin, & ſervir à la nourriture du peuple ſans être renchérie par l'impôt du ſol pour livre & par les frais du voyage.

Quant aux moutons, les Bouchers de la campagne doivent avoir la liberté d'aller les acheter dans telles Foires & Marchés que bon leur ſemble ; il doit même leur être permis de les acheter dans les fermes par les motifs qui ont été expliqués ci-deſſus. Il y a plus ; il ſeroit infiniment dangereux qu'ils fuſſent même volontairement les acheter à Seaux & à Poiſſy.

Il ſe fait dans les Foires des viſites fort exactes pour s'aſſurer de la ſanté des troupeaux de moutons qu'on y vend, & il ne ſe fait aucune viſite de cette eſpece pour les moutons dans les Marchés de Seaux & de Poiſſy. Ceux qui en reviennent riſquent beaucoup d'être infectés de l'air du claveau, maladie contagieuſe, & qui ſouvent eſt la cauſe de l'envoi d'un troupeau à ces Marchés.

Or les moutons que les Bouchers de la Campagne achetent, reviennent pâturer ſur les champs des Paroiſſes de leurs demeures ; il y pourroient donc rapporter, ou plûtôt ils y rapporteroient néceſſairement un air infecté qui feroit périr les moutons du canton.

Ainſi s'ils faiſoient leurs achats dans ces Marchés ſuſpects, les Laboureurs dont les troupeaux pâturent les mêmes champs que ceux des Bouchers, feroient en droit de leur faire interdire ce pâturage commun. L'intérêt public de la conſervation des moutons exigeroit qu'à leur défaut, le Miniſtere public obligeât les Bouchers de tenir leurs beſtiaux renfermés.

Ces prétentions nouvelles, qui ruineroient le commerce des Bouchers, & qui feroient cependant indiſpenſables, font voir de quelle conſéquence il eſt que ces Bouchers de la Campagne ne ſoient jamais obligés à acheter leurs moutons à Seaux & à Poiſſy.

D E S J O B E R T, Proc.

A PARIS, chez P. G. SIMON, Imprimeur du Parlement, rue de la Harpe.

SOMMAIRE

En la Cauſe indéciſe en la Grand'Chambre,

POUR les Bouchers de Campagne des Bourgs & Villages de Villeneuve-Saint-Georges, Meulan, Goneſſe, Sarcelles, Villiers-le-Bel, Montgeron, Chenevieres, Juviſy, Saint Brice, Villiers-ſur-Marne, Draveil, Chelles, Pierrefite, &c. qui ſont tous hors la Ville & Banlieue de Paris, & à la diſtance d'environ 4, 5, 6, 7, 8, 9 & 10 lieues & plus des marchés de Seaux & de Poiſſy, Appellans & Demandeurs.

CONTRE le *Fermier de la Caiſſe établie pour ces marchés, Intimé & Défendeur.*

LES Bouchers de campagne implorent la juſtice & l'autorité de la Cour contre les pourſuites & vexations que le Fermier a exercées contr'eux pendant le cours des années 1757 & 1758, & qu'il continueroit encore, s'il n'avoit pas été arrêté par l'Arrêt portant Reglement proviſoire, que la Cour a eu la bonté de rendre le 21 Octobre 1758, qui fait défenſes au Fermier de faire aucune ſaiſie ſur les Bouchers *hors la Ville & Banlieue de Paris.*

Ces Bouchers demandent, 1°. la nullité des ſaiſies de leurs beſtiaux que le Fermier a fait faire dans leurs maiſons & dans les pâturages.

2°. L'infirmation des Sentences que le Fermier a ſurpriſes en la Chambre de Police du Châtelet, par leſquelles, en faiſant déclarer valables aucunes de ces ſaiſies, il a fait prononcer la confiſcation avec amende & dépens.

3°. La reſtitution des ſommes qu'il les a obligés de lui payer, ſoit après des ſaiſies dont il menaçoit de ſuivre rigoureuſement l'effet, ſoit après des Sentences qu'il avoit fait rendre.

4°. Des dommages-intérêts réſultans des torts & préjudices conſidérables qu'il a cauſés dans leur commerce.

On défie le Fermier d'établir qu'il ait eu aucun droit, qualité, titre

A

ni loix pour faire ces faifies, furprendre ces Sentences, & exiger les fommes qu'ils fe font vus contraints de lui payer.

Le prétexte fur lequel il a ainfi perfécuté ces Bouchers de campa-gne, eft de les affujettir à venir aux marchés de Seaux & de Poiffy, pour y acheter tous les beftiaux néceffaires pour leurs boucheries : mais ce prétexte, injufte en lui-même, n'eft appuyé d'aucune autorité légitime ; il eft même contraire aux Edits & Déclarations concernant l'établiffement de la Caiffe. Enfin ce prétexte, fuggéré par la cupidité, a été par lui pris & fuivi au mépris d'une foule d'Arrêts de la Cour & de fon Reglement rendu les Chambres affemblées en 1756.

La Cour fera étonnée de voir que, fous fes yeux & dans la Capitale du Royaume, le Fermier ait hazardé & pratiqué pendant le cours de deux années, des voyes contraires au bien public, & fi fatales aux par-ticuliers qui ont été les victimes de fon avidité.

Le Fermier a voulu traiter cette partie du commerce effentielle à la vie des citoyens, comme s'il s'agiffoit d'un droit d'Aydes & autres, qui font purement affaires de finance & dont la forme de les percevoir, eft établie formellement par les loix du Prince. Ce Fermier dont la conduite eft expreffément foumife à l'autorité de la Cour, par la con-noiffance qu'elle s'eft réfervée de l'exécution de la Déclaration de 1755 en l'enregiftrant, femble avoir voulu braver cette autorité fou-veraine, puifqu'il a employé des voyes odieufes qui ne l'avoient pas été par le Fermier des douze années du bail de la caiffe fini en 1756.

Tous ces points & toutes ces vérités feront établies par la feule ex-pofition des faits & des circonftances dans lefquelles ces Bouchers ont recours à l'autorité de la Cour.

F A I T.

L'établiffement d'une caiffe de crédit dans les marchés de Seaux & de Poiffy, fait par l'Edit du Roi de 1743, n'eft que nouvellement, fous une autre forme, de la création qui avoit été faite par Edit du mois de Janvier 1707, de Tréforiers de la Bourfe, qui ne fubfifterent que trois ans.

Cette caiffe eft établie pour payer aux vendeurs, dans l'inftant de la vente, le prix de tous les beftiaux conduits dans les marchés.

L'Edit de 1743, qui rappelle celui de 1707, porte en termes for-mels, que *les habitans de la ville de Paris retirerent de l'établiffement l'uti-lité qu'on s'en étoit propofé, puifque le prix de la viande diminua confidé-rablement.*

L'article premier de l'Edit de 1743 ordonne qu'il y aura un ou plu-fieurs Bureaux ouverts à Seaux & à Poiffy pour payer fur le champ aux Marchands forains le prix des beftiaux qu'ils ameneront & ven-dront aux Bouchers & autres Marchands folvables.

L'art. 2 rétablit le fol pour livre du prix des beftiaux, *encore bien que la Bourfe ne l'ait pas avancé.*

L'art. 3 veut que celui qui fera chargé de l'exécution de l'Edit, ait un

Bureau à Paris , pour recevoir les ſommes qu'il aura avancées aux Bouchers ; & à défaut de payement dans la quinzaine *, les débiteurs ſeront
contraints , même par corps, conformément aux Ordonnances ſur le
fait des ventes dans les foires & marchés.

La Déclaration du 16 Mars 1755 ordonne que *l'établiſſemenr de la
caiſſe de crédit pour les marchés de Seaux & de Poiſſy , demeurera continué
pendant douze années , de la même maniere & aux mêmes conditions preſcri-
tes par l'Edit & la Déclaration de 1743.*

C'eſt toujours le même eſprit qui anime le Légiſlateur , *le deſir de
procurer aux habitans de Paris une diminution ſur le prix de la viande , en
procurant aux Marchands forains le prix de leurs beſtiaux dans l'inſtant de
la vente qu'ils en font aux marchés.*

Cet intérêt ſi ſenſible a ſeul déterminé l'établiſſement de la caiſſe : le
Fermier du ſol pour livre doit ſervir le Public , faciliter la vente des beſtiaux & procurer la diminution de leur prix par des avances propor-
tionnées aux ventes & à la conſommation : le bénéfice conſidérable qui
lui eſt accordé , eſt la récompenſe de ces avantages qu'il eſt chargé de
procurer , & non un tribut uniquement pour l'enrichir. C'eſt ſous ces
points de vûe que l'établiſſement de la caiſſe peut être bon en lui-
même , autrement il devient funeſte au commerce.

Aucune de ces Loix n'oblige directement ni indirectement, formellement ni implicitement les Bouchers des Villes , Bourgs , Villages &
Hameaux qui ſont hors la Banlieue de Paris , pas même ceux qui ſont
dans la Banlieue , de venir acheter les beſtiaux néceſſaires pour leurs
boucheries aux marchés de Seaux & de Poiſſy. Une pareille obligation
ne pourroit pas même leur être impoſée, ſans forcer en même tems tous
les laboureurs, fermiers & propriétaires des campagnes voiſines de Paris , de conduire aux Marchés de Seaux & de Poiſſy tous les beſtiaux ,
qu'ils ſont dans le cas de vendre, & ſans anéantir tous les marchés de ces
Villes, Bourgs & Villages. D'ailleurs ce ſeroit aller directement contre
l'approviſionnement de la ville de Paris , qui fait l'objet de ces marchés
de Seaux & de Poiſſy , où les Marchands forains des Provinces éloignées, amenent les beſtiaux deſtinés pour cette Capitale du Royaume.

Les Bouchers de campagne ne pouvant acheter qu'à ces Marchés ,
il eſt conſtant que les beſtiaux y ſeroient plus chers : il en naîtroit
d'ailleurs une foule d'inconvéniens contre le bien public , & celui de
tous les habitans de ces campagnes. Ces inconvéniens n'auroient pas
échappé aux lumieres de M. le Procureur Général, s'il avoit été queſtion d'impoſer à ces Bouchers l'obligation d'aller acheter leurs beſtiaux dans ces Marchés. Il ſuffit donc à ces Bouchers de dire qu'aucune
des Loix portant établiſſement de la Caiſſe ne leur impoſe en aucune
maniere cette obligation.

Pendant les douze premieres années de l'exiſtence de la Caiſſe ,
commencées en 1744 & finies en 1756 , le Fermier de la Caiſſe n'a
pas prétendu que les Bouchers de campagne fuſſent obligés de venir
ſe fournir dans ces Marchés ; il n'a imaginé aucune eſpece de con-

4

trainte pour les y obliger. Il a feulement perçu le fol pour livre des
beftiaux, & notamment des bœufs qu'aucuns de ces Bouchers des en
virons de Paris font venus y acheter volontairement, & dans des cas
néceffaires; il ne leur accordoit pas le crédit ordonné par Edits &Dé-
clarations; il les regardoit comme Bouchers infolvables, fur lefquels il
avoit le droit de percevoir le fol pour livre, fe fondant, par un abus
manifefte, fur l'art. 2. de 1743, qui rétablit le fol pour livre, *encore que
la Caiffe n'ait pas avancé.*

C'étoit au fond une injuftice marquée de la part du Fermier, parce
que fa caiffe doit être ouverte pour tous les Bouchers & autres Marchands folvables; il ne lui étoit pas permis de réputer infolvables de
fa propre volonté & autorité ces Bouchers des environs des Marchés.

On fçait qu'il en ufoit de même envers la majeure partie des Bouchers de Paris; de-là renaiffoient les inconveniens que le Légiflateur
a voulu prévenir par l'établiffement de la caiffe. Les Marchands forains n'étoient plus payés fur le champ pour s'en retourner, le prix
de la viande augmentoit, les étaux n'étoient plus exactement *garnis,*
& les Bouchers étoient obligés, comme avant l'exiftance de la caiffe,
de payer de leurs deniers, ou de prendre des tems avec les Marchands, ou de recourir à des ufuriers.

Le motif du Fermier, en refufant ainfi d'avancer à la majeure partie
des Bouchers de Paris & à ceux des environs des Marchés, eft fon intérêt particulier. Moins il avance de deniers aux Marchands forains,
moins il lui en faut dans fa caiffe, & plus fon gain eft exceffif; il a
le fol pour livre pour avancer des deniers pendant trois femaines.

Que réfulte-t-il de cette odieufe adminiftration ? Que la caiffe qui
avoit été établie pour le bien public & pour la commodité des Bouchers de Paris, tourne réellement à leur préjudice, puifqu'ils payent
le fol pour livre, fans retirer que peu ou point de fecours de cette fatale caiffe qui ne s'ouvre que pour ceux à qui il eft très-facile de s'en
paffer. Car ce font ceux-là feuls que le Fermier répute folvables, re-
jettant arbitrairement & de fa pure autorité tous les autres Bouchers
dont la fortune moins aifée, femble avoir été le principal objet de l'é-
tabliffement de la caiffe. Enforte que ce n'eft plus qu'un impôt gratuit & fans charge que le Fermier leve fur le Public; & ce qui, dans
l'objet du Légiflateur, étoit deftiné à l'avantage des Bouchers & du
Public, ne fert plus dans l'exécution qu'à enrichir ce Fermier aux
dépens du Public. La Caiffe n'a fûrement pas fait diminuer le prix de
la viande depuis mil fept cent quarante-quatre ; au contraire, la
Cour s'étant heureufement réfervé la connoiffance de l'exécution
de l'Edit de 1755, a voulu arrêter l'avidité du Fermier, & prévenir ces abus journaliers & multipliés. Il y a eu des Mémoires fournis
par le Fermier, par les Marchands forains & par les Bouchers de Paris. Il n'étoit pas, ni ne pouvoit alors être queftion des Bouchers des
Campagnes éloignées ; & c'eft fur ces Mémoires que la Cour a rendu,
toutes les Chambres affemblées en 1756, fon Arrêt de Reglement,

par

par lequel la Cour a reglé ceux aufquels le Fermier feroit tenu de faire le crédit, ceux aufquels il pourroit le refufer, & la maniere en laquelle il pourroit le refufer.

L'Article premier porte que le crédit ordonné en faveur des Bouchers & autres Marchands folvables, aura lieu pour les Bouchers folvables domiciliés hors la Ville & fauxbourgs de Paris dans l'arrondiffement qui fera fixé par la Cour, & que par provifion ce crédit aura lieu en faveur defdits Bouchers folvables domiciliés hors la Ville & Fauxbourgs de Paris qui juftifieront s'être fournis.

L'Article II de ce Reglement fixe ceux qui pourront être réputés infolvables, & la maniere en laquelle le crédit pourra leur être refufé.

Il eft évident que l'Article premier de ce Reglement n'a eu pour objet que de forcer le Fermier à faire le crédit aux Bouchers domiciliés hors la Ville & Fauxbourgs de Paris.

Il eft également évident que ce Reglement relatif aux Edits & Déclarations de 1707, 1743 & 1755, n'impofe pas directement ni indirectement aux Bouchers de Campagne, tels que font ceux qui reclament aujourd'hui l'autorité de la Cour l'obligation devenir acheter aux Marchés de Seaux & de Poiffy les beftiaux néceffaires pour leurs Boucheries.

La feule induction apparente que le Fermier puiffe tirer de ce Reglement, c'eft que la Cour n'a pas voulu l'obliger à faire le crédit à des Bouchers domiciliés hors la Ville & Fauxbourgs de Paris, fans aftraindre ceux qui feront compris dans l'arrondiffement que la Cour a ordonné être fait, à venir acheter aux Marchés de Seaux & de Poiffy; mais il eft certain que d'un côté cet Article premier du Reglement & l'arrondiffement que la Cour a ordonné par cet Article, & même la décifion fur le provifoire n'ont eu pour objet que de forcer le Fermier à faire le crédit qu'il ne faifoit pas aux Bouchers des lieux voifins de Paris & des Marchés de Seaux & de Poiffy, qui venoient volontairement acheter dans ces Marchés; & que de l'autre, ces mêmes Bouchers voifins de Paris & des Marchés de Seaux & de Poiffy ne font pas forcés d'aller à ces Marchés, à plus forte raifon ceux des Campagnes éloignées, comme font les appellans & demandeurs. Ils n'ont donc pû, & ne peuvent être forcés à acheter aux Marchés de Seaux & de Poiffy.

C'eft dans cette pofition qu'en l'année 1757, le Fermier qui n'a conftamment dans fon bail d'autres droits à percevoir que ceux portés par les Edit & Déclaration, portant établiffement de la caiffe, & qui ne peut les étendre au-delà, a imaginé de forcer les Appellans & Demandeurs à n'avoir chez eux, & ne débiter dans leurs boucheries d'autres bœufs & moutons que ceux qu'ils feroient venus acheter dans les Marchés de Seaux & de Poiffy.

Cette prétention directe fur les Appellans & Demandeurs, ré-

B

fléchit sur les Fermiers & Propriétaires des campagnes , qui seroient forcés d'amener à ces Marchés tous les bestiaux qu'ils voudroient vendre , quelque petit qu'en fût le nombre.

Un Boucher, éloigné de huit à dix lieues des Marchés de Seaux & de Poissy , qui ne débite qu'un , deux ou trois moutons par Semaine, seroit forcé de venir les acheter dans ces Marchés ; un Propriétaire ou Fermier qui n'aura que deux , trois , quatre ou cinq moutons &c. sera obligé de faire un voyage pour venir à ces Marchés. Quelle gêne & quelle contrainte dans un commerce nécessaire à la vie !

Cette prétention va aussi indirectement à faire tomber toutes les Foires & Marchés des Seigneurs qui sont dans la distance d'environ trente lieues, dans lesquels les Appelians & Demandeurs ont de tous les tems acheté librement leurs bœufs, & singulierement les moutons destinés pour leurs boucheries. Que deviendroient les Foires de Saint Denis ;(il y en a une considérable pour la vente des moutons appellée le Landy) de Montargis, de Chartres, de Flagy , de Pomporne, de Villeneuve le Comte , de Rebey , de Nangis , de Branle , de Dormel , Crecy, Fontainebleau, Cerrotte, Cherrouette, d'Epernon , de Rambouillet , de Gaillardon, de Nonancourt, Tocquin , Coulomiers , la Ferté-sous-Jouarre , Doue , Milly, Blandy, Montety , Malzerbe , Nemours, Meaux , &c. (Il y a tous les premiers Samedis du mois Marchés de bestiaux à Meaux , & tous les premiers Mercredis à Coulommiers.)

Les voyes que le Fermier a prises pour réaliser sa prétention , sont odieuses ; la Cour sera étonnée qu'il ait osé & qu'il ait pû les pratiquer dens le sein du Royaume pendant le cours des années 1757 & 1758.

Il a successivement de proche en proche, tantôt d'un côté, tantôt de l'autre , envoyé des Inspecteurs & Commis Ambulans (il en a établi un grand nombre) chez les Bouchers de campagne, faire des perquisitions , en leur défendant de débiter aucuns bestiaux , à moins qu'ils ne fussent venus les acheter dans les Marchés de Seaux & de Poissy. Il a fait faire dans leurs maisons & dans les pacages , une infinité de saisies de bœufs & moutons destinés pour leurs boucheries. Il a fait prononcer par plusieurs Sentences rendues en la Chambre de Police du Châtelet , la validité d'aucunes de ces saisies avec amende & confiscation & dépens. Il a fait exécuter rigoureusement ces Sentences. Il a même fait enlever des bestiaux sans avoir obtenu aucune Sentence ; & sur le simple Procès-verbal de ses Commis, il les a vendus à tel prix qu'il lui a plû, & il a gardé l'argent.

Ce n'est pas tout, soit qu'il eût fait faire un Procès-verbal de saisie, soit qu'il eût fait enlever les bestiaux , soit qu'il eût surpris des Sentences,(il employoit ces voyes tour à tour, quand l'une ne suffisoit pas , il employoit l'autre). Il a par pourfuites & par menaces, obligé un grand nombre de ces Bouchers de lui payer des sommes considérables & multipliées, pour se rédimer des perquisitions , des contraintes & Procès, par lesquels il les accabloit successivement,

(72 liv. 90 liv. 120 liv. 130 liv. 150 iivres, 180 livres, tout étoit bon pour le Fermiers.)

Les Bouchers rapportent en la Cour grand nombre de Procès-verbaux de perquifition & de faifies qui font tous faits fans aucun titre ni autorité de Juftice ; plufieurs Sentences qu'il a furprifes en la Chambre de Police du Châtelet, & une multitude de quittances du fieur de Cheftret, Directeur Général de la caiffe, de différentes fommes qu'ils ont été contraints de payer.

Si les Bouchers ne rapportent pas toutes les quittances des fommes qu'ils ont payées au fieur de Cheftret, c'eft que d'un côté il en a reçu plufieurs dont il ne donnoit pas fon reçu, & que de l'autre, il a compenfé des fommes par lui reçues dans des billets de caiffe qu'ils ont faits par la fuite pour des moutons qu'on les forçoit de venir acheter, & enfin plufieurs ont été perdues. Qu'il repréfente des Regiftres, & la Cour verra la totalité des fommes qu'il s'eft fait payer fi injufte-ment.

Les quittances données à ces Bouchers par le fieur de Cheftret, font d'un ftile bien fingulier ; il y fait dire que le Boucher s'eft préfenté à lui pour éviter les fuites ou des Procês-verbaux faits par le Commis, ou des Sentences obtenues fur aucuns de ces Procès-verbaux, & que le Boucher a offert une fomme : il paroît l'accepter par forme de Tranfaction & par grace. Il fait foumettre le Boucher à ne s'approvifionner d'aucuns beftiaux que dans les Marchés de Seaux & de Poiffy : il va même jufqu'à faire renoncer le Boucher à fe pourvoir au Parlement. La Cour fera remplie d'indignation en voyant de pareilles quittances des fommes exigées fans aucun droit & fans aucun titre valable.

Pour amorcer les Bouchers de campagne, le Fermier à fait crédit à aucuns de ceux qu'il avoit contraints & fait foumettre de s'approvifionner dans les Marchés de Seaux & de Poiffy ; mais il les a bientôt après privés de ce crédit en les mettant au rang des acheteurs, qui, fuivant lui, ne font folvables.

Ce n'eft pas ici le lieu de rendre compte de tous les faits, & des abus que le Fermier commet envers les Bouchers de Paris & les Marchands Forains en refufant ce crédit. Tout ce qu'on peut en dire, c'eft qu'il eft notoire que le crédit eft refufé à la majeure partie des Bouchers de Paris, & que conféquemment, la majeure Partie des Marchands Forains ne font pas payés par la caiffe ; qu'on interroge les uns & les autres, & que l'on confulte leur fituations, on eft affuré que le Forains pour qui la caiffe eft établie en faveur de l'approvifionnement de Paris, s'en plaignent amerement, d'autant qu'ils ne reçoivent prefque point de la caiffe, quoique le Fermier perçoive tres rigoureufement le fol pour livre ; on voit que l'état des Bouchers de Paris, qui achetent plus cher, à caufe de la perception du fol pour livre, dépérit de plus en plus depuis quinze ans, & que la majeure partie des membres eft prête de l'anéantiffement.

La Cour a accordé dans le cours des années 1757 & 1758, à ceux des campagnes qui ont eu recours à son autorité, des Arrêts par lesquels, en recevant les appels, il a été fait des défenses, (elles sont réitérées par plusieurs de ces Arrêts) , contre les contraintes exercées de la part du Fermier & contre les Sentences de la Police.

Le Fermier s'est vû arrêté dans sa course à l'égard de ceux qui ont obtenu ces Arrê. Il n'a plus osé exercer ses contraintes contr'eux ; mais il a continué ses entreprises contre d'autres : saisies de bestiaux dans les champs & pacages, perquisitions dans les maisons, enlévement de bestiaux & même ventes d'iceux à vil prix ; tout a été commis par le Fermier au mépris des Arrêts de la Cour ; il ne sçauroit en disconvenir. Plusieurs Bouchers ayant obtenu des Arrêts de défenses de la Cour, il ne pouvoit pas ignorer que c'étoit une cause commune à tous.

C'est ainsi que le Fermier en a usé pendant les années 1757 & 1758. Les campagnes ont gémi sous le poids de ses véxations ; il les continueroit encore s'il n'avoit pas été arrêté par l'Arrêt de la Cour du 21 Octobre 1758, qui a prononcé un second Réglement provisoire.

La Cour a rendu ce réglement au sujet des voyes de fait, violences & excès que le Fermier a fait commettre envers le nommé Bocquet, Fermier & Boucher à Sarcelles ; (il est du nombre des Appellans & Demandeurs) les circonstances ont révolté tout le public & les Magistrats qui ont rendu cet Arrêt du 21 Octobre sur les Conclusions & Réquisitoire de M. le Procureur Général.

Le 23 Septembre précédent, le Fermier avoit envoyé ses Commis faire perquisition chez Bocquet, & constater qu'il y avoit des moutons sans être venu les acheter aux Marchés de Seaux & de Poissy : ces Commis en avoient trouvé ce jour-là neuf ou dix tant bons que mauvais dans l'échaudoir de la Boucherie de Bocquet, qui étoient destinés, soit pour vendre, soit pour la nourriture de sa famille qui est très-nombreuse, de ses Charetiers (il exploite sept charues) de ses Bergers & de ses Ouvriers qui travailloient à la vendarge ; le fils de Bocquet avoit répondu aux Commis venans toujours en troupe & armés, que son pere n'étoit point en contravention & dans le cas des amende & confiscation dont ils le menaçoient, à moins qu'ils ne justifiassent d'une autorité légitime en vertu de laquelle il eût été défendu à son pere d'avoir été acheter à la foire de Montargis son troupeau, qui est ordinairement composé de mille moutons, & duquel il avoit tiré ceux qu'ils trouvoient tués.

Ce fut le trois du mois d'Octobre que le Fermier, pour consommer un projet dicté par son avidité, envoya quatre de ses Commis, à la tête desquels étoit le frere du sieur de Chestret, Directeur Général, trois Archers de Robbe-Courte, ayant armes hautes, deux Bergers & trois chiens pour enlever le troupeau de Bocquet.

Cette Cohorte trouve ce troupeau composé d'environ six à sept cent moutons paissant dans des champs éloignés d'un demi quart de lieue du Village de Sarcelles, elle l'enleve de la garde du Berger en la présence d'un des fils de Bocquet, qui étoit venu prendre quelques

moutons

moutons pour les tuer à fa Boucherie. Ce troupeau fut emmené des champs par cette cohorte, qui par fa violence, tua un mouton & en bleffa plufieurs qui font morts depuis.

Ils étoient déja près d'un moulin éloigné de plus d'un demi quart de lieue du Village, fur le grand chemin de Sarcelles à S. Denis, qui eft bordé des deux côtés par des vignes où on faifoit vendange, lorfque Bocquet, fa famille & fes Charetiers accoururent, & fe mirent au devant du troupeau, ayant feulement pris des échalas dans les vignes pour empêcher l'enlevement du troupeau & le ramener. Bocquet demanda cent & cent fois à cette cohorte, en vertu de quoi & de quelle autorité ils enlevoient fon troupeau, il leur déclara même qu'à défaut d'en juftifier, il fe verroit plûtôt percer le ventre, comme ils l'en menaçoient, que de laiffer emmener fon troupeau. Le Berger de Bocquet & un de ceux envoyés par le Fermier, fe battirent à coups de bâtons, l'un voulant défendre fon troupeau, & l'autre l'emmener, à l'aide des Commis du Fermier & des Archers.

Cette cohorte piquée d'une réfiftance auffi jufte & naturelle, tira plufieurs coups de fufil à bale, & donna plufieurs coups de bayonnettes. Le nommé Arbricourt, Charetier de Bocquet, en reçut dans les en-trailles, dont il fut bleffé mortellement, & il fut emporté fur un cheval par une des perfonnes qui lui prêterent fecours dans le danger où il étoit de fa vie.

La cohorte attacha pieds & mains liés le nommé Cannat, autre Charetier de Bocquet, & l'emmena Prifonnier au Châtelet, où le fieur de Cheftret de Chaufontaine prenant la qualité d'Infpecteur Gé-néral Ambulant, le mit au fecret le même jour 3 Octobre, & l'é-croua le lendemain en vertu, dit l'écroue, d'Arrêts du Confeil & Lettres Patentes de 1719 & 1723, enregiftrées en la Cour des Ay-des, qui permettent aux Commis des Fermes du Roi, d'emprifonner les Contrevenans dans le cas de rébellion, comme fi cet Infpecteur étoit un Commis des Aydes.

Bocquet fuivit à Paris Cannat fon Charetier, il rendit plainte devant M. le Lieutenant Général de Police contre la cohorte, & fit informer en vertu de fon Ordonnance le quatre & le cinq; l'information eft compofée de dix-huit témoins qui ont tous dépofé de la vérité des faits ci-deffus.

Le Fermier de fon côté fit informer en récriminant d'après le pro-cès-verbal fait par cette cohorte; fon information eft compofée du témoignage de fa cohorte : elle ne dit pas un mot des voyes de fait, de violences & des excès par elle commis; mais auffi elle n'a pas dû dépofer contre les faits dont Bocquet avoit précédamment rendu fa plainte & fait informer.

Par une fatalité bien étrange, l'information de Bocquet fut oubliée, & furcelle du Fermier, Bocquet, fa femme, fes enfans, fes Cha-retiers, furent décrétés de prife de corps; & dans la nuit du 11 Octobre, cette cohorte, augmentée d'environ trente hommes, vint enlever la femme Bocquet, sa fille, & même Arbricourt, Chartier, qui n'étoit pas sorti du lit depuis le 3, où il étoit dangereusement malade; ils furent aussi constitués Prisonniers au Châtelet, & mis au secret comme Cannat.

Arbricourt blessé en danger de sa vie, avoit de sa part rendu plainte le même jour 3 Octobre devant le Juge de Sarcelles, Juge du lieu du délit, contre cette cohorte, sous le nom de Quidams; il avoit fait faire une information bien complette contre eux, il avoit obtenu une provision de 150 livres dont il n'avoit pas le moyen de poursuivre le payement contre cette cohorte, qui fut aussi décrétée de prise de corps par le Prevôt de Sarcelles sous le nom de Quidams.

La Cour ayant reçu les appels respectifs interjettés, tant par Bocquet, par sa famille & par Arbricourt & Cannat ses Charetiers, des emprisonnemens, décrets & informations faites contre eux au Châtelet, que par le Fermier de l'information & decrets rendus à Sarcelles, la cause a été portée à l'Audience le 2 Oct. & il est intervenu, sur les Conclusions de M. le Procureur Gén. Arrêt par lequel la Cour a fait des défenses d'exécuter les decrets rendus au Châtelet; l'élargissement des Prisonniers a été ordonné; il a été accordé à Arbricourt 300 liv. de provision, outre 150 livres à lui adjugés par le Prevôt de Sarcelles; & sur le Réquisitoire de M. le Procureur Général, la Cour a fait défenses au Fermier de faire aucunes saisies, & d'exercer aucunes contraintes contre les Bouchers de campagne, hors la Ville & Banlieue de Paris.

MOYENS.

Personne ne peut, sans s'exposer à être réprimé par le glaive de la Justice, faire ni faire faire des perquisitions dans les maisons des Citoyens, faire procéder par voyes de saisies & enlevemens d'effets & de bestiaux, obtenir des jugemens portant validité de ces saisies, confiscation & amende, sans y être autorisé & fondé, ou par un titre autentique, ou par une autorité légitime, ou par une loi formelle générale ou particuliere; autrement les foibles & les pauvres citoyens feroient les victimes continuelles de la force & de l'injustice.

Ce principe, puisé dans l'ordre général de la société & dicté par toutes les Loix, n'a besoin que d'être annoncé. Or les Bouchers des campagnes, qui réclament l'autorité souveraine de la Cour, se plaignent contre le Fermier d'avoir violé ce principe à leur égard; il les a troublés & dérangés dans leur commerce pendant le cours des années 1757 & 1758, par des perquisitions dans leurs maisons, par des saisies & enlevemens de leurs bestiaux, par des jugemens de Police qu'il a surpris contr'eux, & par le payement des sommes qu'ils ont été contraints de lui payer. Etoit-il fondé en titres & en loix pour en user ainsi contr'eux? C'est tout le point de la Cause. La négative est constante. On le défie hardiment de trouver dans les Edits & Déclarations concernant l'établiſſement de la Caiſſe, qui ſont les ſeules Loix authentiques ſur cette matiere, aucune diſpoſition qui l'autoriſe, pas même indirectement ni implicitement, à contraindre les Bouchers de campagne à venir acheter les beſtiaux pour leurs boucheries dans les Marchés de Seaux & de Poiſſy. La Cour, qui a enregiſtré ces Edits & Déclarations, en connoît toutes les diſpoſitions. Le Fermier lui-même qui ne tient l'adminiſtration de la Caiſſe de ces Marchés que relativement & conformément à ces Edits & Déclarations, n'a pû, ſans être aveuglé par la cupidité d'un gain immenſe & illégitime, ſe perſuader d'y trouver un fondement à la prétention qu'il a imaginée, & d'après laquelle il a troublé, vexé & moleſté ces Bouchers de campagne & leurs familles dont pluſieurs ont été obligés de renoncer à leur commerce de boucherie.

Loin que le Fermier fût autoriſé par ces loix à perſécuter ces Bouchers de campagne, il eſt évident que l'Arrêt de Reglement rendu par la Cour, les Chambres aſſemblées, en 1756, & qui a dû faire la regle de ſa conduite, n'a eu pour objet que d'empêcher l'abus que le Fermier avoit commis pendant les douze années du premier Bail, en refuſant le crédit aux Bouchers des environs de Paris & des Marchés de Seaux & de Poiſſy, qui venoient volontairement (le Fermier n'a pas entrepris pendant les douze années de ſon premier Bail de les y contraindre) acheter leurs beſtiaux dans ces Marchés ; les termes de l'art. premier de ce Reglement de 1756 ne permettent pas de douter de cette vérité.

Si le Fermier a eu l'idée que par l'évenement de l'arrondiſſement ordonné par la Cour pour fixer les Bouchers domiciliés hors la Ville & Fauxbourgs de Paris, pour leſquels le crédit auroit lieu, ces mêmes Bouchers ſeroient obligés de venir acheter dans ces Marchés : il devoit au moins attendre que cet arrondiſſement fût fait, & que la Cour eût prononcé ſi ces mêmes Bouchers ſeroient aſtraints à venir acheter dans ces marchés. Il étoit d'autant plus néceſſaire d'attendre la déciſion définitive de la Cour que ce même article premier du Reglement de 1756, en contient un proviſoire qui n'eſt qu'en faveur des Bouchers auxquels le crédit doit être fait proviſoirement : *à ceux qui juſtifieront s'être fournis juſqu'à ce jour aux Marchés de Seaux & de Poiſſy, ou qui ſeroient contraints de s'y fournir.*

Le Fermier voudroit-il dire que ces mots, *ou qui ſeroient contraints de s'y fournir*, l'ont autoriſé à contraindre les Bouchers de campagne ? On ne ſçauroit croire qu'il porte ſa témérité juſqu'à vouloir abuſer ainſi du Reglement de la Cour.

1°. Ces termes ne ſont que dans la derniere partie de l'art. premier, qui ſtatue ſur le proviſoire en faveur des Bouchers. Si le Boucher domicilié hors la Ville & Fauxbourgs de Paris s'appuyant ſur cette derniere diſpoſition proviſoire, avoit voulu forcer le Fermier à lui faire le crédit, peut-être le Fermier auroit pû lui dire, ſi vous voulez me forcer au crédit, je vous contraindrai à venir exactement aux Marchés ; mais ce cas n'eſt point arrivé.

2°. Les contraintes, les violences & pourfuites rigoureufes que le Fermier a faites contre les Bouchers de campagne, prouvent qu'ils n'ont pas voulu être aftraints à venir aux Marchés de Seaux & de Poifly; ainfi ils n'ont pas voulu obliger le Fermier à leur accorder le crédit provifoire ordonné par le Reglement de la Cour.

3°. Cet art. premier du Reglement de la Cour n'a pû & ne peut regarder les Bouchers de campagne contre lefquels les Edits & Déclarations, on le répete, ne contiennent aucunes difpofitions directes ni indirectes. Les motifs de l'établiffement de la Caiffe leur font abfolument étrangers. Ce point eft déja jugé par le Reglement provifoire que la Cour a prononcé le 21 Octobre 1758, en faifant fur le Réquifitoire de M. le Procureur Général, *des défenfes au Fermier de faire aucunes faifies fur les Bouchers de Campagne hors la Ville & Banlieue de Paris.*

Cet Arrêt de Reglement a été imprimé & affiché dans tous les endroits néceffaires à Paris, & aux Marchés de Seaux & de Poiffy.

4°. Les pourfuites & les contraintes exercées par le Fermier contre les Bouchers de campagne qui, pour en être rédimés, réclament l'autorité & la juftice de la Cour, ont été faites par attentats formels à une foule d'Arrêts de défenfes accordés à un grand nombre de ces Bouchers. Le Fermier ne pouvoit pas agir contre les autres, s'agiffant d'un même fait & d'une caufe commune : toutes les voyes tortueufes & multipliées qu'il a employées contr'eux prouvent fon acharnement à accabler des gens de campagne qui font prefque tous Laboureurs & Fermiers en même tems qu'ils font le commerce de la Boucherie, ce qui eft très-effentiel & avantageux pour les habitans des Bourgs, Villages & Hameaux, & pour tous ceux qui vont les habiter dans différentes faifons de l'année.

5°. Enfin le Fermier n'ayant pour lui que la prétention qui lui eft dictée par fon avidité, au préjudice d'un commerce néceffaire à la vie des citoyens, c'eft un crime public de fa part d'avoir contraint, pourfuivi & molefté les Bouchers de la campagne, comme il a fait, par des menaces continuelles, par des perquifitions dans leurs maifons, par des faifies multipliées, par l'enlevement de leurs beftiaux, par les frais qu'il leur a occafionnés, par les troubles qu'il a caufés dans leurs commerces, & par les fommes qu'il a indûement exigées d'eux.

Il eft donc bien évident à tous égards que les faifies faites par le Fermier, & les Sentences de Police qu'il a fait rendre fur aucunes de ces faifies pour intimider davantage ces pauvres Bouchers de campagne, ne peuvent fe foutenir, & que tout fera profcrit par la Cour, comme nul, tortionnaire & déraifonnable.

Le Fermier ne peut pas, fans l'injuftice la plus criante, retenir les différentes fommes qu'il s'eft, tantôt par adreffe, tantôt par menaces, & tantôt fous un faux prétexte, fait payer par un très-grand nombre de ces Bouchers. La reftitution en eft dûe avec dommages-intérêts réfultans des torts & préjudices qu'il a caufés à tous ces Bouchers de campagne.

Dans quelles terreurs les Commis du Fermier, faisant des perquisitions à mains armées, n'ont-ils pas jetté ces Bouchers & leurs familles ? Combien de voyages n'ont-ils pas été forcés de faire à Paris, soit au Bureau du Fermier, soit chez des Procureurs & Gens d'affaires ? Ils ont été forcés de s'abstenir d'aller librement, comme ils avoient fait de tous les tems, dans les foires voisines des lieux qu'ils habitent. Ceux qui ne se sont pas laissé subjuguer par les menaces du Fermier, ont été forcés de faire des frais tant au Châtelet qu'en la Cour & des voyages réitérés. L'argent que le Fermier a exigé de plusieurs d'entr'eux a gêné leur commerce. Que de troubles, que de dérangemens causés à de malheureux Cultivateurs qui ont si grand besoin d'être encouragés ! Que de torts à des gens de campagne par la seule volonté du Fermier & le desir d'un gain immense, comme si la caisse n'avoit été établie que pour lui !

Le Fermier a voulu diriger & a réellement dirigé la caisse des marchés de Seaux & de Poissy envers les Bouchers de campagne, comme s'il avoit eu un droit certain & établi par une loi positive, tels que sont les droits d'aydes, contrôle, &c. Il a voulu forcer tous ces Bouchers à venir à ces marchés pour grossir son gain ; mais il auroit dû avant tout considérer que les Edits & Déclarations portant établissement de cette caisse, ne lui donnent pas l'ombre de droit sur ces Bouchers de campagne ; sa conduite est condamnable & répréhensible sur tous les points.

Un exemple bien frappant des excès du Fermier se trouve dans l'enlevement qu'il a voulu faire à force ouverte, & sans aucune autorité, du troupeau d'environ 700 moutons, appartenant à Bocquet, Boucher & Fermier à Sarcelles.

Non-seulement la cohorte du Fermier tire des coups de fusil à balles, & donne des coups de bayonnettes, ce qui a mis Arbricourt, Chartier de Bocquet, dans le plus grand danger de sa vie, & il en sera, après des souffrances & une longue maladie, estropié pour le reste de ses jours ; mais elle enleve, pieds & mains liés, Cannat, autre Chartier de Bocquet, & le constitue prisonnier au Châtelet.

Le Fermier a cru colorer une pareille conduite, en invoquant l'autorité des Lettres-Patentes enregistrées en 1723 à la Cour des Aydes, qui permet d'emprisonner les rebellionnaires à la perception des droits sur les entrées & sur les vins ; mais il s'est volontairement & grossierement trompé. D'un côté il n'avoit aucune espece de loi pour forcer Bocquet à venir acheter aux marchés de Seaux & de Poissy, ni à lui enlever son troupeau, parce qu'il ne l'y avoit pas acheté : de l'autre, loin d'avoir une loi enregistrée en la Cour, qui s'est reservé la connoissance de l'exécution des Edits & Déclarations concernant la caisse, il y avoit une foule d'Arrêts de défenses accordés aux Bouchers de campagne pour arrêter les incursions du Fermier.

Reste à observer que si le Fermier, continuant d'être aveuglé par le sordide intérêt qui l'anime, au préjudice du bien public & de la vie des citoyens, hazardé de fe pourvoir pour obtenir de Sa Majefté & de la Cour quelques difpofitions contre les Bouchers de campagne, ils ef-perent de la fuprême bonté du Monarque & de la juftice de la Cour, que les efforts du Fermier, qui ne tendent qu'à augmenter fon gain, feront rejettés, & que le Public ne fera point fatigué pour enrichir un Traitant, fur un commerce fi néceffaire à la vie des citoyens.

Ces Bouchers font en état, par des repréfentations, de démontrer que s'ils étoient aftraints à venir acheter tous leurs beftiaux, & fingu-lierement les moutons, dans ces marchés, il en réfulteroit les fuites les plus funeftes au commerce & contre tous les laboureurs, fermiers propriétaires, Seigneurs, habitans & Bouchers des campagnes qui font hors la ville & banlieue de Paris.

DESJOBERT, Proc.

A PARIS chez P. G. Simon, Imprimeur du Parlement, rue de la Harpe, à l'Hercule. 1759.

REPONSE

POUR les Bouchers de la Campagne.

CONTRE les *Mémoire, Requête & Carte Topographique*, présentés au *Parlement par le Fermier de la Caisse de Poissy*, pour un *Arrondissement* dans *lequel il prétend les comprendre & assujettir.*

ET Arrondissement dont le Fermier requiert l'omologation, renferme une étendue qui formeroit une des belles Provinces du Royaume : on se contentera, quant à présent, d'en marquer les quatre points cardinaux : au midi *Etrechi* près d'Etampes ; au nord *Louvres* ; à l'orient *Lagny*, & au-delà ; à l'occident *Rosny* près Meulan, & au-delà.

Le Fermier de la Caisse demande, par sa Requête, » qu'il plaise à
» la Cour omologuer la Carte Géographique de M. Cassiny, Maître
» des Comptes, de l'Académie Royale des Sciences, des environs
» des Marchés de Seaux & de Poissy, contenue dans les deux cir-
» conscriptions ; l'une en rouge, contenant les différens endroits où
» résident les Bouchers, qui ne sont qu'à sept lieues de distance du
» marché de Seaux ; & l'autre en bleu, contenant aussi les endroits
» de la résidence des Bouchers qui ne sont qu'à sept lieues de Poissy :
» ordonner que copies collationnées de ladite Carte seront affichées
» dans les Bureaux des deux marchés.

» Ordonner que les Edits, Ordonnances, Arrêts & Reglemens
» de la Cour seront exécutés ; en conséquence, faire défenses aux
» Bouchers de campagne résidens à sept lieues des marchés, & dans
» les endroits compris dans les deux circonscriptions, de faire leurs
» achats de bœufs, veaux & moutons ailleurs que dans les marchés
» de Seaux & de Poissy, à peine de 500 liv. d'amende, & de con-
» fiscation des bestiaux ; faire pareillement défenses, sous les mêmes
» peines, à ceux résidens au-delà desdites sept lieues, d'acheter aucuns
» bestiaux, lorsqu'ils seront une fois entrés dans les vingt lieues, &
» destinés pour les marchés de Seaux & de Poissy, soit au passage
» des Marchands Forains, soit des Fermiers, Laboureurs & Nour-

A

» risseurs de bestiaux résidens dans les vingt lieues, sauf à eux à aller
» se pourvoir au-delà de vingt lieues de distance des deux marchés.

» Faire pareillement défenses, sous les mêmes peines, aux Mar-
» chands Forains de vendre, entreposer, détourner ou distraire au-
» cuns bestiaux de leur bande, lorsqu'ils seront une fois entrés dans
» les vingt lieues de Paris, & destinés pour les marchés de Seaux &
» de Poissy; laquelle destination sera constatée par des Lettres de
» Voiture en bonne forme, dont les Marchands Forains ou les Con-
» ducteurs de bestiaux seront porteurs, pour les représenter aux
» Commis à leur premiere requisition, ainsi qu'il est d'usage pour les
» autres denrées & marchandises nécessaires à l'approvisionnement
» de Paris. »

Telles sont la nature & l'étendue des prétentions du Fermier de la
Caisse de Poissy. Du marché de Seaux pris pour centre, il a tracé un
cercle dont le rayon est de sept lieues : du marché de Poissy pris pour
centre, il a tracé un autre cercle dont le rayon est pareillement de
sept lieues. Il demande que la Cour canonise l'arrondissement ou circonférence que ces deux cercles présentent, & qu'elle défende à tous
les Bouchers de campagne résidens dans cette vaste enceinte, de se
pourvoir ailleurs qu'aux marchés de Seaux & de Poiss .

D'après le Reglement de la Cour, du 6 Février 1756, ç'eût été aux
Bouchers domiciliés hors la Ville & Fauxbourgs de Paris, à présenter une carte topographique, & à requérir l'arrondissement, puisque
la Cour l'a ordonné principalement en leur faveur, & pour fixer la
distance dans laquelle ces Bouchers jouiroient du crédit de la caisse.
C'est néanmoins le Fermier qui, tournant à son avantage un arrondissement ordonné contre lui, demande lui-même aujourd'hui cet
arrondissement, & il lui donne la plus grande étendue, parce qu'il
prétend s'en servir pour assujettir les Bouchers qui y seront compris,
à se pourvoir aux marchés de Seaux & de Poissy, & non ailleurs.

Ainsi l'arrondissement consideré dans sa cause & dans le Reglement
de 1756, ne devroit avoir pour objet que de forcer le Fermier d'accorder le crédit de la caisse aux Bouchers de campagne, sans blesser
leur liberté; mais le Fermier voulant s'en prévaloir pour les asservir,
ils sont dans la nécessité de s'élever contre cette servitude, & de réclamer pour la liberté dont ils ont joui jusqu'à présent, & que personne
ne leur a jamais contestée.

Le Fermier a prétendu que la Loi qui oblige ces Bouchers de se
pourvoir aux marchés de Seaux & de Poissy, étoit écrite dans l'Edit
portant établissement de la caisse; mais, dans son Mémoire, il n'invoque que les Reglemens de Police concernant l'approvisionnement de
Paris.

Les Bouchers de campagne opposent les deux propositions contraires; & ils soutiennent que cette obligation ne leur a été imposée
ni par l'Edit de 1743, ni par aucune des Loix ou Reglemens concernant l'approvisionnement de Paris. D'où il suit que l'arrondissement

que la Cour a ordonné, n'étant que pour le crédit, les Bouchers y compris doivent être libres, comme auparavant, d'acheter ou de ne pas acheter aux marchés de Seaux & de Poiſſy.

PREMIERE PROPOSITION.

Le Fermier de la Caiſſe n'a aucun droit pour aſſujettir les Bouchers domiciliés hors la Ville & Fauxbourgs de Paris, à ſe fournir aux marchés de Seaux & de Poiſſy.

L'Edit de 1743, qui a établi la Caiſſe de Poiſſy, fait la loi du Fermier. Si les pourſuites qu'il a exercées contre les Bouchers de campagne pour les contraindre d'acheter leurs beſtiaux à ces deux marchés, ont été légitimes, ce n'eſt que dans cet Edit qu'il a pû puiſer ſon droit. Si donc cet Edit ne lui a donné ni droit ni action contre ces Bouchers, toutes ſes pourſuites & ſes contraintes n'ont été que des vexations & des voyes de fait.

Or l'Edit de 1743, loin de contenir quelque changement ou innovation ſur le commerce des beſtiaux deſtinés pour les boucheries de campagne, ne renferme aucune diſpoſition directe, ni indirecte ſur les Bouchers domiciliés hors la Ville & Fauxbourgs de Paris. Le Légiſlateur n'a pas ſeulement parlé d'eux ; il les a laiſſés dans la liberté naturelle dont ils jouiſſoient avant l'Edit, de ſe fournir en tels lieux & marchés qu'ils jugeoient à propos.

L'objet de l'établiſſement de la Caiſſe de Poiſſy prouveroit ſeul que les Bouchers domiciliés hors la Ville & Fauxbourgs de Paris, n'ont pû être ni dans l'eſprit, ni dans l'intention du Légiſlateur. En établiſſant cette Caiſſe, le Prince n'a pas eu d'autre vûe que de procurer l'abondance à la Ville de Paris ; d'un côté en mettant, par le payement fait dans l'inſtant de la vente, les Forains en état de faire revenir d'autres beſtiaux plus promptement & plus régulierement ; d'un autre côté, en fourniſſant aux Bouchers de Paris, à la faveur des droits d'un ſol pour livre, un crédit dont ils ont beſoin, vû l'étendue de leur commerce, & les avances conſidérables qu'ils ſont obligés de faire.

Mais les Bouchers de campagne, qui font un commerce peu étendu, & preſque point d'avances, ayant des fonds ſuffiſans pour payer comptant, & n'ayant pas beſoin de crédit, n'ont pas dû être aſſujettis à la même gêne. La Caiſſe n'a été établie que pour ceux à qui elle paroiſſoit néceſſaire, & elle n'a paru néceſſaire qu'aux Bouchers de Paris.

L'Edit de 1743 n'a donc pas dû comprendre les Bouchers domiciliés hors la Ville & Faubourgs de Paris : auſſi n'en a-t'il parlé ni de près ni de loin.

Dans tout le cours du premier bail, le Fermier n'a pas étendu ſa prétention ſur ces Bouchers, tant lui-même étoit alors perſuadé que l'Edit de 1743 ne les regardoit pas.

L'on peut même affurer qu'*il ne feroit queftion aujourd'hui ni d'ar*-rondiffement, ni de Bouchers de campagne, fi quelques-uns n'étoient allés, d'eux-mêmes & très-volontairement, acheter aux marchés de Seaux & de Poiffy, & n'avoient demandé le crédit de la Caiffe. Le Fermier le leur a refufé; mais il ne lui eft pas venu alors dans l'efprit de les contraindre de fe pourvoir à ces deux marchés : trop content de ce qu'ils augmentoient la vente, & par conféquent le profit de la Caiffe, par l'achat des beftiaux dont ils pouvoient avoir befoin.

Cette idée d'affujettiffement n'eft venue au Fermier que dans le deuxiéme bail.

Ces Bouchers de campagne s'étant plaints de ce qu'en leur refufoit le crédit de la Caiffe, la Cour, par fon Reglement de 1756, a ordonné que par provifion, & jufqu'à ce qu'il eût été fait un arrondiffement, ceux des bouchers de campagne qui juftifieroient s'être fournis aux marchés de Seaux & de Poiffy, jouiroient du crédit.

Le Fermier tournant contre les Bouchers cette Loi portée en leur faveur, il a prétendu qu'elle les obligeoit de fe fournir aux deux marchés. Delà les pourfuites rigoureufes & les vexations qu'il a exercées contr'eux en 1757 & 1758. Il requiert aujourd'hui l'arrondiffement pour couronner fes prétentions, & les faire valoir dans un territoire circonfcrit.

Il eft vifible que ce Fermier n'a penfé aux Bouchers de campagne, que depuis que quelques-uns fe font avifés d'aller acheter aux deux marchés, & d'y demander le crédit. C'eft-là ce qui a étendu les vûes du Fermier, & qui lui a infpiré des prétentions qu'il n'auroit point imaginées, parce qu'elles n'ont aucun fondement dans l'Edit qui fait fa loi.

Mais fi le filence de cet Edit condamne formellement la prétention du Fermier, la difpofition expreffe du Reglement de la Cour ne la profcrit pas moins.

Le Fermier ayant refufé, pendant le premier bail, le crédit aux Bouchers de campagne, la Cour a ordonné, par l'article premier de fon Reglement, que par provifion *le crédit aura lieu en faveur des Bouchers folvables domiciliés hors la Ville & Fauxbourgs de Paris, qui juftifieront s'être fournis aux marchés de Seaux & de Poiffy, ou qui feroient contraints de s'y fournir.*

Deux fortes de Bouchers à qui la Cour accorde, par provifion, un droit fur le crédit de la Caiffe : 1°. ceux qui *juftifieront* s'être fournis aux marchés de Seaux & de Poiffy. Comme le crédit eft en leur faveur, c'eft à eux à *juftifier* qu'ils fe font fournis aux marchés où le crédit eft ouvert. Si, pour s'y être fournis volontairement, ils devoient deformais s'y fournir forcément, ce ne font pas eux, mais le Fermier de la Caiffe que la Cour auroit chargé de juftifier que ces Bouchers s'étoient fournis aux marchés de Seaux & de Poiffy. Ce ne font pas ceux que l'on veut affujettir à une obligation, que l'on charge de *juftifier* d'un fait d'où l'on voudroit faire réfulter cette obligation ; *nemo tenetur edere*

contra

contra se. C'est celui qui prétend impofer cette obligation. La Cour n'a point chargé le Fermier de *juftifier* du fait de fourniffement, mais elle a chargé de cette juftification les Bouchers de campagne. La difpofition du Reglement eft donc en faveur de ces Bouchers, & non contr'eux, ni afin de les affujettir.

La feconde claffe des Bouchers qui jouiront provifoirement du crédit, font ceux *qui feroient contraints de fe fournir* aux marchés de Seaux & de Poiffy.

Delà le Fermier s'eft imaginé que tous les Bouchers des environs de Paris étoient contraints de fe fournir à ces deux marchés. Quelle inconfidération ! Quoi, ceux qui *juftifieront* s'être fournis aux deux marchés ; fçavoir les Bouchers les plus voifins, & les plus dans le cas d'y aller, ne font pas obligés de s'y fournir. (Cette vérité vient d'être démontrée par les termes mêmes du Reglement,) & ceux qui en feroient plus éloignés, & prefque jamais dans le cas d'y aller, feroient contraints de s'y fournir. Comment le Fermier a-t'il pu prêter à la Cour une pareille inconféquence ?

Quelle eft donc cette feconde claffe de Bouchers qui jouiront du crédit, parce qu'ils feroient *contraints* de fe fournir aux marchés de Seaux & de Poiffy ? Ce font les Bouchers à qui les Réglemens de Police ne permettent pas de fe fournir ailleurs. Mais la Cour a été fi éloignée de contraindre les Bouchers de campagne des environs de Paris à fe fournir aux marchés de Seaux & de Poiffy, qu'elle n'y a pas même contraint ceux de la premiere claffe, quoiqu'étant plus voifins de ces marchés, ils fuffent dans le cas d'y aller plus régulierement & plus fouvent.

Le Réglement de 1756 & l'Edit de 1743 ne donnoient donc aucune action au Fermier contre les Bouchers de campagne.

Néanmoins pendant les années 1757 & 1758 il a fait contre eux les pourfuites les plus violentes, & exercé les contraintes les plus rigoureufes. Il a lâché fur eux une légion d'Infpecteurs & de Commis, dont il a inondé les environs de Paris. Ces Commis fe font répandus de tous côtés, & ils y ont procédé comme s'ils avoient été des Commis aux Aydes, deftinés à veiller aux droits du Roi. Vit-on jamais une vexation plus marquée & plus digne d'être réprimée ?

Mais fi le Fermier ne puifoit pas dans l'Edit de 1743 le droit de forcer les Bouchers de campagne à s'approvifionner aux marchés de Seaux & de Poiffy, n'y étoit-il pas autorifé, du moins, par les Réglemens généraux de police concernant l'approvifionnement de Paris ? Le Fermier le foutient dans fon Mémoire, & c'eft cette prétention qu'il s'agit maintenant de combattre.

B

SECONDE PROPOSITION.

Les Réglemens généraux de police fur l'approvifionnement de Paris n'affujettiffent pas les Bouchers domiciliés hors la ville & fauxbourgs de cette ville de fe fournir aux marchés de Seaux & de Poiffy.

Cette propofition peut s'envifager fous deux points de vûe ; 1°. relativement au Fermier ; 2°. en elle-même.

1°. Relativement au Fermier de la caiffe, il n'a ni caractere ni qualité pour veiller aux Réglemens concernant la provifion de Paris & en pourfuivre l'exécution.

Ce droit n'appartient qu'au Magiftrat de la police de Paris, & aux Officiers chargés de cette fonction fous fes ordres. Le Fermier de la caiffe de Poiffy eft abfolument étranger à ces Réglemens. Sa caiffe eft établie pour payer comptant le prix des beftiaux aux Marchands forains ; mais l'Edit de fon établiffement n'a point chargé le Fermier de procurer l'abondance aux marchés de Seaux & de Poiffy. C'eft un point conftant que l'on fupplie la Cour de ne point perdre de vûe. Le Fermier cherche mal-à-propos à confondre ces objets, qui font auffi diftingués que les effets le font de leur caufe. Plus on vendra de beftiaux à ces deux marchés, plus ce Fermier gagnera. Voila l'effet de l'abondance. Mais le Fermier n'a pas miffion pour fe mêler de l'approvifionnement de Paris ; d'autant plus qu'il ne s'y livreroit que par le motif de fon intérêt particulier, guide dangereux & funefte qui doit être renfermé dans l'enceinte des deux marchés, & qui feroit (on en a déja l'expérience) les plus grands ravages dans les campagnes, fi les Bouchers, Nourriffeurs, &c. étoient livrés à la difcrétion de ce Fermier.

C'eft donc par un entier oubli de fes devoirs que, pour colorer fes pourfuites, il voudroit fe donner comme l'œil du Magiftrat, & fes Commis comme repréfentant les Officiers de la police, pour veiller à l'obfervation des Réglemens.

Cependant tout fon Mémoire eft dreffé fur ce plan. Il prétend fubftituer fes Commis aux Officiers de police, qui, à l'entendre, rempliffoient affez mal cet objet de leurs fonctions.

» Les Employés, *dit-il*, réfidens dans les différentes Villes & Bourgs
» dans l'arrondiffement, n'ont d'autres occupations & d'autres fonc-
» tions que de les parcourir & de *veiller* aux contraventions des Mar-
» chands forains, Fermiers, Nourriffeurs & Bouchers, & *d'obliger* les
» uns & les autres à ne faire de commerce que dans les marchés pu-
» blics (de Seaux & de Poiffy). Les autres (les Officiers de police)
» réfidoient à Paris, & comme ils étoient chargés de nombre d'autres
» occupations, ils ne pouvoient que très-rarement & prefque toujours
» fans fuccès, fe livrer aux mouvemens & aux démarches néceffaires

» au-dehors , pour réprimer les abus des Marchands & des Nourrif-
» feurs ».

Ce langage eft clair : il annonce que ces Commis , gagés pour trouver des contraventions , en découvriront tous les jours où les Officiers
de la police n'en découvroient aucune , parce qu'ils n'étoient guidés
que par les Loix & animés par le bien public , fans aucune vûe d'intérêt particulier.

» Le travail des Commis , *dit-on* , plus exaƈt & mieux fuivi , a occa-
» fionné des découvertes avantageufes à l'approvifionnement de Pa-
» ris. »

Ne diroit-on pas qu'avant ce travail l'approvifionnement de Paris
manquoit , & que les marchés de Poiffy & de Seaux n'étoient pas
fournis ? Ces prétendues découvertes ont été moins avantageufes à
l'approvifionnement de Paris , qu'au Fermier de la caiffe. Il voudroit
apparemment que la Cour & le public lui fçuffent gré des foins qu'il
fe donne pour s'enrichir. Cet approvifionnement n'eft qu'un voile à fa
cupidité.

» Si , *dit il* , le travail des Employés a occafionné quelques plaintes ,
» elles n'ont pû être formées que par gens furpris dans des contraven-
» tions profcrites par les Réglemens de la Cour. »

Il ne faut pas s'y tromper. Ce que le Fermier appelle ici contraventions, n'eft autre chofe que la réfiftance des Bouchers de campagne aux
entreprifes du Fermier , pour la confervation de leur liberté , & pour
fe garantir d'un joug que les Réglemens de la Cour ne leur impofoient
pas.

L'utilité du travail des Employés fe reconnoît , *dit-il* , en ce que
» depuis quatorze ans , malgré les maladies de beftiaux & la difette
» des fourages que l'on a éprouvées de tems à autre , l'abondance n'a
» ceffé de regner dans les marchés ; le prix de la viande dans Paris a
» toujours été le même.

C'eft durant le premier bail que font arrivées les maladies des beftiaux. Or durant ce premier bail qui a duré depuis 1744 jufqu'en
1756 , les Bouchers de campagne , Laboureurs , &c. ont joui tous de
leur liberté , comme avant l'établiffement de la caiffe. Ce n'eft que
depuis le commencement du fecond bail que le Fermier amorcé par
le gain , a multiplié fes Infpeƈteurs & fes Commis. L'abondance qui
a regné dans les deux marchés jufqu'en 1756 n'eft donc pas dûe au
travail & aux inquifitions de fes Commis, mais à la fageffe des Réglemens qui ont été exécutés avec foin.

Et même depuis 1756 les recherches des Commis qui ne fe font
pas étendues à plus de fix à fept lieues de Paris , n'ont ni procuré ni
augmenté l'abondance. Ce n'eft pas fur les beftiaux des environs de
Paris que le Magiftrat de la police fonde fes reffources pour la nourriture de la Capitale. Il les tire de bien plus loin. C'eft donc au Fermier
une vanité frivole de fe féliciter d'une abondance à laquelle toutes les

fueurs & les fatigues de fes Commis ne contribuent nullement. C'eſt la fable du Coche & de la Mouche.

On doit dire au contraire qu'il faut que les Officiers de la police veillent bien exactement à l'approviſionnement de Paris, puiſque mal-gré une veine de mortalité de beſtiaux, & malgré l'établiſſement du ſol pour livre, la viande n'a pas encore hauſſé de prix depuis quatorze ans. Mais ce qui n'eſt pas encore arrivé arrivera infailliblement, ſi la Cour n'arrête les progrès du Fermier, dont les prétentions accroiſſent de jour en jour.

Il cite pour preuve de contraventions, les différens Jugemens ren-dus en la Chambre de police depuis deux ans.

Le grand nombre de ces Jugemens prouve bien mieux la néceſſité de réprimer les entrepriſes du Fermier. Ces Jugemens qui étoient fort rares avant l'établiſſement de la caiſſe, & même durant le premier bail, ſont devenus très-fréquens depuis le nouveau bail. Or il ne tom-be pas ſous le ſens que les contraventions ſe ſoient ſi étrangement mul-tipliées depuis deux ans. Il y a donc une autre cauſe. Le Fermier a pourſuivi les Bouchers de campagne, pour les aſſujettir tous à s'appro-viſionner aux marchés de Seaux & de Poiſſy ; & il a, ſous ce prétexte injuſte, ſurpris les Sentences de police ; mais elles ſont attaquées par l'appel, & elles ne peuvent ſe ſoutenir.

L'on ne peut donc argumenter de ces Sentences, pour prouver la multiplicité des contraventions, puiſque les Réglemens généraux de police n'obligent pas ces Bouchers d'aller ſe fournir aux deux marchés. Diſons plus ; quand ils y auroient été obligés, le Fermier n'avoit ni droit ni qualité pour les y contraindre, n'étant, ni lui ni ſes Commis, prépoſés par aucune Loi pour veiller à l'exécution des Réglemens ; n'étant ni ſubrogé au Miniſtere public, ni en droit d'en faire les fonc-tions par ſes Employés. Ainſi toutes ces procédures contre ces Bou-chers ont été vexatoires & tortionnaires.

Elles étoient même d'autant plus injuſtes, que dans le fait il n'y a eu aucune contravention aux Réglemens.

2°. Le Fermier convient que la caiſſe de Poiſſy n'a apporté aucun changement aux obligations des Marchands forains, Nourriſſeurs & Bouchers, & il prétend que ces obligations ſubſiſtoient avant que la caiſſe de crédit eût lieu ; qu'elles ſont écrites dans les Edits, Déclara-tions, Arrêts, Sentences du Châtelet & Jugemens de police ; que c'eſt dans ces ſources qu'il a puiſé les obligations des Bouchers de campa-gne & l'arrondiſſement qu'il préſente. Il faut donc établir que les pré-tendues obligations des Bouchers de campagne &c. ne ſont écrites dans aucunes de ces Loix : enforte que ſi la Cour aſſujettiſſoit aujour-d'hui les Bouchers de campagne à ne ſe fournir qu'aux deux marchés, elle feroit en faveur de la caiſſe de Poiſſy ce qu'elle n'a jamais cru de-voir faire pour la proviſion de Paris.

Les obligations des Marchands forains, Laboureurs, Nourriſſeurs,

celles

celles des Bouchers de Paris & des Bouchers de campagne, relativement à l'approvifionnement des marchés de Seaux & de Poiffy, font
écrites dans les différens Reglemens émanés du Souverain, de la Cour
& des Tribunaux inférieurs. Le Commiffaire Lamarre (Traité de la
Police, Tome 2.) a donné la fuite chronologique de ces Reglemens
depuis 1350. Le Fermier les a rapportés dans fon Mémoire. Il fuffira
d'en préfenter la fubftance d'après ce même Auteur, qui, à la tête de
ces Réglemens, a traité fommairemens des obligations refpectives des
Marchands forains & des Bouchers de Paris. La Cour y découvrira
l'illufion des effets que le Fermier de la caiffe voudroit |donner à fon
arrondiffement.

A l'égard des Marchands forains, il leur eft défendu de *détouner,*
arrêter ou *expofer en vente ailleurs* qu'aux marchés de Seaux & de Poiffy
les beftiaux *deftinés & mis en chemin pour l'approvifionnement de Paris.* Il
y a des limites en deçà defquelles les défenfes doivent être encore plus
exactement obfervées. Il fixe ces limites à fept lieues de circonférence
du marché de Paris, défignées par Neauffle, Longjumeau, Boiffy,
Louvre & Montmorenci. (a) De-là l'Edit d'Avril 1708, qui les oblige d'être porteurs de lettres de voitures notariées, qui conftatent le
jour du départ, la quantité de beftiaux & leur deftination.

Pareilles défenfes aux Bouchers de Paris d'acheter des Marchands
forains ailleurs qu'aux marchés de Seaux & de Poiffy ; défenfes d'aller
fur les routes au-devant d'eux, pour acheter aucuns beftiaux, & les empêcher d'arriver aux deux marchés.

Il eft évident que ces Loix ne regardent que les Marchands forains,
& leurs beftiaux formellement deftinés pour Paris. Il leur eft défendu
d'en changer en route la deftination, parce que l'approvifionnement
que Paris tire des Provinces, doit être affuré, & qu'il feroit expofé à
des incertitudes, s'il étoit permis aux Marchands forains de vendre,
ou détourner une partie de leurs beftiaux. Les Reglemens, à cet
égard, ne fçauroient être trop exactement obfervés, furtout dans les
vingt lieues de Paris. Leur obfervation peut feule entretenir l'abondance dans les deux marchés.

La prohibition de les dépofer, ou arrêter en route, n'eft pas moins
fage, parce qu'il dépendroit de ces Marchands de n'emmener qu'une
partie de ces beftiaux aux marchés, & par-là d'en augmenter le prix,
en dégarniffant les marchés.

Ainfi tout ce qui eft parti de Province pour la provifion de Paris,
doit y arriver : c'eft la Loi générale & inviolable.

Et comme il eft défendu aux Forains de vendre en route, il eft pareillement défendu au Bouchers de Paris d'aller au-devant d'eux, &
d'intercepter en route leurs beftiaux, de peur que ces deux marchés
n'en fouffrent un vuide nuifible au Public.

Telles font les loix qui enchaînent les Marchands forains & les
Bouchers de Paris les uns aux autres.

(a) Excepté Neauffle, les autres endroits ne font qu'à 4 & 5 lieues de Paris.

C

Il n'en eſt pas de même des proprietaires , Laboureurs , Nourriſſeurs & Cultivateurs des environs de Paris , & dans une diſtance plus éloignée. Les Reglemens défendent aux Forains d'acheter de ces Nourriſſeurs , Fermiers , &c. dans les vingt lieues , pour revendre aux marchés de Seaux & de Poiſſy, & gagner par cette revente. Mais à l'égard de ces Fermiers & Laboureurs , leurs beſtiaux n'étant pas deſtinés pour la proviſion de Paris, ils ont la liberté de les vendre chez eux , & en tel lieu & à telle perſonne qu'ils jugent à propos, excepté les Marchands forains. Ainſi ils peuvent ou les conduire en telle foire & marchés que bon leur ſemble , comme ils le pratiquent journellement ; ou les vendre aux Bouchers de campagne. Il y a plus ; ils peuvent même les vendre aux Bouchers de Paris , ſans être tenus de les emmener aux marchés de Poiſſy & de Seaux. Le vœu des Reglemens eſt rempli, dès que les Bouchers de Paris achetent de la premiere main. Le lieu de l'achat eſt parfaitement indifférent. Cette liberté de laquelle ont joui de tout tems les Bouchers de Paris, leur a été confirmée en dernier lieu par leurs Statuts, revêtus de Lettres patentes, & enregiſtrés en la Cour par Arrêt du 18 Février 1743.

L'art. 31 de ces Statuts eſt précis. » Les Bouchers demeureront dans » la poſſeſſion & liberté d'aller , ou envoyer leurs garçons acheter & » conduire en leurs maiſons les beſtiaux (*a*) qu'ils trouveront *chez* les » Fermiers & Laboureurs, *ſans pouvoir être troublés par qui que ce ſoit.*

Le Fermier de la caiſſe s'éleverat-il contre une Loi auſſi ſacrée ? Prétendra-t-il interdire aux Bouchers de Paris le droit & la liberté *d'aller acheter* les beſtiaux qu'ils trouveront *chez* les Fermiers & Laboureurs ; ſoit de 4 , 6 & 7 lieues, ſoit de 10, 15 & 20 lieues de Paris. Ces Fermiers & Laboureurs peuvent donc vendre *chez eux* leurs beſtiaux aux Bouchers de Paris ; & le Fermier de la caiſſe oſera prétendre que ces Fermiers & Laboureurs ne pourront vendre *chez eux* aux Bouchers de campagne, domiciliés dans les ſept lieues des Marchés de Seaux & de Poiſſy ; mais que les uns,& les autres ſeront tenus de venir à ces deux marchés , les uns pour vendre, les autres pour acheter ; & cela uniquement afin de lui payer le ſol pour livre. Peut-on rien de plus extravagant !

Le Fermier de la caiſſe ignore-t-il donc que c'eſt cette liberté de vendre leurs beſtiaux où ils veulent, dont jouiſſent ces Laboureurs & Nourriſſeurs , qui fournit néceſſairement les campagnes voiſines , & qui garnit les foires & marchés, non-ſeulement à 20 & 25 lieues , mais même aux portes de Paris. A Saint-Denis, il y a une foire (le Lendy) pour la vente des moutons. Il y en a de pareilles pour les cochons à Saint-Germain-en-Laye ; pour toutes ſortes de beſtiaux à Meaux , à Nangis , &c. preuves certaines que les beſtiaux à dix , 15 & même à 3 & 4 lieues de Paris , peuvent être vendus ailleurs qu'aux marchés de Poiſſy & de Seaux ; & que la prétention du Fermier de la caiſſe eſt abſurde & inouie.

Et comme il eſt permis à ces propriétaires , cultivateurs , &c. de

____

(*a*) Les Agneaux exceptés par l'Arrêt d'enregiſtrement.

vendre leurs beftiaux à qui,& dans telles foires & marchés qu'ils veu=
lent, pourvû qu'ils ne les vendent pas aux Marchands forains qui viennent à Seaux & à Poiſſy ; par la même raiſon, les Bouchers domiciliés
hors la ville & fauxbourgs de Paris, peuvent acheter pour leur commerce, de telle perſonne & en tel lieu , foire & marché qu'ils veulent,
comme ils ont fait de tous les tems. La ſeule prohibition qui les concerne , eſt d'acheter des Marchands forains qui amenent des beſtiaux
des provinces aux marchés de Seaux & de Poiſſy ; parce qu'il ne faut
rien intercepter de ce qui vient pour la proviſion de Paris.

On ſçait ce qui ſe paſſe dans les campagnes entre ces Bouchers &
les Proprietaires & Laboureurs. Le Boucher de S. Cheron, par exemple,
village proche *Bâville* (fix à ſept lieues de Seaux) veut acheter d'un
Fermier ſon voiſin & à ſa porte, une vache, un veau,ou quatre ou cinq
moutons. Ce Boucher & ce Fermier n'auroient donc plus la liberté
de traiter chez eux ; & il faudroit qu'ils allaſſent tous deux au marché
de Seaux , l'un avec ſa vache ou ſon veau pour le vendre au voiſin , &
le voiſin pour l'acheter & le ramener à *S. Cheron*; & pourquoi ? pour
payer le ſol pour livre. Quelle idée ! comment oſe-t'on prêter de
pareilles inepties à des Réglemens ſi ſages ?

Auſſi cette prétendue loi eſt toute entiere de l'imagination du Fermier. En vain rapporte-t'il , dans le plus grand détail , les Ordonnances & Réglemens concernant la proviſion de Paris ; on n'y trouve rien
qui autoriſe ſa prétention qui eſt chimérique , comme on vient de le
voir , à l'égard même des Bouchers de Paris.

Le Réglement du Roi Jean (30 Janv. 1350.) défend aux Bouchers
d'aller *au-devant des beſtiaux deſtinés à venir aux marchés* , d'en acheter aux étables , &c.

La Cour en a vû la raiſon ; c'eſt que tout ce qui eſt parti de Province pour la proviſion de Paris , doit être emmené aux marchés de
Seaux & de Poiſſy , ſans que les Forains puiſſent les vendre en route,
ni les arrêter ou dépoſer aux étables , dans la vue de dégarnir les deux
marchés.

L'Ordonnance du Prevôt de Paris (22. Nov. 1375.) contient les
mêmes défenſes avec la même limitation. » Lorſque leſdits *beſtiaux*
» *ſont deſtinés pour leſdits marchés de Paris*, ſpécialement depuis qu'ils
» ſont avenus dans les lieux de Longjumeau , Soiſy , Neauffle , Mont-
» morency & Louvre. »

L'Ordonnance de Charles VI. (19 Déc. 1403.) enjoint d'amener
directement au marché le *beſtial* à pied fourché qui ſera *deſtiné pour
vendre au marché de Paris*, &c.

L'Injonction ne regarde donc point le beſtial qui n'eſt pas deſtiné
pour les marchés de Paris ; tel que le beſtial des Fermiers & Laboureurs , qu'ils peuvent vendre *chez eux* , non-ſeulement aux Bouchers
de campagne , mais aux Bouchers mêmes de Paris, ſuivant l'art. 31.
de leurs Statuts.

Toutes les autres Ordonnances , Edits , Déclarations , Arrêts &

Réglemens de Police, contiennent les mêmes difpofitions. On a donc eu raifon de dire que le commerce des beftiaux étoit libre hors la Ville & Fauxbourgs de Paris, feulement fous deux limitations ; fçavoir, 1°. que les Bouchers de campagne ne pourront acheter des beftiaux des Marchands Forains qui viennent aux marchés de Seaux & de Poiffy, parce que l'approvifionnement de ces marchés en fouffriroit ; 2°. que les Laboureurs, Proprietaires & Cultivateurs des environs & dans les vingt lieues, ne pourront vendre aux Marchands Forains, qui voudroient gagner par la revente aux deux marchés.

On rapporte un Arrêt du Confeil du 27 Décembre 1707, qui ordonne que les Seigneurs de Châtres & autres, dans l'étendue des vingt lieues à la ronde de Paris, prétendant avoir droit de marché de beftiaux, répréfenteront dans un mois leurs titres de conceffion ; cependent enjoint aux Bouchers, Chaircuitiers de la Ville & Faubourgs de Paris, de Châtres, Verfailles, Saint Germain, Nanterre, Argenteuil, Châtillon, Fontenay & autres lieux des environs de ladite Ville, de faire leurs achats dans les marchés de Seaux & de Poiffy, à peine de confifcation des beftiaux à pied fourché, vendus & achetés ailleurs que dans lefdits marchés & au marché aux porcs de Paris, & de 500 livres d'amende.

Cet Arrêt a vifiblement été rendu à la follicitation des Tréforiers de la bourfe, qui venoient d'être créés par Edit de Janvier 1707, & qui cherchoient déja à augmenter leurs gains.

On obfervera en paffant, que cette Bourfe établie en 1707 eft tombée d'elle-même en peu de tems par la multiplicité infinie des inconvéniens, qui font aujourd'hui les mêmes dans l'exercice de la caiffe de Poiffy.

Mais 1°. les endroits nommés dans l'Arrêt, ne font qu'à deux ou trois lieues des marchés de Seaux & de Poiffy ; & fur les routes des Provinces d'où les Forains amenent leurs beftiaux. Si Châtres, quoiqu'à fept lieues de Paris, eft compris dans l'Arrêt, il y en a une raifon particuliere. Châtres eft le paffage des bœufs qui viennent de l'Auvergne, du Bourbonnois & du Limofin : on y a voulu empêcher tout entrepôt de ces bœufs.

2°. Mais ce qui ruine abfolument les inductions du Fermier de la caiffe, c'eft que cet Arrêt n'a jamais eu d'exécution.

Il fubfifte encore, dans les 20 lieues, plufieurs marchés de beftiaux. Il y a, toutes les femaines, à Saint-Germain, un marché où fe vendent les porcs. Il y a à Saint-Denis la foire du Lendy, où fe vendent les moutons. Il y a même encore un marché de beftiaux à Châtres. Si l'on n'y vend point de bœufs, c'eft moins en conféquence de l'Arrêt du Confeil, qu'en vertu des Reglemens généraux de police, qui défendent de vendre en route aucune des marchandifes deftinées pour l'approvifionnement de Paris. Car on vend chaque jour à Châtres des vaches, veaux, moutons & porcs, contre la difpofition de l'Arrêt.

Enfin, depuis cet Arrêt, le commerce des veaux s'eft toujours fait
librement

librement dans la campagne ; & , malgré l'interdiction de tout commerce de moutons, dans les 20 lieues à la ronde, hors des marchés de
Seaux & de Poiſſy, ils ont continué de ſe vendre dans les Fermes comme avant l'Arrêt. Cet Arrêt de 1707 n'a donc eu aucune exécution.

Il en faut dire autant des Arrêts du Conſeil de 1710, 1733 & 1746,
qui contiennent les mêmes diſpoſitions. Le Fermier de la caiſſe avoit
obtenu ce dernier Arrêt de 1746, qui rappelle les trois précédens.
Néanmoins il n'a pas eu non plus d'exécution pendant les douze années du premier bail de la caiſſe, finies en 1756.

Une Sentence du Prévôt de Paris (4 Janvier 1712) défend à toutes
perſonnes d'arrêter, arrher, ni acheter des beſtiaux dans les fermes ou
maiſons particulieres dans les 20 lieues de Paris. Ordonne que leſdites
marchandiſes ſeront conduites aux marchés de Poiſſy & deSeaux pour
y être vendues comme *deſtinées pour la proviſion de Paris.* Défend aux
Marchands Bouchers des Villes, Bourgs & de la campagne d'acheter
des moutons dans la diſtance de 20 lieues, *portées par les précédentes*
Ordonnances.

Cette Sentence auroit été infirmée dans tous ſes chefs, ſi elle avoit
été portée par appel en la Cour. Elle défend à toutes perſonnes d'arrêter, arrher ni acheter des beſtiaux dans les fermes ou maiſons particulieres dans les vingt lieues. Cette diſpoſition eſt vicieuſe dans la
généralité indéfinie des termes, *toutes perſonnes* ; puiſque les Réglemens
n'ont appliqué cette défenſe qu'aux Marchands Forains, & que les
Bouchers de campagne, même ceux de Paris, ont toujours été *dans*
la poſſeſſion & liberté d'aller acheter des beſtiaux chez les Fermiers & La-
boureurs. Ce qui anéantit pareillement la ſeconde diſpoſition, qui ordonne que leſdites marchandiſes ſeront conduites aux marchés de Seaux
& de Poiſſy, pour être vendues, comme deſtinées pour la proviſion
de Paris. Aucuns beſtiaux des Fermiers & Laboureurs, dans les vingt
lieues, ne ſont deſtinés pour la proviſion de Paris. Ils peuvent les
vendre en tels foires & marchés qu'ils jugent à propos, & aux Bouchers de campagne. Si ces beſtiaux ſervent à la conſommation de Paris, c'eſt accidentellement, & non en vertu d'une deſtination générale qui n'exiſte pas ; c'eſt parce que les Bouchers de Paris les vont
acheter *chez* ces Fermiers & Laboureurs, comme ils en ont le droit :
ou bien, c'eſt parce que ces Fermiers & Laboureurs ayant une certaine
quantité de beſtiaux, pour en trouver un débit plus facile & plus
prompt, ils les menent au marché de Seaux & da Poiſſy ; ce qui eſt
très - volontaire de leur part , & non l'effet d'aucune Loi qui ait
jamais gêné leur liberté à cet égard , mais ſeulement à l'égard des
Marchands Forains.

Enfin cette Sentence du Châtelet défend aux Marchands Bouchers
des Villes, Bourgs & de la campagne, d'acheter des moutons,
dans la diſtance de vingt lieues, *portée,* dit-elle, *par les précédentes*
Ordonnances. Mais 1°. Les *précédentes Ordonnances* ne défendent ni
aux Bouchers de campagne, ni même à ceux de Paris, d'acheter des

moutons dans la diſtance de vingt lieues, dans les fermes ou maiſons particulieres. 2°. Cette derniere diſpoſition ne ſeroit exacte que
dans le cas où elle auroit entendu parler des moutons amenés de Province, & deſtinés pour la proviſion de Paris ; parce qu'étant défendu
aux Forains, arrivés à vingt lieues de Paris, de vendre leurs marchandiſes en route & ailleurs qu'aux marchés de Seaux & de Poiſſy, il eſt
pareillement défendu aux Bouchers de campagne de les acheter dans
cette diſtance de vingt lieues.

Une Ordonnance de Police du 7 Mars 1731 , fait défenſes aux Marchands Bouchers de cette Ville, Prevôté & Vicomté de Paris, d'aller
au-devant des *Marchands Forains*, & acheter d'eux des bœufs à profit.
Leur défend de les acheter ailleurs que dans les marchés de Seaux &
de Poiſſy; enjoint auſdits *Marchands Forains* de conduire leurs beſtiaux
directement aux marchés de Poiſſy. (Juſqu'ici l'Ordonnance eſt parfaitement conforme aux Réglemens généraux, puiſque les *Marchands Forains*, deſquels ſeuls il eſt ici queſtion, doivent amener aux deux marchés tous les beſtiaux deſtinés pour la proviſion de Paris ; par conſéquent ces beſtiaux des Marchands Forains ne peuvent être achetés ailleurs qu'à ces deux marchés.)

» Défend également aux *Marchands Forains* de faire aucuns achats
» de moutons dans les fermes des Laboureurs & Fermiers des vingt
» lieues de Paris, parce qu'ils ne les acheteroient que pour les revendre.
& y gagner aux Marchés de Seaux & de Poiſſy ; ce que les Réglemens
défendent comme nuiſible au public.

» Ordonne que leſdites marchandiſes ſeront conduites aux marchés
» de Seaux & de Poiſſy , comme deſtinées pour l'approviſionnement
» de Paris. » Cette derniere diſpoſition. n'eſt pas conforme aux régles ;
puiſqu'il eſt certain que les beſtiaux dans les vingt lieues, ne ſont pas
deſtinés pour l'approviſionnement de Paris , & que les Fermiers & Laboureurs peuvent les vendre où, & à qui ils jugent à propos.

Il faut donc s'en tenir au réquiſitoire ſur lequel cette Ordonnance
a été rendue : on y voit que les Marchands Forains en étoient l'objet.

» Ces *Marchands Forains*, y eſt-il dit , achetoient des Laboureurs
» & Fermiers dans les vingt lieues, pour revendre à un prix beaucoup
» au-deſſus aux Bouchers de Paris. »

Telles ſont les Loix qui réſultent du concours & de la combinaiſon
des Réglemens généraux concernant l'approviſionnement de Paris:
Loix ſages qui ne procurent point l'abondance à la Capitale aux dépens des Provinces, comme quelques Ecrivains le leur ont reproché
mal-à-propos; puiſqu'elles conſervent la liberté du commerce des
beſtiaux , même dans les vingt lieues à la ronde.

Enfin , non-ſeulement les beſtiaux des environs, & dans les vingt
lieues, ne ſont pas deſtinés pour Paris, mais encore ils ne pourroient
l'être, attendu leur *qualité* & leur *quantité*.

1°. Leur *qualité*. Souvent ils ne ſeroient pas de vente aux marchés de Seaux & de Poiſſy ; une vache vieille & maigre , &c. n'y trouveroit point d'acheteur. Ce ſont les Bœufs qui ont fait de tout tems la principale attention des Réglemens ; preſque toutes les ſaiſies & confiſcations ont été de bœufs *détournés* ou *entrepoſés* , par les Marchands Forains, ou par eux , *vendus ailleurs* qu'aux marchés de Seaux & de Poiſſy. Point de bœufs, ni d'engrais pour les élever , dans les vingt lieues à la ronde. Il ne s'y vend gueres que des moutons, dont les deux marchés abondent toujours aſſez.

2°. La *quantité*. Un Propriétaire , Laboureur ou Cultivateur n'a ſouvent qu'un veau, ou bien quatre, ſix, huit ou dix moutons à vendre. Il eſt éloigné des deux marchés de 3, 6, 8, 10, 15 & 20 lieues. S'il étoit obligé d'emmener ſon veau, ou ſes 4 à 5 moutons aux marchés de Seaux & de Poiſſy , il dépenſeroit , en frais de voyage , une partie du prix , & peut-être même la totalité, s'il n'avoit que peu de beſtiaux, & un aſſez long chemin. Ces objets ſont d'ailleurs trop minces pour avoir mérité l'attention des Loix & des Reglemens, qui ont ſçu procurer l'abondance par des voyes plus ſûres. Auſſi le commerce de ces beſtiaux a-t'il toujours été libre , comme l'expérience journaliere & les Statuts des Bouchers de Paris le prouvent ſans replique.

Le Fermier de la caiſſe aſſimile ſon droit à celui de Sa Majeſté ſur le poiſſon ; & parce qu'aux termes de l'Ordonnance de 1680 , tout le poiſſon de mer, frais, ſec & ſalé, une fois entré dans la circonférence de trois lieues autour de Paris, doit y être amené, & les droits en être payés, il en conclud que tout le bétail que l'on nourrit dans les vingt lieues à la ronde , doit être amené aux marchés de Seaux & de Poiſſy , afin d'y payer le ſol pour livre.

Mais 1°. la loi de la circonférence eſt écrite pour le poiſſon dans l'Ordonnance de 1680 ; & elle n'eſt pas écrite pour les beſtiaux, dans les Ordonnances ou Reglemens concernant l'approviſionnement des marchés de Seaux & de Poiſſy. La raiſon de différence eſt ſenſible. Le poiſſon n'eſt pas une nourriture néceſſaire, mais une nourriture plus délicate & plus recherchée, dont le citoyen peut ſe paſſer. Au lieu que la viande eſt une nourriture eſſentielle à la vie des citoyens. Dès-lors on ne peut y aſſeoir des droits nouveaux, que pour les plus puiſſantes raiſons , & par des motifs d'intérêt public ; & non pour enrichir un Fermier.

2°. Les droits ſur le poiſſon ſont établis par le Souverain , & pour le Souverain ; & le droit du ſol pour livre n'étant établi que pour la caiſſe, doit être renfermé dans les plus juſtes bornes : aucun motif d'intérêt , ni de bien public n'obligeant de livrer une ſi vaſte étendue de pays à la diſcrétion du Fermier, & aux inquiſitions de ſes Commis.

En partant d'après les idées erronées dont il colore ſa prétention , il faudroit que toutes les denrées qui croiſſent aux environs de Paris, & dans les ſix à ſept lieues, fuſſent apportées à Paris pour l'abondance des halles & marchés. Il y a une Ferme pour les petites entrées. Le Fermier de la caiſſe diroit donc qu'à 7 lieues de Paris, on ne pourra pas vendre & acheter ailleurs qu'aux marchés de Paris, des œufs, des pois, &c. & qu'il faut que tout soit emmené pour la provision de Paris.

Que veut donc le Fermier par la nouveauté & par l'énormité de ses prétentions ? Ne gagne-t'il pas déja assez ? Son Mémoire apprend que, dans la régie de sa caisse, il s'agit d'une sortie & d'une rentrée de fonds montans à 400000 liv. par semaine ; ce qui fait de profit 20000 liv. par semaine, c'est le sol pour liv. Quarante-six semaines font par an 920000 liv. Le Fermier refuse le crédit au moins à la moitié des Bouchers, qui n'en payent pas moins le sol pour livre. Donc 1840000 liv. de profit par an ; & comme il est constant qu'il refuse le crédit à plus de la moitié, le droit du sol pour livre lui vaut au moins deux millions par an. Voilà un impôt de deux millions levé sur les vendeurs & les acheteurs, & par conséquent sur le Public, qui dès-lors ne doit pas se flater de voir jamais diminuer le prix de la viande, mais bien plutôt craindre de le voir augmenter.

Malgré ce gain immense, le Fermier n'est pas encore content. Il veut par son arrondissement des deux marchés, mettre à contribution une étendue de pays, laquelle située autour de la Capitale, vaut mieux qu'une des plus grandes Provinces du Royaume. Pour donner à la Cour une idée de cette étendue ou circonscription, on va nommer les Villes, Bourgs & lieux principaux qui se trouvent à l'extrémité & sur les bords de l'arrondissement dont le Fermier demande l'omologation. On partira du midi au couchant, & ainsi de suite.

Etrechi, près d'Etampes, *Dourdan*, *Rambouillet* & la Forêt, *Rosny* & au-delà, *la Rocheguion*, *Ambleville*, *la Chapelle* en Vexin, *Villeneuve*, *Puiseux*, route de Beauvais, *Bruyeres*, *Lusarches*, *Champlâtreux* & au-delà, *Louvres*, *le Menil-Amelot*, *Compans*, *Claye*, *Lagny*, & au-delà jusqu'à Chessy, l'Abbaye d'*Hermieres*, *Armainvilliers* & au-delà, l'Abbaye *du Jars*, *Melun*, *Montgermont* & *la Ferté-Aleps*.

Tous les Bouchers domiciliés dans cette circonscription seroient tenus de se fournir aux marchés de Seaux & de Poissy, & non ailleurs. La Cour connoit maintenant l'étendue & les conséquences des prétentions du Fermier de la Caisse.

Que ce Fermier soit tenu d'accorder le crédit aux Bouchers résidens dans les 7 lieues, ou telle autre distance qu'il plaira à la Cour fixer, nul inconvénient. Il dépendra d'eux de se fournir aux marchés de Seaux & de Poissy. Mais ils ne doivent pas y être contraints, puisqu'aucune Loi ne les y a obligés jusqu'à présent. Dans tous les tems, le commerce des bestiaux a été libre dans cette circonférence, comme dans les vingt lieues à la ronde. Donner aujourd'hui atteinte à cette liberté, ce seroit gêner sans fruit le commerce des Bouchers de campagne, & décourager les Propriétaires, Nourrisseurs & Cultivateurs, qui travaillant plutôt pour le profit de la Caisse que pour leur propre intérêt, ne se soucieroient plus d'élever & nourrir des bestiaux ; ce qui en introduiroit bientôt la disette dans les campagnes. La viande y seroit beaucoup plus chere qu'à Paris ; & les foires & marchés, dans les 20 lieues à la ronde, seroient anéantis.

Comment ce Fermier s'eſt-il aveuglé au point d'eſpérer que la Cour feroit aujourd'hui pour ſa Caiſſe, ce qu'elle n'a jamais fait pour la proviſion de Paris. Les deux marchés ont toujours été garnis ſuffiſamment, ſans que la Cour ait été dans le cas de ruiner les campagnes, pour nourrir la Capitale. En même tems que la Cour a veillé à l'approviſionnement, elle n'a pas voulu que ce fût aux dépens des Provinces voiſines.

Elle n'a pas cherché à procurer une abondance vaine & ſuperflue, en ôtant aux provinces & aux campagnes le néceſſaire. C'eſt à la Cour à proſcrire les prétentions énormes & inſenſées du Fermier. Par-là, Elle vengera les Loix du reproche que leur faiſoit un Auteur célébre [Recherches & conſidérations ſur les Finances, tome I. page 504. édit. in-4°.] » Nos Loix de police, diſoit-il, n'ont fait » autre choſe que de ſoulager l'habitant de la Capitale, aux dépens des » provinces & des campagnes. Par quelle fatalité notre agriculture eſt- » elle attaquée de tous côtés?

DESJOBERT, Procureur.

A PARIS, chez P. G. SIMON, Imprimeur du Parlement, rue de la Harpe. 1759.

MEMOIRE

Au sujet de la Caisse de Seaux & de Poissy, sur lequel la Cour a rendu, toutes les Chambres assemblées, Arrêt de Réglement, le 6 Février 1756.

'ETABLISSEMENT du droit du Sol pour livre du prix de tous les Bestiaux amenés dans les Marchés de Seaux & de Poissy, est fondé suivant les Edits de 1690, 1707 & 1743 sur l'existence d'une Caisse ouverte pour payer aux Vendeurs & dans l'instant de la vente, le prix de tous les Bestiaux conduits dans ces Marchés.

La Déclaration du Roi du mois de Décembre 1743, rendue en interprétation de l'Edit de la même année, a fixé à douze années, au lieu de quinze portées par l'Edit, la durée de cette Caisse.

Les Edits de 1690 & 1707 n'ont pas pû être exécutés *.

L'expérience de près de douze années, a fait voir que, loin de retirer utilité & avantage de cette Caisse, il en naît des abus & des inconvéniens sans nombre, qui portent préjudice à tous ceux qui ont rapport & intérêt à la vente des Bestiaux, & de la Viande *.

Ces inconvéniens & abus résultent de l'étendue du droit en lui-même, dont le Fermier, à qui le Roi en a accordé pour la premiere fois en 1743 la perception, ne rend qu'une partie dans les coffres de Sa Majesté, & de la maniere en laquelle le Fermier fait la perception de ce droit.

1°. Un Propriétaire, Herbager, Fermier, Bâtonnier, ou Marchand Forain *, qui amene dans les Marchés par chacune des 45 semaines pour 1000 liv. de Bestiaux, paye pendant un an 2250 liv. par la retenue que lui fait le Fermier toutes les semaines de cinquante livres, indépendamment des quatre sols pour livre du droit.

2°. Le payement qui doit être fait par la Caisse aux Vendeurs de Bestiaux, & dans l'instant de la vente, ne peut pas les dédommager de la retenue qui leur est faite par le Fermier. Avant la Caisse, ils étoient payés au comptant ou dans les délais convenus avec les Acheteurs, comme il se pratique dans tout Commerce, où la facilité & la

A

liberté font fi effentielles. Dans le cas de délai, ils ne fouffroient pas une perte auffi réelle que celle de la retenue du fol pour livre faite par le Fermier qui doit les payer.

3°. Les Bâtonniers & les Marchands Forains ne peuvent plus étendre leur crédit, qui eft auffi une des plus effentielles parties du Commerce : les Propriétaires, Fermiers & Herbagers étant affurés que les Bâtonniers & Marchands Forains doivent être payés par la Caiffe dans l'inftant de la vente, fe font payer fans délai, & s'ils en accordent, comme avant la Caiffe, ils rifquent de voir diffiper les deniers qui doivent être remis par la Caiffe aux Bâtonniers & Marchands Forains dans l'inftant de la vente.

4°. Qu'on ne dife pas qu'avant la Caiffe, les Vendeurs de Beftiaux étoient plus expofés à perdre par les Faillites des Bouchers ; eux-mêmes fe trouvent dans le cas inévitable d'en faire, & elles font en grand nombre depuis l'exiftence de la Caiffe. Elles font caufées par le payement forcé & réitéré du fol pour livre, qui abforbe, & au-delà, tout le bénéfice qu'ils peuvent faire. Ils font expofés journellement avec le Fermier à des conteftations, au fujet de leurs déclarations fur la quotité du prix de la vente de leurs Beftiaux *. Un exemple nouveau de ces conteftations, eft celui d'une élevée par le Fermier, au fujet de deux Bœufs achetés à Poiffy, par une Bouchere de Montmorenci, qui fit fa déclaration fur le pied de 280 liv. par bœuf ; il y a eu procès-verbal de faifie. Les bœufs ont été pefés en préfence des Officiers du lieu, & il a été vérifié qu'elle les avoit achetés au moins neuf fols la livre. La caufe eft indécife devant M. le Lieutenant Général de Police.

5°. Les Vendeurs de beftiaux n'en reçoivent pas toujours le prix dans l'inftant de la vente, ainfi qu'il eft ordonné par l'Edit d'Etabliffement de la Caiffe. 1°. La Caiffe ne paye pas pour les Bouchers de Campagne, qui font au nombre d'environ 300. Les Vendeurs font obligés de leur faire crédit, autrement ils ne leur vendroient pas, & les Bouchers de campagne ne pourroient pas s'approvifionner ; néanmoins le Fermier reçoit le fol pour livre de tous les beftiaux qu'ils achetent. Dès le premier moment de l'Etabliffement de la Caiffe, il a refufé de payer le prix des beftiaux par eux achetés. 2°. La Caiffe met fouvent & en grand nombre au refus du crédit les Bouchers de Paris, & elle ne paye fouvent pour ceux qui ont crédit chez elle, que jufqu'à la fomme qu'il plaît au Fermier : ce refus & cette limitation font directement contraires à l'Edit d'Etabliffement de la Caiffe, qui porte que le prix de tous les beftiaux fera payé dans l'inftant de la vente. On verra dans un moment la maniere en laquelle le Fermier a établi le refus de crédit & la fixation arbitraire.

6°. Avant l'établiffement du fol pour livre, les Marchands Forains conduifoient les Porcs dans le Marché de Seaux ; mais depuis l'exiftence de la Caiffe, ils les vendent dans les Fauxbourgs de Paris & les campagnes voifines. Ce changement de leur part, prouve combien le

fol pour livre leur eſt onéreux, puiſqu'ils évitent de profiter du prétendu avantage du payement qui doit être fait comptant par la Caiſſe.

7°. Les Bouchers de Paris ſont accablés ſous les Loix dures & odieuſes que leur impoſe la Caiſſe ; le Boucher qui a des deniers comptans,
ne peut pas s'en ſervir : la Caiſſe étant obligée d'acquitter dans l'inſtant de la vente le prix des beſtiaux par eux achetés, il n'eſt pas naturel qu'aucun d'eux paye de ſes deniers : celui des Bouchers qui n'a
pas d'argent comptant, n'a pas la liberté d'uſer du crédit qui s'accorde
dans toute eſpece de Commerce, ainſi qu'on en uſoit dans tous les
tems antérieurs à 1743. Les uns & les autres ne peuvent en aucune
maniere étendre le crédit qui eſt, on le répéte, une des plus eſſen-
tielles parties de tous Commerces.

8°. La Déclaration de 1743 n'accorde aux Bouchers que trois ſemaines, au lieu de quinze jours portés par l'Edit de la même année, pour
rembourſer au Fermier les ſommes avancées pour eux. Ils ſont hors
d'état d'y ſatisfaire dans ce court délai, étant obligés néceſſairement
de faire des crédits longs & conſidérables : la Nobleſſe, les Maiſons
les plus fortes, une grande partie des Maiſons particulieres, les Com-
munautés Séculieres & Régulieres, les Colléges & Penſions publiques
mettent les Bouchers dans le cas indiſpenſable d'attendre leurs payemens trois mois, ſix mois, un an, & quelquefois plus. Forcés de débiter la plus grande partie de leurs marchandiſes à des crédits auſſi longs,
ils ne peuvent payer comptant dans un court délai de trois ſemaines ;
ſi tous Commerçans n'avoient qu'un pareil délai de crédit, le Commerce ſeroit bientôt renverſé, & la plus grande partie des Commer-
merçans ruinés. Lorſque les Bouchers pourſuivent leurs débiteurs dans
les Tribunaux, la Juſtice accorde des délais toujours très-longs ; étant
donc à tous égards impoſſible aux Bouchers de recevoir promptement
ce qui leur eſt dû, il leur eſt également impoſſible de payer à la Caiſſe
dans ce court délai.

D'ailleurs ils ont des avances conſidérables à faire pendant ces
trois ſemaines. 1°. Ils payent comptant les Veaux qu'ils achetent
ſur la Place à Paris. 2°. Ils payent comptant les droits d'Entrées, les
frais de leurs Garçons & de leurs maiſons. 3°. Il faut qu'ils s'appro-
viſionnent d'une ſemaine d'avance ; cela eſt néceſſaire dans les cas où
les Marchés de la ſemaine ſuivante ne ſeroient pas aſſez abondans. Ces
objets forment au moins le tiers de leur commerce.

Le Fermier qui n'a pour objet que de faire rentrer ſes deniers, &
qui ſemble être autoriſé à recevoir le ſol pour livre, même ſans les
avoir avancés, a employé des voies odieuſes, plus rigoureuſes les unes
que les autres, & qui ſont également nuiſibles aux Vendeurs de beſtiaux, aux Bouchers & au Public.

1°. Dans les premieres années de ſon bail, il a fait exercer par gar-
niſons de Suiſſes ; par empriſonnemens, par ſaiſies-exécutions & par
ſaiſies-arrêts, des contraintes viſées de M. le Lieutenant Général de
Police.

2°. Il a réuni à la voie des contraintes le refus de crédit ; il met à ce refus, & de fa feule autorité, tous les Bouchers qui ne l'ont pas remboursé à l'expiration du court délai de trois femaines. Un billet écrit par un Commis de fon Bureau & envoyé au Boucher, lui fuffit ; ces fortes de billets font conçus en ces termes : *Crédit au Marché en payant telle femaine.* Cet ordre eft pour lui plus puiffant qu'un Arrêt, & il eft fuivi de l'exécution la plus rigoureufe ; il n'eft prefque pas un des Bouchers qui n'ait éprouvé une loi auffi dure, impofée par un Fermier qui a intérêt de faire rentrer fes fonds dans un délai fi court, qu'il eft impoffible aux Bouchers d'y fatisfaire ; ce refus de crédit les oblige à des opérations forcées : C'eft alors qu'ils font contraints de recourir à ces Particuliers dont parlent les Edits de 1690 & 1707, qui prêtent de l'argent à gros intérêts ; ces opérations forcées en fe multipliant, caufent tôt ou tard la faillite du Boucher, qui n'a d'obligation à la caiffe que d'avoir accéléré fa ruine, d'autant que le Fermier accoutumé à ne voir que de l'argent comptant, ne veut ni Billets à ordre, ni Lettres de change, fi néceffaires dans le commerce, & que les Vendeurs de beftiaux recevoient avant l'établiffement de la caiffe.

Le Fermier ne pouvant fe diffimuler ces vérités, allegue qu'il accorde une & deux femaines au-delà des trois fixées par la Déclaration de 1743. 1°. Il peut fe renfermer rigoureufement dans les termes du délai, & ceux qu'il allegue être obligé d'accorder au-delà, font des preuves de la rigueur extrême de ce délai. 2°. Ce n'a été que dans la vûe de tâcher de calmer les plaintes & des Vendeurs & des Acheteurs de beftiaux, que ce Fermier voyant qu'il approchoit du tems de l'expiration de la caiffe, a paru être moins rigoureux à accorder quelque délai à ceux des Bouchers qu'il a voulu.

La troifiéme voie employée par le Fermier, eft la fixation qu'il lui plaît faire, en ne payant aux Vendeurs de beftiaux que jufqu'à une certaine fomme en l'acquit des Bouchers qui ne font pas au refus de crédit ; il manifefte fes ordres abfolus par un billet conçu en ces termes : *Crédit de la fomme de . . . . au Marché de . . . . en payant telle fomme.* Ou en ces mots : *Refus au Marché de Poiffy, attendu que votre fixation de la fomme de . . . par femaine, a été confommée au Marché de Seaux.*

Le Boucher ainfi fixé dans fes achats, fe trouve hors d'état de garnir fes étaux & de fournir fes pratiques, qui peuvent augmenter d'un marché à un autre ; il ne peut pas avoir autant de viande qu'il lui en eft néceffaire pour le Peuple qui achete à la main, & plus ou moins fuivant la différence des tems ; il ne peut pas profiter dans un Marché de l'abondance des beftiaux qui s'y trouvent, pour les Marchés fuivans, où il ne s'en trouve pas une quantité fuffifante pour l'approvifionnement, ce qui arrive très-fouvent ; il manque de moutons dans le cas où la fomme qu'il plaît au Fermier d'avancer fe trouve employée en achats de bœufs, & de même de bœufs, quand elle a été employée en moutons, fur-tout dans les tems de l'année où les moutons viennent en abondance, & dont il faut néceffairement que les Bouchers faffent des

proaifions

proviſions pour les tems auſquels il en vient très-peu aux Marchés; c'eſt pour ces cas néceſſaires que les Bouchers ont des bergeries où ils tiennent des moutons par approviſionnement.

Pour colorer cette odieuſe fixation, le Fermier allegue que les Bouchers qui ſont au crédit, achetent au-delà de ce qu'il leur faut pour leur débit journalier, & qu'ils aident leurs Confreres qui ſont au refus de crédit. 1°. L'uſage que le Boucher qui eſt au crédit peut faire de ſes beſtiaux, doit être indifférent au Fermier, qui ne doit avoir d'autre intérêt que d'être rembourſé & d'avoir la ſûreté de ſes deniers. 2°. Si le Boucher à qui le Fermier ne peut & ne doit refuſer le crédit, parce qu'il le rembourſe exactement dans ce court délai de trois ſemaines, eſt empêché d'aider ſes Confreres mis au refus de crédit par le Fermier, il arriveroit infailliblement que les étaux de Paris ne ſeroient pas garnis, y ayant continuellement un grand nombre de Bouchers qui ſont au refus de crédit; il y en a toutes les ſemaines 40, 50, 60, & même juſqu'à 70, ce qui compoſe la moitié de la Communauté. 3°. Si le Fermier n'avoit pas un intérêt réel pour mettre au refus de crédit le plus grand nombre, & de leur avancer le moins qu'il peut, il auroit été content de voir ceux qui ſont au refus de crédit & qui lui doivent, être mis en état par leurs Confreres, de ſe ſoutenir & de payer. Ajoutons que ſi ceux qui ont crédit ne connoiſſoient pas les autres ſolvables, & la néceſſité indiſpenſable de les aider, ils ne s'engageroient pas pour eux. 4°. Les ſecours que le Boucher qui eſt au crédit donne à celui à qui il eſt refuſé, ne préjudicie en aucune maniere à l'action & aux contraintes du Fermier; la poſition du Boucher mis au refus de crédit par le Fermier eſt telle, qu'il faut néceſſairement, ou qu'il ſoit aidé par ſon Confrere, ou qu'il traite avec le Marchand forain, ou qu'il renonce à ſon commerce.

Le refus de crédit & la fixation ſont directement contraires au vœu & aux termes de l'Edit qui ordonne expreſſément, que le prix de tous les beſtiaux ſera payé dans l'inſtant de la vente; ces deux voies pratiquées par le Fermier & de ſa propre autorité, ſont une peine qui porte premierement & directement ſur les Vendeurs de beſtiaux qui ſe trouvent privés de recevoir leur payement: ils ſont obligés ou de remener leurs beſtiaux ou de les vendre à crédit aux Bouchers, dans le tems que le Fermier en reçoit le ſol pour livre.

L'Edit de 1743. article 2. porte que le ſol pour livre ſera perçu du prix de tous les beſtiaux vendus dans les Marchés, encore bien que la bourſe ne l'ait pas avancé; mais cela ne peut avoir été ainſi ordonné que pour empêcher les Bouchers de payer de leurs deniers aux vendeurs de beſtiaux; le Fermier devant avoir dans ſa caiſſe des fonds ſuffiſans pour payer dans l'inſtant le prix de toutes les ventes, il étoit juſte de lui payer un droit toutes les fois qu'il avanceroit les deniers; mais lorſqu'il refuſe, il ne remplit pas le motif de l'établiſſement de la caiſſe, il ne remplit pas les engagemens qu'il a contractés envers le Roi, les Vendeurs de beſtiaux, les Bouchers & le Public; le droit du ſol pour livre , étant involontaire & forcé , l'ouverture de la caiſſe doit être pareillement forcée en faveur de tous les Vendeurs.

L'Edit de 1743. porte que la caiſſe ſera ouverte pour payer aux Forains en l'acquit des Bouchers & autres Marchands *ſolvables ;* mais le Fermier ne peut pas, ſous prétexte de ce mot, s'arroger le droit de ne payer que pour qui il veut , quand il lui plaît , & juſqu'à la ſomme qu'il juge à propos. Outre les raiſons qu'on vient d'expoſer, il eſt certain qu'il n'y a que le Boucher en faillite qui puiſſe être regardé comme inſolvable par le Fermier. A l'égard des autres Bouchers, il ne fait que ce qu'il doit en payant pour eux aux Vendeurs. Il a été pourvu à la ſûreté de ſon rembourſement par les voies de la contrainte par corps , des ſaiſies-exécutions , des ſaiſies-arrêts , & par le droit qu'il a d'exercer contre les débiteurs des Bouchers, les mêmes droits & priviléges qu'ils ont eux-mêmes ; en un mot, la caiſſe étant établie pour payer à l'inſtant de la vente le prix des beſtiaux, le Fermier ne peut en aucun cas, ni pour aucune cauſe, ni ſous quelque prétexte que ce ſoit, ſe diſpenſer de payer. Toutes les voies contraires qu'il prend , & toutes les opérations qu'il s'arroge de faire , ſont directement oppoſées à l'eſprit & aux termes de l'Edit.

Fond de Caiſſe du Fermier.

*Le Fermier n'eſt pas dans le cas d'avoir dans ſa caiſſe un fonds auſſi conſidérable qu'il le publie. En ſuppoſant d'après lui que le payement qu'il fait pendant les quarante-cinq ſemaines qui compoſent l'année , ſoit d'environ ſeize millions ; cette ſomme repartie ſur chacune de ces ſemaines n'iroit qu'à environ 360000 livres par ſemaine ; mais il faut déduire ſur chacune , 1°. Environ 80000 livres qu'il ne débourſe pas, tant pour les achats des Bouchers de campagne , que pour ceux de Paris, pour leſquels il ne paye point , & dont il perçoit néanmoins le ſol pour livre. 2°. 18000 livres pour le droit du ſol pour livre, qu'il retient par ſes mains en payant aux Vendeurs le prix de leurs beſtiaux ; au moyen de quoi, ce qu'il a à prélever, ou qu'il ne paye point, monte environ à 100000 livres, & par cette raiſon il ne ſe trouve réellement à débourſer par chacune ſemaine que 260000 livres, les trois ſemaines de crédit & la quatriéme dont il fait le fonds, n'exige donc qu'un fonds au-deſſous de douze cent mille livres.

* Objections générales du Fermier.

* On objecte de la part du Fermier, 1°. Que les Vendeurs de beſtiaux profitent de la caiſſe, & en ſont parconſéquent contens, 2°. Qu'il n'y a que les Bouchers fortunés qui réclament contre la caiſſe, parce qu'elle les empêche de faire des marchés & reventes à leurs Confreres qui ne ſont pas comme eux en deniers comptans : & ce ſont les mêmes, ajoute le Fermier, qui voyant le tems de la Bourſe prêt à expirer , ont manœuvré pour faire augmenter la viande , & en attribuer la cauſe à la Bourſe. 3°. Que c'eſt cette caiſſe qui fait refluer l'argent dans les Provinces, que par ſon moyen les marchés ſont plus fournis , & que malgré la mortalité des beſtiaux , la viande n'a pas manqué, & n'a pas été plus chere à Paris. 4°. Que les étaux ſont augmentés dans

Paris, & qu'il n'y a plus de conteſtations entre les Bouchers & les Vendeurs de beſtiaux, aux Conſuls & à la Police.

Réponſe. 1°. On a démontré que les Vendeurs de beſtiaux ne ſont &
ne peuvent être contens de la Caiſſe , & les ſupplications faites dans
leur Mémoire imprimé, répandu de toutes parts, prouvent cette
vérité.

2°. Il n'eſt pas un Boucher qui n'ait ſenti & ne ſente tout le poids de
la caiſſe , & qui n'en deſire la fin avec le plus grand empreſſement ;
c'eſt leur faire injure de leur imputer d'avoir , avant l'exiſtence de la
caiſſe, vendu & ſurvendu à leurs Confreres. Un pareil fait n'eſt jamais
arrivé , & il n'eſt pas même praticable. D'un côté , il y a eu dans tous
les tems des Exempts de Police dans les Marchés, pour veiller à tout
ce qui s'y paſſe ; & de l'autre, tous les beſtiaux ſe lotiſſent de droit entre les Bouchers, il y a ſur cela un uſage inviolable. Ce n'eſt pas moins
une imputation odieuſe & ſans fondement , d'alléguer l'augmentation
de la viande par leur fait ; celle qu'il y a eu eſt l'ouvrage du Fermier ,
les Marchands forains fatigués par le ſol pour livre , & par les refus du
Fermier de payer à l'inſtant la totalité du prix des beſtiaux , ont moins
amené dans les Marchés , le Fermier a mis au refus de crédit un grand
nombre de Bouchers, & il n'a voulu payer pour eux que juſqu'à certaines ſommes.

3°. Avant l'exiſtence de la caiſſe , le prix des beſtiaux vendus dans
les Marchés , & qui étoient payés par les Bouchers , refluoit également
dans les Provinces en deniers comptans , billets , lettres de change &
reſcriptions : les choſes ne ſe ſont pas paſſées différemment depuis que
le Fermier doit payer les Marchands de beſtiaux , d'autant plus qu'ils
ſont ſouvent payés avec des reſcriptions ſur la caiſſe.

Loin que la caiſſe contribue à procurer l'abondance dans les Marchés , il eſt certain que les Vendeurs n'y amenent qu'autant qu'ils ne
peuvent pas vendre dans les campagnes & dans les villes voiſines de
Paris , où la viande ſe mange meilleure qu'avant l'établiſſement de la
caiſſe.

Il ne ſuffit pas de dire que la viande n'eſt pas plus chere , il faudroit
aller juſqu'à prouver qu'elle a été à meilleur marché. On défie avec
confiance le Fermier d'établir ce fait, étant au contraire certain que depuis 1743 elle a été plus chere , & ſur-tout depuis trois à quatre ans.

4°. Le nombre des étaux eſt fixé, & ne peut pas être augmenté ſans
autorité de Juſtice ; il n'y a plus de conteſtations entre les Bouchers &
les Vendeurs de beſtiaux ; ils en éprouvent les uns & les autres ſans
nombre , & plus rigoureuſes de la part du Fermier , ſoit par les contraintes, ſoit par le refus de crédit , ſoit par les fixations auſquelles il
s'arroge de les aſtraindre : & il a été porté ſur ces objets un grand nombre de conteſtations devant M. le Lieutenant Général de Police ; il eſt
certain qu'avant la caiſſe il n'y avoit qu'un très-petit nombre de Bouchers de Paris , traduits en Juſtice. Au contraire , il n'en eſt preſque pas
un qui n'ait éprouvé les rigueurs , conteſtations & contradictions con-

tinuelles de la part du Fermier. Si le Fermier remettoit par chaque femaine à M. le Lieutenant Général de Police, l'état des Bouchers qu'il
met au refus de crédit, on verroit que le nombre des conteftations
caufées par la caiffe eft infiniment plus grand qu'avant fon établiffement.

Dans cette pofition critique également nuifible aux Vendeurs de
beftiaux, pour lefquels la caiffe étoit immédiatement établie, à l'état
& crédit perfonnel des Bouchers, & enfin contraire aux intérêts du
Public ; les Vendeurs de beftiaux & les Bouchers, en continuant leurs
prieres, fupplient très-humblement & très refpectueufement, 1°. De
jetter les yeux fur les dangers qui réfulteroient inévitablement du renouvellement de la caiffe, qui peut d'ailleurs être fupprimée, fans que
les intérêts de Sa Majefté en fouffrent, en convertiffant le droit en une
impofition qui fe leveroit fur chaque tête de beftiaux, & qui contri-
bueroit à engager les Vendeurs à amener les meilleurs & les plus
forts.

2°. Dans le cas du renouvellement, de réduire à la moitié le droit
du Fermier, ce qui peut fe faire encore par une fomme égale à celle
qui a été portée dans les coffres de Sa Majefté, dans les premieres années de l'établiffement de la caiffe, & vû les profits immenfes que le
Fermier a faits fur cette caiffe, foit par l'étendue du droit tel qu'il le
perçoit, foit par le fonds qu'il a dans fa caiffe, qui n'eft pas à beaucoup
près auffi confidérable qu'il le publie par la prompte rentrée qu'il s'en
procure.

3°. D'enjoindre au Fermier de payer aux Vendeurs de beftiaux indiftinctement & fans limitation toutes les fommes néceffaires pour le
payement de tous les beftiaux achetés par les Bouchers, & d'empêcher qu'il puiffe mettre de fa propre autorité au refus de crédit, quand
& qui bon lui femble, ni de limiter le crédit & commerce d'aucuns
Bouchers.

4°. Accorder aux Bouchers un plus long délai que celui de trois femaines, pour le rembourfement des fommes payées par la caiffe. Un
crédit de huit femaines leur eft indifpenfablement néceffaire, vû la
néceffité où ils font eux-mêmes de faire des crédits longs & confidérables, & les dépenfes journalieres qu'ils ont à faire.

Ils efperent tout de la bonté infinie de Sa Majefté & de celle de
Noffeigneurs les Magiftrats, dont la juftice, l'équité & l'amour pour
les Citoyens animent toutes les vûes fur les objets qui touchent le
bien public.

DESJOBERT, Procureur.

A PARIS, chez P. G. SIMON, Imprimeur du Parlement, rue de la
Harpe. 1759.